建筑节能检测技术

（第二版）

田斌守　等编著

中国建筑工业出版社

图书在版编目（CIP）数据

建筑节能检测技术（第二版）/田斌守等编著. —2版. —北京：中国建筑工业出版社，2010.8
ISBN 978-7-112-12203-5

Ⅰ. ①建… Ⅱ. ①田… Ⅲ. ①建筑-节能-检测 Ⅳ. ①TU111.4

中国版本图书馆CIP数据核字（2010）第118773号

书中介绍了节能材料、建筑构件及建筑物实体等节能检测的原理、主要设备、检测技术，内容包括建筑节能检测的基础知识、建筑节能有关基本参数的检测、建筑材料导热性能的检测、建筑构件热工性能的检测、建筑物实体的节能检测、供热（供冷）系统的检测以及检测设备的选用、标定等。

本书在考虑取材的深度和广度时，主要着眼于以实际操作为主，以理论指导为辅，突出实际应用。同时，为了适应建筑节能检测技术及检测设备日新月异的发展，反映建筑节能检测技术与检测设备近年来的技术进步及应用成果，本书尽可能地介绍了近年来广泛应用的和新出现的检测技术和检测设备。

本书第二版根据最新的《居住建筑节能检测标准》JGJ/T 132—2009 和《公共建筑节能检测标准》JGJ/T 177—2009 编写，并新增了空心砖导热系数计算、外保温层现场检测方法、采暖空调水系统检测、空调风系统检测以及建筑能效测评与标识等内容，对不符合新标准的内容进行了修订。

* * *

责任编辑：张文胜　姚荣华
责任设计：陈　旭
责任校对：刘　钰

建筑节能检测技术
（第二版）
田斌守　等编著

*

中国建筑工业出版社出版、发行（北京西郊百万庄）
各地新华书店、建筑书店经销
霸州市顺浩图文科技发展有限公司制版
廊坊市海涛印刷有限公司印刷

*

开本：787×1092毫米　1/16　印张：19¾　字数：492千字
2010年8月第二版　2017年2月第五次印刷
定价：46.00元
ISBN 978-7-112-12203-5
（19447）

版权所有　翻印必究
如有印装质量问题，可寄本社退换
（邮政编码 100037）

本书编委会

主　编　田斌守

主　审　邵继新

参编人员：田斌守　杨树新　王花枝

　　　　　　李玉玺　田晓阳

第二版前言

本书第一版自 2009 年出版发行以来，得到业界支持，多次作为建筑节能检测技术培训班的教材，一些从业技术人员将其作为手册。很多热情的读者通过电话、邮件等对书中的内容提出了自己的见解，并指出了书中的编排和印刷错漏，提出了再版修改意见，在此我首先对他们的热情表示感谢，对他们的专业素养和敬业精神致以敬意！

本书出版后，与建筑节能相关的节能材料、建筑构件、建筑物实体检测等许多标准都进行了修订。材料导热系数检测方法标准《绝热材料稳态热阻及有关特性的测定　防护热板法》GB 10294—88 修订为《绝热材料稳态热阻及有关特性的测定　防护热板法》GB/T 10294—2008，《绝热材料稳态热阻及有关特性的测定　热流计法》GB 10295—88 修订为《绝热材料稳态热阻及有关特性的测定　热流计法》GB/T 10295—2008，《绝热层稳态传热性质的测定　圆管法》GB 10296—88 修订为《绝热层稳态传热性质的测定　圆管法》GB/T 10296—2008。建筑构件导热性能检测方法《建筑构件稳态热传递性质的测定　标定和防护热箱法》GB/T 13475—92 修订为《绝热　稳态传热性质的测定　标定和防护热箱法》GB/T 13475—2008；门窗三性检测标准是 2008 年重新修订的《建筑外门窗气密、水密、抗风压性能分级及检测方法》GB/T 7106—2008，代替了《建筑外窗抗风压性能分级及检测方法》GB/T 7106—2002、《建筑外窗气密性能分级及检测方法》GB/T 7107—2002、《建筑外窗水密性能分级及检测方法》GB/T 7108—2002、《建筑外门的风压变形性能分级及其检测方法》GB/T 13685—1992 和《建筑外门的空气渗透性能和雨水渗漏性能分级及其检测方法》GB/T 13686—1992；建筑外门窗的保温性能检测方法也进行了修订，新标准《建筑外门窗保温性能及检测方法》GB/T 8484—2008 代替了《建筑外窗保温性能分级及检测方法》GB/T 8484—2002 和《建筑外门保温性能分级及检测方法》GB/T 16729—1997。建筑节能现场检测标准《采暖居住建筑节能检验标准》JGJ 132—2001 也修订为《居住建筑节能检测标准》JGJ/T 132—2009，对原标准的内容和形式都进行了修改，将检测范围由采暖居住建筑扩展到居住建筑，同时检测方法、约束条件、检测项目等内容都进行了调整。同时针对公共建筑节能检测验收的行业标准《公共建筑节能检测标准》JGJ/T 177—2009 也已出版发行。

针对这些情况，决定对本书进行修订再版，本次修订主要由原编著人员和兰州大学王花枝老师编写完成，修订的主要内容有：

(1) 对第一版中的编排和印刷错漏进行了仔细的校核和改正。

(2) 根据新标准的内容对材料导热系数测试、建筑构件热工性能检测、门窗检测方法作了相应的调整。

(3) 第 4 章增加了空心砖导热系数计算。

(4) 增加了公共建筑节能检测内容，补充在第 6 章和第 7 章。

(5) 增加了能效测评与标识的有关内容，列为本书第 9 章。

我们希望第二版能够比第一版更好地服务读者，也希望业界同仁批评指正。在此对中国建筑工业出版社张文胜编辑自本书第一版出版以来持续至今的热情支持表示感谢。

编者
2010 年 5 月

第一版前言

建筑节能是近年来世界建筑发展的一个基本趋势,也是当代建筑科学技术一个新的研究方向。为了推进建筑节能的发展,引导我国节能建筑技术持续、快速、健康的前进,对建筑物进行节能检测是一种有力的督促手段。为此,近年来国家出台了一系列的技术规程,在原有建筑节能设计标准、热工设计规范的基础上,制定了节能工程验收规范和现场检测标准,以加强建筑节能的检测评定。

同时,随着我国供热体制改革的深入,住房和城乡建设部要求房地产开发商在销售房屋时在有关文本中必须明示房屋的热工性能指标和能耗指标;另外,房屋热质量的概念逐步进入普通用户的观念中,并且房屋的能耗状况和热舒适性直接影响住户的居住质量和资金支出;再者,有关供热质量的投诉近年来呈上升趋势,供热方和住户各执一词时,需要第三方出具专业的检测结论。为此,建筑业的各方从设计、施工、建设、政府管理部门以及住户都需要对建筑物的热质量进行专业测定,在这种趋势下建筑节能检测技术在建筑业中的地位越来越重要。

但是由于建筑节能检测技术在我国起步较晚,技术力量比较薄弱,目前尚无建筑节能检测方面的专著为广大从事建筑节能检测的工程技术人员和专业操作人员掌握建筑节能检测方面的新知识和实用操作技术提供帮助。为此,编者收集了大量资料,并结合多年从事建筑节能检测工作的实际经验,编写此书,以供读者参考。

书中介绍了节能材料、建筑构件及建筑物实体等节能检测的原理、主要设备、检测技术,内容包含建筑节能检测的基础知识、建筑节能检测中基本参数的检测、建筑节能材料导热性能的检测、建筑构件热工性能的检测、建筑物实体的节能检测、供热(供冷)系统的检测以及检测设备的选用、标定等。详略不同,对常用的、重要的检测项目作了实例介绍。

本书在考虑取材的深度和广度时,主要着眼于以实际操作为主,以理论指导为辅,突出实际应用。同时,为了适应建筑节能检测技术及检测设备日新月异的发展,反映建筑节能检测技术与检测设备近年来的技术进步及应用成果,本书尽可能地介绍了近年来广泛应用的和新出现的检测技术和检测设备。

参加本书编写的人员都是从事建筑节能检测工作和研究的一线人员。本书由田斌守主编,杨树新、李玉玺、田晓阳参与编写。其中第1章由田斌守、田晓阳编写,第2章、第5章、第6章、第7章、第8章由田斌守编写,第3章由杨树新编写,第4章由李玉玺编写,全书由田斌守统稿。在本书的编写过程中,中国科学院资源环境科学信息中心田晓阳老师在资料搜集方面给予了大力帮助,并编写了部分内容,在此表示衷心的感谢。同时在此感谢中国建筑工业出版社张文胜编辑及其他同仁在本书出版过程中给予的帮助和指导。

新的建筑节能检测评价技术不断涌现,同时由于编者的水平有限,书中难免有错漏之处,恳切希望各位读者、专家、学者对书中的不当之处提出批评指正,以利再版时修订。

编者
2008年10月

目 录

第1章 概述 ········· 1
1.1 我国建筑能耗状况 ········· 1
1.1.1 我国能耗现状 ········· 1
1.1.2 我国建筑能耗状况 ········· 2
1.1.3 建筑耗能特点 ········· 3
1.1.4 建筑能耗增长原因分析 ········· 3
1.1.5 建筑节能目标 ········· 4
1.2 建筑节能的含义 ········· 4
1.3 我国建筑节能检测工作的进展 ········· 5
1.4 节能标准对建筑热工设计的规定 ········· 6
1.4.1 一般规定 ········· 6
1.4.2 围护结构设计 ········· 6
1.5 建筑节能影响因素 ········· 9
参考文献 ········· 10

第2章 建筑节能检测基础 ········· 11
2.1 名词和术语 ········· 11
2.2 建筑传热基本知识 ········· 18
2.2.1 建筑传热过程 ········· 18
2.2.2 建筑传热方式 ········· 18
2.2.3 建筑稳定传热 ········· 19
2.3 建筑节能检测内容 ········· 20
2.3.1 公共建筑节能检测内容 ········· 21
2.3.2 居住建筑节能检测内容 ········· 21
2.4 建筑节能检测流程 ········· 22
2.4.1 建筑节能检测的前提条件 ········· 22
2.4.2 建筑节能检测方法 ········· 22
2.5 建筑物节能达标的判定 ········· 24
2.5.1 耗热量指标法 ········· 24
2.5.2 规定性指标法 ········· 24
2.5.3 性能性指标法 ········· 25
2.5.4 比较法 ········· 25
2.6 建筑节能检测机构 ········· 25
2.6.1 机构资质 ········· 25
2.6.2 人员资格 ········· 26
2.6.3 设备配备 ········· 26

2.6.4　资质申请程序 ……………………………………………………………………… 27
 　参考文献 …………………………………………………………………………………………… 29

第3章　建筑节能检测基本参数及检测设备 …………………………………………… 30
 3.1　建筑节能检测基本参数及仪器 ……………………………………………………………… 30
 　　3.1.1　温度参数检测 ………………………………………………………………………… 30
 　　3.1.2　流量参数检测 ………………………………………………………………………… 32
 　　3.1.3　热流量的检测 ………………………………………………………………………… 34
 3.2　检测设备的性能要求 ………………………………………………………………………… 37
 　　3.2.1　温度检测常用传感器及仪表 ………………………………………………………… 37
 　　3.2.2　流量检测常用仪器 …………………………………………………………………… 58
 　　3.2.3　热流检测常用测量仪表 ……………………………………………………………… 77
 3.3　检测设备的调整、标定与检定 ……………………………………………………………… 84
 　　3.3.1　温度检测仪表的标定与校验 ………………………………………………………… 84
 　　3.3.2　流量检测仪表的校准与标定 ………………………………………………………… 89
 　　3.3.3　热流计的标定 ………………………………………………………………………… 93
 3.4　热量测量仪表 ………………………………………………………………………………… 94
 　　3.4.1　热量表的工作原理及组成 …………………………………………………………… 94
 　　3.4.2　热量表的类型 ………………………………………………………………………… 95
 　　3.4.3　几种供热采暖系统热量测量 ………………………………………………………… 96
 3.5　数据采集仪表 ………………………………………………………………………………… 97
 　　3.5.1　数字显示仪表 ………………………………………………………………………… 98
 　　3.5.2　巡测仪 ………………………………………………………………………………… 99
 　参考文献 ………………………………………………………………………………………… 100

第4章　建筑材料导热性能检测 …………………………………………………………… 101
 4.1　防护热板法 ………………………………………………………………………………… 101
 　　4.1.1　原理 …………………………………………………………………………………… 101
 　　4.1.2　测量装置 ……………………………………………………………………………… 102
 　　4.1.3　装置的技术要求 ……………………………………………………………………… 103
 　　4.1.4　试件 …………………………………………………………………………………… 107
 　　4.1.5　测定 …………………………………………………………………………………… 109
 　　4.1.6　环境条件 ……………………………………………………………………………… 109
 　　4.1.7　热流量的测定 ………………………………………………………………………… 109
 　　4.1.8　冷面控制 ……………………………………………………………………………… 110
 　　4.1.9　温差检测 ……………………………………………………………………………… 110
 　　4.1.10　结果计算 …………………………………………………………………………… 110
 　　4.1.11　测试报告 …………………………………………………………………………… 110
 　　4.1.12　检测实例 …………………………………………………………………………… 111
 4.2　热流计法 …………………………………………………………………………………… 113
 　　4.2.1　原理 …………………………………………………………………………………… 113
 　　4.2.2　测试装置 ……………………………………………………………………………… 113

4.2.3　测定过程 ……………………………………………………………………… 117
　　4.2.4　结果计算 ……………………………………………………………………… 119
　　4.2.5　测试报告 ……………………………………………………………………… 120
4.3　圆管法 ……………………………………………………………………………… 120
　　4.3.1　适用条件 ……………………………………………………………………… 121
　　4.3.2　测定装置 ……………………………………………………………………… 121
　　4.3.3　试件 …………………………………………………………………………… 122
　　4.3.4　测定过程 ……………………………………………………………………… 123
　　4.3.5　结果计算 ……………………………………………………………………… 124
　　4.3.6　测试报告 ……………………………………………………………………… 125
4.4　圆球法 ……………………………………………………………………………… 125
　　4.4.1　原理 …………………………………………………………………………… 125
　　4.4.2　装置 …………………………………………………………………………… 126
　　4.4.3　试件准备 ……………………………………………………………………… 127
　　4.4.4　测定步骤 ……………………………………………………………………… 127
　　4.4.5　结果计算 ……………………………………………………………………… 128
　　4.4.6　测试报告 ……………………………………………………………………… 128
4.5　非稳态法概述 ……………………………………………………………………… 129
4.6　准稳态法 …………………………………………………………………………… 129
　　4.6.1　原理 …………………………………………………………………………… 129
　　4.6.2　测试装置 ……………………………………………………………………… 130
4.7　热线法（非金属固体材料） ……………………………………………………… 131
　　4.7.1　原理 …………………………………………………………………………… 131
　　4.7.2　测定装置 ……………………………………………………………………… 132
　　4.7.3　试样的制备和尺寸 …………………………………………………………… 133
　　4.7.4　粉末状和颗粒材料 …………………………………………………………… 133
　　4.7.5　测定过程 ……………………………………………………………………… 134
4.8　其他测试方法 ……………………………………………………………………… 134
　　4.8.1　热带法 ………………………………………………………………………… 134
　　4.8.2　常功率热源法 ………………………………………………………………… 135
　　4.8.3　非稳态平面热源法 …………………………………………………………… 136
　　4.8.4　闪光扩散法 …………………………………………………………………… 138
4.9　材料导热性能的影响因素 ………………………………………………………… 139
　　4.9.1　材料的分子结构及其化学成分 ……………………………………………… 139
　　4.9.2　材料的表观密度 ……………………………………………………………… 139
　　4.9.3　湿度 …………………………………………………………………………… 140
　　4.9.4　温度 …………………………………………………………………………… 141
　　4.9.5　松散材料的粒度 ……………………………………………………………… 141
　　4.9.6　热流方向 ……………………………………………………………………… 141
　　4.9.7　填充气体孔型的影响 ………………………………………………………… 142
4.10　空心砖导热系数的计算 …………………………………………………………… 142
　　4.10.1　Homayr公式 ………………………………………………………………… 142

4.10.2　К·ф·фокин 公式 … 144
参考文献 … 147

第5章　建筑构件热工性能检测

5.1　建筑构件概述 … 149
5.1.1　外墙 … 149
5.1.2　屋顶 … 150
5.1.3　分户墙 … 150
5.1.4　地板 … 150
5.1.5　门窗 … 150

5.2　砌体热阻检测 … 150
5.2.1　直接检测——热箱法 … 151
5.2.2　直接检测——热流计法 … 156
5.2.3　间接检测 … 158
5.2.4　检测实例之一——直接检测 … 160
5.2.5　检测实例之二——间接检测 … 163

5.3　外保温系统耐候性检测 … 165
5.3.1　试样 … 165
5.3.2　试验步骤 … 168
5.3.3　试验结果评定 … 168

5.4　建筑门窗保温性能检测 … 168
5.4.1　外窗保温性能级别 … 168
5.4.2　外窗保温性能检测原理 … 169
5.4.3　检测装置 … 169
5.4.4　试件安装 … 171
5.4.5　检测 … 171
5.4.6　结果计算 … 172
5.4.7　热损失标定 … 172
5.4.8　加权平均温度的计算 … 173
5.4.9　成套检测设备 … 173
5.4.10　检测报告 … 175
5.4.11　建筑外门保温性能分级 … 175
5.4.12　建筑外门保温性能检测 … 175

5.5　门窗三性检测 … 175
5.5.1　建筑外门窗分级 … 176
5.5.2　检测装置及试件 … 176
5.5.3　检测方法 … 178

5.6　建筑构件热工性能检测报告 … 184
5.6.1　砌体热工性能检测报告 … 184
5.6.2　门窗保温性能检测报告 … 188
5.6.3　门窗三性检测报告 … 191

参考文献 … 196

第6章 建筑物热工性能现场检测 ········· 197

- 6.1 检测内容 ········· 197
- 6.2 温度检测 ········· 197
  - 6.2.1 室内温度检测 ········· 197
  - 6.2.2 热桥部位内表面温度检测 ········· 199
  - 6.2.3 室外空气温度检测 ········· 200
- 6.3 围护结构传热系数现场检测 ········· 200
  - 6.3.1 检测方法 ········· 201
  - 6.3.2 围护结构传热系数现场检测 ········· 212
  - 6.3.3 围护结构传热系数检测实例 ········· 213
  - 6.3.4 判定方法 ········· 223
  - 6.3.5 结果评定 ········· 223
  - 6.3.6 检测报告 ········· 223
- 6.4 围护结构热工缺陷检测 ········· 228
  - 6.4.1 检测方法 ········· 228
  - 6.4.2 检测仪器 ········· 228
  - 6.4.3 检测对象的确定 ········· 228
  - 6.4.4 检测条件 ········· 228
  - 6.4.5 检测步骤 ········· 228
  - 6.4.6 判定方法 ········· 229
  - 6.4.7 结果评定 ········· 231
- 6.5 外围护结构隔热性能检测 ········· 231
  - 6.5.1 检测方法 ········· 231
  - 6.5.2 检测仪器 ········· 231
  - 6.5.3 检测对象的确定 ········· 231
  - 6.5.4 检测条件 ········· 231
  - 6.5.5 检测步骤 ········· 232
  - 6.5.6 判定方法 ········· 232
  - 6.5.7 结果评定 ········· 232
- 6.6 窗户遮阳性能检测 ········· 233
  - 6.6.1 检测方法 ········· 233
  - 6.6.2 检测仪器 ········· 233
  - 6.6.3 检测对象的确定 ········· 233
  - 6.6.4 操作方法 ········· 233
  - 6.6.5 判定方法 ········· 233
  - 6.6.6 结果评定 ········· 233
- 6.7 房间气密性检测 ········· 234
  - 6.7.1 检测方法 ········· 234
  - 6.7.2 检测仪器及所用物质 ········· 234
  - 6.7.3 检测对象的确定 ········· 234
  - 6.7.4 操作方法 ········· 234
  - 6.7.5 判定方法 ········· 235

  6.7.6 结果评定 ········· 235
6.8 建筑物外窗窗口整体气密性检验 ········· 236
  6.8.1 检测方法 ········· 236
  6.8.2 检测仪器及装备 ········· 236
  6.8.3 检测对象的确定 ········· 236
  6.8.4 检测条件 ········· 237
  6.8.5 检测步骤 ········· 237
  6.8.6 判定方法 ········· 238
  6.8.7 结果评定 ········· 239
6.9 采暖耗热量检测 ········· 239
  6.9.1 实时采暖耗热量 ········· 239
  6.9.2 建筑物采暖年耗热量 ········· 240
6.10 空调耗冷量的检测 ········· 241
  6.10.1 检测方法 ········· 241
  6.10.2 检测对象的确定 ········· 241
  6.10.3 检测步骤 ········· 241
  6.10.4 计算条件 ········· 241
  6.10.5 判定方法 ········· 241
  6.10.6 结果评定 ········· 241
6.11 外保温层现场检测方法 ········· 241
  6.11.1 外保温概述 ········· 241
  6.11.2 拉拔试验 ········· 244
  6.11.3 外墙节能构造实体检验——钻芯检验 ········· 245
参考文献 ········· 248

第7章 采暖系统热工性能现场检测 ········· 249
7.1 室外管网水力平衡度的检测 ········· 249
  7.1.1 室外管网水力平衡度的概念 ········· 249
  7.1.2 检测方法 ········· 249
  7.1.3 检测仪器 ········· 249
  7.1.4 检测对象的确定 ········· 250
  7.1.5 判定方法 ········· 250
  7.1.6 结果评定 ········· 250
7.2 采暖系统补水率检验 ········· 250
  7.2.1 采暖系统补水率的概念 ········· 250
  7.2.2 检测方法 ········· 251
  7.2.3 检测仪器 ········· 251
  7.2.4 检测对象的确定 ········· 251
  7.2.5 判定方法 ········· 251
  7.2.6 结果评定 ········· 252
7.3 室外管网输送效率（热损失率）的检测 ········· 252
  7.3.1 室外管网输送效率的概念 ········· 252

7.3.2 检测方法与条件 ·· 252
7.3.3 检测仪器 ··· 252
7.3.4 检测对象的确定 ·· 252
7.3.5 判定方法 ··· 252
7.3.6 结果评定 ··· 253
7.4 室外管网供水温降检测 ·· 253
7.4.1 检测方法与检测条件 ·· 253
7.4.2 检测仪表 ··· 253
7.4.3 检测对象的确定 ·· 253
7.4.4 判定方法 ··· 253
7.4.5 结果评定 ··· 254
7.5 采暖系统耗电输热比检测 ··· 254
7.5.1 检测方法与检测条件 ·· 254
7.5.2 检测仪表 ··· 254
7.5.3 检测对象的确定 ·· 254
7.5.4 结果计算 ··· 254
7.5.5 判定方法 ··· 255
7.5.6 结果评定 ··· 255
7.6 采暖锅炉热效率的检测 ·· 255
7.6.1 检测方法和检测条件 ·· 255
7.6.2 检测对象的确定 ·· 255
7.6.3 检测参数及使用的仪器 ··· 256
7.6.4 判定方法 ··· 256
7.6.5 结果评定 ··· 258
7.7 采暖空调水系统性能检测 ··· 259
7.7.1 检测内容 ··· 259
7.7.2 冷水（热泵）机组实际性能系数检测 ···································· 259
7.7.3 冷源系统能效系数检测 ··· 261
7.7.4 采暖空调水系统其他检测内容 ·· 262
7.8 空调风系统性能检测 ··· 262
7.8.1 检测内容 ··· 262
7.8.2 风机单位风量耗功率检测 ·· 262
参考文献 ··· 265

第8章 小区建筑能耗检测 ·· 266

8.1 小区采暖耗热量检测 ··· 266
8.1.1 实时采暖耗热量 ·· 266
8.1.2 小区年采暖耗热量 ··· 267
8.2 小区实时采暖耗煤量检测 ··· 267
8.2.1 检测方法 ··· 267
8.2.2 检测仪器 ··· 268
8.2.3 检测对象确定 ··· 268

8.2.4 检测条件 ·· 268
8.2.5 判定方法 ·· 268
8.2.6 结果评定 ·· 268
参考文献 ·· 268

第9章 建筑能效测评与标识 ·· 269
9.1 基本概念 ·· 269
9.2 测评机构 ·· 269
9.3 测评程序 ·· 270
    9.3.1 测评对象 ·· 270
    9.3.2 测评程序 ·· 271
9.4 测评内容 ·· 271
    9.4.1 基本规定 ·· 271
    9.4.2 测评内容 ·· 272
9.5 测评方法 ·· 272
9.6 测评报告 ·· 273
参考文献 ·· 279

附录A 中国建筑气候分区图 ··· 280
附录B 室外计算参数 ··· 282
附录C 围护结构热阻的计算 ··· 287
附录D 空气间层的热阻 ··· 289
附录E 外墙平均传热系数的计算 ·· 290
附录F 围护结构传热系数的修正系数 ε_i 值 ································ 291
附录G 围护结构层温度计算及冷凝计算 ··································· 292
附录H 围护结构热惰性指标计算 ·· 296
附录I 铜-康铜热电偶分度表 ·· 297
附录J 能源换算表 ·· 299

第1章 概　　述

建设节约型社会是我国当前的基本国策，节能降耗、节能减排是各个行业发展中的重要课题，建筑能耗与工业能耗、交通能耗一起成为我国当前的能耗大户。由于全球能源的日趋紧张，建筑节能也是当今世界性课题，越来越引起人们的重视。

建筑高能耗的问题无疑是与高速发展的国家经济不协调并起着拖累作用。能源使用效率低下，造成能源的过度开采和浪费，它不但加重了国家能源负担，而且已经成为我国经济发展的软肋。同时，建筑高能耗还造成了空气污染、粉尘排放等环境问题。因此，加强建筑节能工作不仅是经济建设的需要，更是社会发展必须解决的重大问题，是一项重要和刻不容缓的工作。

我国出台了许多标准规范、法规条例促进建筑节能大政方针的实施，现在从建筑设计、施工、验收等环节都有完善的技术支撑和法律保障，其中针对建筑物的节能检测是落实建筑节能强有力的技术手段，是建筑节能发展的新领域。因为这些工作起步较晚，技术成熟度和普及度还不高，实施难度比较大。当前在大力推进建筑节能和供热改革的新时期，住宅的保温隔热性能、热舒适度、热耗等指标成为大众关注的热点，有关房屋热质量的争议将会出现，这样就需要为政府决策部门、管理部门、建设方、施工方、住户等提供专业技术服务，使得各方都能够严格执行建筑节能的政策法规，使得建筑节能水平跃上一个新的高度。因此建筑节能检测技术具有重要而特殊的意义。

1.1　我国建筑能耗状况

1.1.1　我国能耗现状

从储备量来看：化石能源探明储量中，90%以上是煤炭，人均储量仅为世界平均水平的1/2；石油为11%；天然气为4.5%。尽管我国人均用能还不到世界人均用能的一半，但能源消费总量已达到世界第二。近几年我国能源消耗量如表1-1所示。

中国主要年份能源消费总量及构成统计（1978—2008年）能源消耗表　　　表1-1

年份	能源消费总量(万吨标准煤)	占能源消费总量的比重(%)			
		煤炭	石油	天然气	水电、核电、风电
1978年	57144	70.7	22.7	3.2	3.4
1980年	60275	72.2	20.7	3.1	4.0
1985年	76682	75.8	17.1	2.2	4.9
1990年	98703	76.2	16.6	2.1	5.1
1991年	103783	76.1	17.1	2.0	4.8
1992年	109170	75.7	17.5	1.9	4.9
1993年	115993	74.7	18.2	1.9	5.2

续表

年份	能源消费总量(万吨标准煤)	占能源消费总量的比重(%)			
		煤炭	石油	天然气	水电、核电、风电
1994 年	122737	75.0	17.4	1.9	5.7
1995 年	131176	74.6	17.5	1.8	6.1
1996 年	138948	74.7	18.0	1.8	5.5
1997 年	137798	71.7	20.4	1.7	6.2
1998 年	132214	69.6	21.5	2.2	6.7
1999 年	133831	69.1	22.6	2.1	6.2
2000 年	138553	67.8	23.2	2.4	6.7
2001 年	143199	66.7	22.9	2.6	7.9
2002 年	151797	66.3	23.4	2.6	7.7
2003 年	174990	68.4	22.2	2.6	6.8
2004 年	203227	68.0	22.3	2.6	7.1
2005 年	224682	69.1	21.0	2.8	7.1
2006 年	246270	69.4	20.4	3.0	7.2
2007 年	265583	69.5	19.7	3.5	7.3
2008 年	285000	68.7	18.7	3.8	8.9

注：表中数据来自《中国统计年鉴2009》

从表中可以看出，近年来我国能源消费增量很大，且新能源所占比例不到10%。

1.1.2 我国建筑能耗状况

发达国家从1973年能源危机时，就开始关注建筑节能，之后由于减排温室气体、缓解地球变暖的需要，更加重视建筑节能。在生活舒适性不断提高的条件下，新建建筑单位面积采暖能耗已减少到原来的1/5～1/3，对既有建筑也早已组织了大规模的节能改造，而我国建筑节能工作起步较晚，至今城镇建成的节能建筑仅占城镇建筑总面积的2%。

我国建筑能耗的现状是能耗大、能效低，其中建筑围护结构保温隔热性能普遍较差，外墙和窗户的传热系数为经济发达国家的3～4倍。

据住房和城乡建设部总工程师王铁宏同志讲，建筑的能耗（包括建造能耗、生活能耗、采暖空调等）约占全社会总能耗的30%，其中最主要的是采暖和空调能耗，占到20%。而这30%还仅仅是建筑物在建造和使用过程中消耗的能源比例，如果再加上建材生产过程中耗掉的能源（占全社会总能耗的16.7%），和建筑相关的能耗将占到社会总能耗的46.7%。

目前，我国每年建成的房屋达16亿～20亿 m^2，这些建筑中95%以上属于高能耗建筑，单位建筑面积采暖能耗为发达国家新建建筑的3倍以上。

随着我国城市化进程的加速，在2020年前我国每年城镇竣工建筑面积的总量将持续保持在10亿 m^2/年左右。在今后15年间，新增城镇民用建筑面积总量将为150亿 m^2，其中将新增约10亿 m^2 大型公共建筑。预计到2020年，全国56%以上的人口将生活在城市里，第三产业在全国GDP中的比例将超过40%。相应的建筑物和设施也将成倍增加，包括长江流域已有部分建筑在内，我国将新增加约110亿 m^2 以上需要采暖的民用建筑，建筑能耗不可避免地会大幅度增加。那时，我国建筑能耗将达到10.89亿 tce（吨标准煤），超过2000年的3倍，空调高峰负荷将相当于10个三峡电站满负荷供电量。我国建筑能耗构成情况如表1-2所示。

我国建筑能耗构成 表1-2

能耗构成		1998年	1999年	2000年	2001年	2002年	2003年
建筑运行能耗	能耗(万tce)	25107	25658	26334	27318	30054	34141
	比例(%)	19.0	19.7	20.2	20.2	20.3	20.0
建筑材料能耗	能耗(万tce)	20859	20141	19310	19527	21318	25864
	比例(%)	15.8	15.5	14.8	14.5	14.4	15.1
建筑间接能耗	能耗(万tce)	13814	13590	13906	14466	16021	18190
	比例(%)	10.4	10.4	10.7	10.7	10.8	10.6
建筑总能耗	能耗(万tce)	59780	59389	59551	61311	67392	78194
	比例(%)	45.2	45.6	45.7	45.4	45.5	45.7

注：表中的各项能耗比例为该项能耗与全国总能耗之比；表中单位tce为吨标准煤。

现在我国建筑能耗与工业能耗、交通能耗一起被列为重点节能的行业，并且根据发达国家的经验，随着城市发展，建筑将超越工业、交通等其他行业而最终居于社会能源消耗的首位，达到33%左右。我国城市化进程如果按照发达国家发展模式，使人均建筑能耗接近发达国家的人均水平，需要消耗全球目前消耗的能源总量的1/4来满足中国建筑的用能要求。因此，必须探索一条适合中国国情建筑节能途径，大幅度降低建筑能耗，实现城市建设的可持续发展。

1.1.3 建筑耗能特点

从总体上看，我国的建筑能耗有如下特点：

1) 耗能方式在不同的地区有所不同。北方以供暖耗能为主，而且以集中采暖方式为主，南方以空调照明耗能为主。
2) 建筑能耗中采暖能耗所占份额最大。就北方城镇供暖而言，所消耗的能源折合1.3亿tce/年，占我国总的城镇建筑耗能的52%。
3) 办公建筑能耗以电力消耗为主。
4) 建筑系统绝大部分时间处于部分负荷的运行状态，能效比较低。
5) 部分经济发达城市的能耗总量已接近发达国家水平，其中空调能耗呈上升趋势。

1.1.4 建筑能耗增长原因分析

我国在全面建设小康社会进程中，建筑能耗必然较快增长，这是因为：

1) 既有建筑多达420亿m^2，98%为高能耗建筑。
2) 房屋建筑量快速增加。我国城镇化程度不断加快，近几年每年新增房屋面积多达15~20亿m^2。
3) 人们对建筑热舒适性的要求越来越高。冬天室温由12℃、16℃提高到18℃，甚至20℃；夏天的室温由32℃、30℃，降至28℃、26℃，甚至24℃、22℃。对应的采暖和制冷用能不断增加。
4) 目前我国有5亿m^2左右的大型公共建筑，耗电量为70~300kWh/(m^2·a)，为住宅的10~20倍，是建筑能源消耗的高密度领域。
5) 我国城镇的住宅总面积约为100亿m^2。除采暖外的住宅能耗包括照明、炊事、生活热水、家电、空调等，折合用电量为 10~30kWh/(m²·a)，用电总量约占我国全年供电量的 10%。一般公共建筑总面积约 55 亿 m²，用电总量约占我国全年供电量的 8%。

6）农村能源消费情况。我国农村建筑面积约为 240 亿 m²，总耗电约 900 亿 kWh/a，生活用标准煤 0.3 亿 t/a。相比较城镇能源消费水平而言，目前我国农村的煤炭、电力等商品能源消耗量很低，使用初级生物质能源在能源消费中占较大比例。但随着我国改善农民生活状况的三农政策和新农村建设的实施，农民的生活水平会逐渐提高，生活水平提高后相应的人们要求的居住质量必然提高，能源消耗水平就会提高，并且初级生物质能源陆续被燃煤、液化石油气等常规商品能源所替代。如果这类非商品能源完全被常规商品能源所替代，则我国建筑能耗将增加 1 倍。

7）长江流域建筑能耗状况。以往的建筑设计都没有考虑我国长江流域建筑采暖，目前夏季空调已广泛普及，而建设采暖系统、改善冬季室内热环境的要求也日益增长。预计到 2020 年，长江流域地区将有 50 亿 m² 左右的建筑面积需要采暖，每年将新增采暖煤 1 亿吨标准煤，接近目前我国北方建筑每年的采暖能耗总和。

8）建筑系统绝大部分时间处于部分负荷的运行状态，能效比较低。

9）部分经济发达城市的能耗总量已接近发达国家水平，其中空调能耗呈上升趋势。

1.1.5 建筑节能目标

"十一五"期间建筑节能工作的主要目标是：实现总节能亿吨标准煤，累计节能建筑面积 21.46 亿 m²。具体包括：

一是新建节能 50% 的建筑 15.92 亿 m²，节能 7030 万 tce。其中，住宅建筑累计 13.42 亿 m²，节能 4750 万 tce；公共建筑累计 2.5 亿 m²，节能 2280 万 tce。

二是既有建筑的节能改造要完成 5.54 亿 m²。其中，住宅建筑完成 4.89 亿 m²，公共建筑 0.64 亿 m²。目前全国既有建筑面积 420 亿 m²，有 140 亿 m² 在城市，且绝大部分是不节能的，所以难度很大。

三是完成利用可再生能源的建筑应用示范面积 1500 万 m²。

1.2 建筑节能的含义

这里讲的建筑能耗是指建筑物建成后，在正常使用过程中用于维持适合人类居住的室内环境耗费的能量，主要是采暖、制冷、照明等设施耗费的能量，不包括建筑物建造过程中耗费的能量和用于建筑物的建筑材料的生产能耗。

这与现在绿色建筑、生态建筑和循环经济中建筑能耗的概念是不一样的，统计口径和统计方法也不一样。

也与我国过去的说法不一样，过去建筑用能的范围界定包括建筑材料生产、建筑施工和建筑物使用几个方面的能耗，将建筑用能跨越了工业生产和民用生活的不同领域，从而与国际上通行的统计口径不符。近年来我国从事建筑节能研究的人员认为，我国建筑用能的范围应该与国际上发达国家取得一致，即建筑能耗应指建筑使用能耗，其中包括采暖、空调、热水供应、炊事、照明、家用电器等方面的能耗。在国际上，它是与工业、农业、交通运输能耗并列，属于民生能耗。

自从 20 世纪 70 年代发生世界性的石油危机以后，为了节约能源降低消耗，提出了建筑节能的概念。在国际上建筑节能的提法已经经历了三个发展阶段：

第一阶段叫 Energy Saving in Building，直译为"建筑节能"，意思是节约能源；

第二阶段叫 Energy Conseyvation in Building，直译为"在建筑中保持能源"，意思是减少建筑中能量的散失；

第三阶段叫 Energy Efficiency in Building，直译为"提高建筑中的能源利用效率"，不是消极意义上的节省，而是积极意义上的提高利用效率。

在我们国家，现在仍然通称为建筑节能，与国际上交流时中文也用这个词，但是它的含义是第三阶段的意思，翻译为外文时用 Energy Efficiency in Building，即在建筑中合理使用和有效利用能源，不断提高能源利用效率。

同时，业内有时提到建筑节能和节能建筑的概念，这两个概念是不同的。

其一，涵盖的范围不一样。

建筑节能包括了建筑用能的所有范围，对于集中采暖的住宅来说主要是从锅炉房到管道输送系统然后到用能建筑物效率。这部分节能的主要内容包括锅炉的燃烧转换效率、管道输送效率、建筑物的耗热量。

节能建筑是针对建筑物本身的耗热性能提出的概念，自身被包含在建筑节能的范围内。

其二，评价指标不同。

建筑节能的评价指标是耗煤量指标，也叫采暖能耗，为保持室内温度需由采暖设备供给，用于建筑物采暖所消耗的煤量（简称采暖耗煤量），同时包括采暖供热系统运行所消耗的电能，单位是 kg 标煤/m^2。我们国家讲的第二步节能 50%、第三步节能 65% 就是根据这个指标计算的。

节能建筑是按有关的建筑节能设计标准设计并按标准施工建造的建筑物，评价节能建筑的指标是建筑物的耗热量指标，单位是 W/m^2。

其三，计算方法不同。

建筑物耗热量指标与建筑物耗煤量指标的计算公式不同，详见第 6 章介绍。

1.3 我国建筑节能检测工作的进展

20 世纪 80 年代，我国的建筑科技工作者就开始对建筑物的能耗进行检测，那时的工作属于研究性质，主要由大专院校和科研单位实施。由中国建筑科学研究院主编、哈尔滨工业大学土木工程学院和北京市建筑设计研究院参编的《采暖居住建筑节能检验标准》JGJ 132—2001 自 2001 年 6 月 1 日起施行。该标准的颁布实施一举改变了十多年来采暖居住建筑节能效果检测评定无法可依的局面，首次提出现场对建筑节能的效果进行实际检测评定，也标志着我国建筑节能检测工作的正式开展。这个措施对推进我国建筑节能工作的深入开展具有重要的现实意义。

现在建筑节能检测依据的标准规范由三大部分构成：

(1) 国家建筑节能综合性标准

主要是《采暖居住建筑节能检验标准》JGJ/T 132—2009（该标准是我国第一部建筑节能检测标准《采暖居住建筑节能检验标准》JGJ 132—2001 的修订版）、《建筑节能工程施工质量验收规范》GB 50411—2007、《公共建筑节能检测标准》JGJ/T 177—2009。

（2）专业标准

主要是建筑工程上节能材料、节能建筑构件和用能设备等，其检测依据是各个行业的专业技术标准。如采暖锅炉的效率检测标准《生活锅炉热效率及热工试验方法》GB/T 10820—2002。门窗的气密性、水密性和保温性能检测标准有《建筑外门窗气密、水密、抗风压性能分级及检测方法》GB/T 7106—2008。《建筑外窗气密、水密、抗风压性能现场检测方法》JG/T 211—2007 等。建筑节能构件传热性能的检测标准有《绝热 稳态传热性质的测定 标定和防护热箱法》GB/T 13475—2008。节能材料导热性能检测标准《绝热材料稳态热阻及有关特性的测定 防护热板法》GB/T 10294—2008、《绝热材料稳态热阻及有关特性的测定 热流计法》GB/T 10295—2008 等。

（3）地方标准

在建筑节能工作进展较好的地方都编制发布了地方性的建筑节能检测验收标准或规范，如北京市地方标准《民用建筑节能现场检验标准》DB 11/T 555—2008、《公共建筑节能施工质量验收规程》DB 11/510—2007，上海市工程建设规范《住宅建筑节能检测评估标准》DG/TJ 08-801—2004，甘肃省工程建设标准《采暖居住建筑围护结构节能检验评估标准》DBJT 25-3036—2006，江苏省工程建设标准《建筑节能标准—民用建筑节能工程现场热工性能检测标准》DGJ 32/J 23—2006，天津市工程建设标准《居住建筑节能检测标准》J 10431—2004 等。

1.4 节能标准对建筑热工设计的规定

1.4.1 一般规定

建筑物朝向宜采用南北向或接近南北向，主要房间宜避开冬季主导风向。

建筑物体形系数宜控制在 0.30 及其以下；若体形系数大于 0.30，则屋顶和外墙应加强保温，其传热系数应符合规定。

采暖居住建筑的楼梯间和外廊应设置门窗；在采暖期室外平均温度为 $-0.1 \sim -6.0$℃ 的地区，楼梯间不采暖时，楼梯间隔墙和户门应采取保温措施；在 -6.0℃ 以下的地区，楼梯间应采暖，入口处应设置门斗等避风设施。

1.4.2 围护结构设计

按节能 50% 目标设计要求，不同地区采暖居住建筑各部分围护结构的传热系数不应超过表 1-3 规定的限值。当实际采用的窗户传热系数比表 1-3 规定的限值低 0.5 及 0.5 以上时，在满足本标准规定的耗热量指标条件下，可按 JGJ 26—95 规定的方法，重新计算确定外墙和屋顶所需的传热系数。

外墙的传热系数应考虑周边混凝土梁、柱等热桥的影响。外墙的平均传热系数不应超过表 1-3 规定的限值。

窗户（包括阳台门上部透明部分）面积不宜过大。不同朝向的窗墙面积比不应超过表 1-3 规定的数值。

1.4 节能标准对建筑热工设计的规定

不同地区采暖居住建筑各部分围护结构传热系数限值 [W/(m²·K)]

表 1-3

采暖期室外平均温度(℃)	代表性城市	屋顶 体形系数≤0.3	屋顶 体形系数>0.3	外墙 体形系数≤0.3	外墙 体形系数>0.3	不采暖楼梯间 隔墙	不采暖楼梯间 户门	窗户(含阳台门上部)	阳台门下门芯板	外门	地板 接触室外空气地板	地板 不采暖地下室上部地板	地面 周边地面	地面 非周边地面
2.0~1.0	郑州、洛阳、宝鸡、徐州	0.80	0.60	1.10 / 1.40	0.80 / 1.10	1.83	2.70	4.70 / 4.00	1.70	—	0.60	0.65	0.52	0.30
0.9~0.0	西安、拉萨、济南、青岛、安阳	0.80	0.60	1.00 / 1.28	0.70 / 1.00	1.83	2.70	4.70 / 4.00	1.70	—	0.60	0.65	0.52	0.30
-0.1~-1.0	石家庄、德州、晋城、天水	0.80	0.60	0.92 / 1.20	0.60 / 0.85	1.83	2.00	4.70 / 4.00	1.70	—	0.60	0.65	0.52	0.30
-1.1~-2.0	北京、天津、大连、阳泉、平凉	0.80	0.60	0.90 / 1.16	0.55 / 0.82	1.83	2.00	4.70 / 4.00	1.70	—	0.50	0.55	0.52	0.30
-2.1~-3.0	兰州、太原、唐山、阿坝、喀什	0.70	0.50	0.85 / 1.10	0.62 / 0.78	0.94	2.00	4.70 / 4.00	1.70	—	0.50	0.55	0.52	0.30
-3.1~-4.0	西宁、银川、丹东	0.70	0.50	0.68 / 0.75	0.65 / 0.60	0.94	2.00	4.00	1.70	—	0.50	0.55	0.52	0.30
-4.1~-5.0	张家口、鞍山、酒泉、西宁、吐鲁番	0.60	0.40	0.68 / 0.65	0.56 / 0.50	0.94	1.50	3.00	1.35	—	0.40	0.55	0.30	0.30
-5.1~-6.0	沈阳、大同、本溪、阜新、哈密	0.60	0.40	0.65 / 0.65	0.50 / 0.50	0.94	—	3.00	1.35	2.50	0.40	0.55	0.30	0.30
-6.1~-7.0	呼和浩特、抚顺、大柴旦	0.60	0.30	0.56	0.45	—	—	2.50	1.35	2.50	0.40	0.55	0.30	0.30
-7.1~-8.0	延吉、通辽、通化、四平	0.50	0.30	0.52	0.40	—	—	2.50	1.35	2.50	0.30	0.50	0.30	0.30
-8.1~-9.0	长春、乌鲁木齐	0.50	0.30	0.52	0.40	—	—	2.50	1.35	2.50	0.30	0.50	0.30	0.30
-9.1~-10.0	哈尔滨、牡丹江、克拉玛依	0.50	0.30	0.52	0.40	—	—	2.50	1.35	2.50	0.30	0.50	0.30	0.30
-10.1~-11.0	佳木斯、安达、齐齐哈尔、富锦	0.50	0.30	0.52	0.40	—	—	2.00	1.35	2.50	0.25	0.45	0.30	0.30
-11.1~-12.0	海伦、伯克图	0.40	0.20	0.52	0.40	—	—	2.00	1.35	2.50	0.25	0.45	0.30	0.30
-12.1~-14.5	伊春、呼玛、海拉尔、满洲里	0.40	0.20	0.52	0.40	—	—	2.00	1.35	2.50	0.25	0.45	0.30	0.30

注：1. 表中外墙传热系数限值是指考虑了周边热桥影响后的外墙平均传热系数。有些地区外墙传热系数限值有两个数据，上行数据与传热系数为4.00的单框双玻金属窗相对应；下行数据与传热系数为4.70的单层塑料窗相对应。

2. 表中周边地面一栏中0.52为位于建筑物周边不带保温层的混凝土地面的传热系数；0.30为位于建筑物周边带保温层的混凝土地面的传热系数。非周边地面一栏中0.30为位于建筑物非周边不带保温层的混凝土地面的传热系数。

设计中应采用气密性良好的窗户（包括阳台门），其气密性等级，在1～6层建筑中，不应低于现行国家标准《建筑外窗空气渗透性能分级及其检测方法》GB 7107规定的Ⅲ级水平；在7～30层建筑中，不应低于上述标准规定的Ⅱ级水平。

在建筑物采用气密窗或窗户加设密封条的情况下，房间应设置可以调节的换气装置或其他可行的换气设施。

围护结构的热桥部位应采取保温措施，以保证其内表面温度不低于室内空气露点温度并减少附加传热热损失。

采暖期室外平均温度低于－5℃的地区，建筑物外墙在室外地坪以下的垂直墙面，以及周边直接接触土壤的地面应采取保温措施。在室外地坪以下的垂直墙面，其传热系数不应超过表1-3规定的周边地面传热系数限值；在外墙周边从外墙内侧算起2.0m范围内，地面的传热系数不应超过0.30W/(m²·K)。

上面所述内容是《民用建筑节能设计标准（采暖居住建筑）》JGJ 26—95的规定，也就是行业内通称的节能50%设计标准。国家提出节能65%的目标后，由于没有国家标准，也没有行业标准，各地根据当地气候特点制定了节能65%地方设计标准，对建筑物围护结构的热工性能规定了指标要求，见表1-4。

65%节能标准不同地区采暖居住建筑各部分围护结构传热系数限值[W/(m²·K)]

表 1-4

代表性城市		屋顶		外墙		不采暖楼梯间		窗户(含阳台门上部)				阳台门下部门芯板	楼梯间外门	地板		地面	
		体形系数<0.3	体形系数0.3～0.33	体形系数<0.3	体形系数0.3～0.33	隔墙	户门							接触室外空气地板	不采暖地下室上部地板	周边地面	非周边地面
北京		外保温		内保温的主体断面		—	—	2.8				1.7	—	0.5	0.55	—	
	5层及以上建筑	0.6		0.6		0.3											
	4层及以下建筑	0.45		0.45		不采用											
								窗墙面积比C(%)									
哈尔滨	≤3层建筑	0.25		0.30		0.8	1.5	C≤20	20<C≤30	20<C≥30	20<C≥30	1.2	1.5	0.30	0.35	1.39	—
								2.0	1.8	1.6	1.5						
	4～8层建筑	0.30		0.40		0.8	1.5	2.0	2.0	1.8	1.6	1.2	1.5	0.40	0.45	1.11	
	9～13层建筑	0.40		0.50		0.8	1.5	2.5	2.2	2.0	1.8	1.5	1.5	0.50	0.55	0.83	
	≥14层建筑	0.45		0.55		0.8	1.5	2.5	2.2	2.0	1.8	1.5	1.5	0.55	0.60	0.83	
天津	大于等于5层	0.5		0.60		1.5	1.5	2.7				1.5		0.50	0.55		
	小于等于4层	0.4		0.45		1.5	1.5	2.5				1.5		0.50	0.55		
郑州		0.60		0.75		—	1.65	2.7	2.8			1.72	—	0.5	0.5	0.52	0.30
兰州		0.6	0.4	0.6	0.5	0.8	1.7	2.8				1.7	2.0	0.55	0.55	0.52	0.30

1.5 建筑节能影响因素

建筑节能是一个系统工程，影响建筑物能耗的因素很多，从大的方面来讲有三个方面是决定性的：所处环境、自身构造、运行过程。所以谈建筑能耗的时候必须明确指出这三个要素，否则是不准确的。具体讲，与建筑物所处的地理位置、所处区域的建筑气候特征、建筑物本身的构造特点、供热供冷系统、建筑物运行管理等有关，相同面积、相同构造、相同节能措施的建筑物在不同的地方具有不同的能耗指标，不能进行简单的数值比较。对于一个既定区域的建筑物而言，影响建筑能耗的因素如下：

(1) 区域建筑气候特征

(2) 建筑物小区环境

这部分是建筑物的外部环境对建筑能耗的影响因素，主要有：

1) 建筑物朝向；

2) 建筑物布局；

3) 建筑形态。

这些因素除了影响建筑各外表面可受到的日照程度外，还将影响建筑周围的空气流动。冬季建筑物外表面风速不同会使散热量有5%～7%的差别，建筑物两侧形成的压差还会造成很大的冷风渗透；夏季室内自然通风程度也在很大程度上取决于小区布局；小区绿化率、水景等，将改变地面对阳光的反射，从而使夏季室内热环境有较大差异；建筑外表面色彩导致对阳光的吸收不同，从而影响室内热环境；建筑形状及内部划分，将在很大程度上影响自然通风。

(3) 建筑物构造

建筑物是建筑耗能的主体，它本身的构造对建筑能耗影响因素主要有：

1) 体形系数；

2) 窗墙比；

3) 门窗热工性能：气密性、传热系数；

4) 屋顶、地面、外墙的传热系数。

建筑外墙、屋顶、地面的保温方式及传热系数、窗墙比、窗的形式、光透过性能及遮阳装置等，都会对冬季耗热量及夏季空调耗冷量有巨大影响。在不影响建筑风格和使用功能的前提下，采取的节能措施主要是选取较小的体形系数（一般<0.3为好，不宜超过0.35）、较小的窗墙比（北向<0.25，东西向<0.30，南向<0.35）、传热系数小和气密性好的门窗等。

(4) 采暖系统

这部分对建筑能耗的影响因素主要是：

1) 锅炉效率；

2) 管道系统的效率；

3) 采暖方式。

采暖系统是建筑物采暖过程中能量转换和输送的部分，将煤、天然气等初级能源转换成热能，然后由热力管网输送到用户，锅炉效率和管网效率直接影响建筑物的采暖能耗，由于设施集中潜力大,是建筑节能的重要内容。在分步实施的建筑节能目标中,这部分承担的任务都比较重:第一步节能 30%的目标中承担 10%,第二步节能 50%的目标中承担 20%。

(5) 运行管理

在这些影响因素中,前面的小区布置等在建筑设计人员的设计过程中形成。而有些是建筑物在建造过程中形成的,如墙体、屋面、地面的传热性能等;采暖系统的影响则依赖于优化设计和系统在运行中的管理。

运行管理属于"行为节能"的范畴,在建筑物建成投入使用后,建筑能耗决定于建筑物的运行管理水平。经过二十几年不懈的努力,现在建成了一定量的节能建筑,但同时发现了"节能建筑不节能"的现象,就是从技术上说采取各种措施建成的建筑物的能耗水平较低,达到现行的建筑节能设计标准的要求,但是在使用过程中由于热计量等措施的不完善或奖罚措施不到位,致使建筑物总的能耗量并没有降下来。在北方采暖地区由于冬季室内温度太高,开窗降温的事情时有发生,这是典型的节能建筑不节能的实例。因此,建筑物建成交付使用后,运行管理在建筑能耗中起决定性的作用。

对于竣工验收环节,在这些因素中主要是检测在建筑物建造过程中形成的因素,作为督促手段,加强建设各方按图施工,达到建筑设计师的意图,建造出节能建筑。

参考文献

[1] 孙宝樑 主编. 简明建筑节能技术. 北京:中国建筑工业出版社,2007
[2] 徐占发 主编. 建筑节能技术实用手册. 北京:机械工业出版社. 2005
[3] 中国建筑科学研究院. 民用建筑节能设计标准(采暖居住建筑部分)JGJ 26—95,1996
[4] 中华人民共和国国家统计局. 中国统计年鉴 2007. 北京:中国统计出版社,2007
[5] 李仕国,王烨. 中国建筑能耗现状及节能措施概述. 环境科学与管理,2008,2
[6] 江亿. 我国的建筑能耗现状与趋势. 中国建设报,2009.5.21

第 2 章 建筑节能检测基础

2.1 名词和术语

介绍有关保温隔热材料、建筑节能的概念和平常应用较为广泛的名词、术语。

(1) 导热系数 (λ)

稳态条件下，1m 厚的材料，两侧表面温差为 1K 时，1 小时内通过 $1m^2$ 面积所传递的热量，单位为 $W/(m \cdot K)$。

(2) 导温系数（热扩散系数）

材料的导热系数与其比热容和密度乘积的比值。表征物体在加热或冷却时各部分温度趋于一致的能力，其值越大温度变化的速度越快。

(3) 比热容（比热）

1kg 的物质，温度升高或降低 1℃所需吸收或放出的热量。

(4) 密度

$1m^3$ 物体所具有的质量。块体材料常用表观密度表示，松散材料常用堆积密度表示。

(5) 材料蓄热系数 (S)

当某一足够厚的单一材料层一侧受到谐波热作用时，表面温度将按同一周期波动，通过表面的热流波幅与表面温度波幅的比值，即为该材料的蓄热系数。其值越大，材料的热稳定性越好。

(6) 总的半球发射率 (ε)

也称为黑度，它是指物体表面总的半球发射密度与相同温度黑体的总的半球发射密度之比。

(7) 围护结构

建筑物及房间各面的围挡物，如墙体、屋顶、门窗、楼板和地面等。按是否同室外空气直接接触以及在建筑物中的位置，又可分为外围护结构和内围护结构。

(8) 外围护结构

与室外空气直接接触的围护结构，如外墙、屋顶、外门和外窗等。

(9) 内围护结构

不与室外空气直接接触的围护结构，如隔墙、楼板、内门和内窗等。

(10) 建筑采光顶

太阳光可直接投射入室内的屋面。

(11) 透光外围护结构

外窗、外门、透明幕墙和采光顶等太阳光可直接投射入室内的建筑物外围护结构。

(12) 热桥

在金属材料构件或钢筋混凝土梁（圈梁）、柱、窗口梁、窗台板、楼板、屋面板、外墙的排水构件及附墙构件（如阳台、雨罩、空调室外机搁板、附壁柱、靠外墙阳台栏板、靠外墙阳台分户墙）等与外围护结构的结合部位，在室内外温差作用下，出现局部热流密集的现象。在室内采暖条件下，该部位内表面温度较其他主体部位低，而在室内空调降温条件下，该部位的内表面温度又较其他主体部位高。具有这种热工特征的部位，称为热桥。

（13）围护结构传热系数（K）

也称为总传热系数，它是指稳态条件下，围护结构两侧表面温差为1K时，1h内通过$1m^2$面积所传递的热量，单位为$W/(m^2·K)$。

（14）围护结构传热系数的修正系数（ε_i）

不同地区、不同朝向的围护结构，因受太阳辐射和天空辐射的影响，使得其在两侧空气温差同样为1K的情况下，在单位时间内通过单位面积围护结构的传热量要改变。这个改变后的传热量与未受太阳辐射和天空辐射影响的原有传热量的比值，即为围护结构传热系数的修正系数。

（15）外墙平均传热系数（K_m）

外墙包括主体部位和周边热桥（构造柱、圈梁以及楼板伸入外墙部分等）部位在内的传热系数平均值。按外墙各部位（不包括门窗）的传热系数对其面积的加权平均计算求得，单位为$W/(m^2·K)$。

（16）热阻（R）

表征物体阻抗热传导能力大小的物理量，单位为$m^2·K/W$。

（17）传热阻（总热阻）

表征围护结构（包括两侧表面空气边界层）阻抗传热能力的物理量，为结构热阻与两侧表面换热阻之和。传热阻为传热系数的倒数，单位为$m^2·K/W$。

（18）最小传热阻（最小总热阻）

特指设计计算中容许采用的围护结构传热阻的下限值。规定最小传热阻的目的是为了限制通过围护结构的传热量过大，防止内表面冷凝以及限制内表面与人体之间的辐射换热量过大而使人体受凉，单位为$m^2·K/W$。

（19）经济传热阻（经济热阻）

围护结构单位面积的建造费用（初次投资的折旧费）与使用费用（由围护结构单位面积分摊的采暖运行费和设备折旧费）之和达到最小值时的传热阻，单位为$m^2·K/W$。

（20）热导（G）

在稳定传热条件下，平板材料两表面之间温差为1K，在单位时间内通过单位面积的传热量，有时也称热导率（Λ）。其值等于通过物体的热流密度除以物体两表面的温度差，单位为$W/(m^2·K)$。

（21）热惰性指标（D）

表征围护结构对温度波衰减快慢程度的无量纲指标。单一材料围护结构，$D=RS$；多层材料围护结构，$D=\Sigma RS$。其中，R为围护结构材料层的热阻；S为相应材料层的蓄热系数。D值越大，温度波在其中衰减越快，围护结构的热稳定性越好。

（22）围护结构的热稳定性

指在周期性热作用下，围护结构本身抵抗温度波动的能力。围护结构的热惰性是影响其热稳定性的主要因素。

（23）房间的热稳定性

在室内外周期性热作用下，整个房间抵抗温度波动的能力。房间的热稳定性主要取决于内外围护结构的热稳定性。

（24）内表面换热系数

围护结构内表面温度与室内空气温度之差为1℃，1h内通过1m^{2}表面积所传递的热量，有时也称内表面热转移系数或热绝缘系数。

（25）内表面换热阻（内表面热转移阻）

内表面换热系数的倒数。

（26）外表面换热系数（外表面热转移系数）

围护结构外表面温度与室外空气温度之差为1℃，1h内通过1m^{2}表面积所传递的热量。

（27）外表面换热阻（外表面热转移阻）

外表面换热系数的倒数。

（28）累年

特指整编气象资料时，所采用的以往一段连续年份（不少于3年）的累计。

（29）设计计算用采暖期天数

累年日平均温度低于或等于5℃的天数。

（30）采暖度日数（HDD）

采暖度日数是一个按照建筑采暖要求反映某地气候寒冷程度的参数。每个地方每天都有一个日平均温度，规定一个室内基准温度（例如18℃），当某天室外日平均温度低于18℃时，将该日平均温度与18℃的温度差乘以1天，得到一个数值，其单位为℃·d，将所有这些数值累加起来，就得到了某地以18℃为基准的采暖度日数，用 HDD18 表示，单位为℃·d。同样的道理，也可以统计出以其他温度为基准的采暖度日数，如 HDD20 等。将统计的时间从一年缩短到一个采暖期，就得到采暖期的采暖度日数。采暖度日数越大表示该地越寒冷，例如哈尔滨的 HDD18 为4928℃·d，北京的 HDD18 为2450℃·d，兰州的 HDD18 为2746℃·d。

（31）空调度日数（CDD）

空调度日数是按照建筑空调制冷要求反映某地气候炎热程度的参数。每个地方每天都有一个日平均温度，规定一个室内基准温度（例如26℃），当某天室外日平均温度高于26℃时，将该日平均温度与26℃的温度差乘以1天，得到一个数值，其单位为℃·d，将所有这些数值累加起来，就得到了某地以26℃为基准的采暖度日数，用 CDD26 表示，单位为℃·d。将统计时间从一年缩短到一个夏季，就得到夏季的制冷度日数。制冷度日数越大表示该地越炎热，北京的 CDD26 为103℃·d，南京的 CDD26 为151℃·d。

（32）制冷度时数（CDH）

类似制冷度日数，一年有8760h，每个小时都有一个平均温度，如果用每小时的平均温度代替制冷度日数中每天的平均温度作计算统计，就可以得到当地制冷度时数，其单位为℃·h。用制冷度时数来估算夏季空调降温的时间长短，比用制冷度日数更为准确。尤其对于昼夜温差大的地方更合理,如某日日平均气温低于 26℃,用制冷度日数统计时,当天不需要开空调降温,但是中午前后几个小时比较热,需要开空调降温。

(33) 建筑物耗热量指标（qh）

在采暖期室外平均温度条件下,为保持室内计算温度,$1m^2$ 建筑面积,在 1h 内,需由采暖设备供给的热量,单位为 W/m^2。

(34) 采暖耗煤量指标

在采暖期室外平均温度条件下,为保持室内计算温度,单位建筑面积在一个采暖期内消耗的标准煤量,单位为 kg/m^2。

(35) 窗墙面积比（X）

窗户洞口面积与房间立面单元面积（即房间层高与开间定位线围成的面积）的比值。

(36) 门窗气密性

表征门窗在关闭状态下,阻止空气渗透的能力。用单位缝长空气渗透量表示,单位为 $m^3/(m·h)$,或用单位面积空气渗透量表示,单位为 $m^3/(m^2·h)$。

(37) 房间气密性（空气渗透性）

表征空气通过房间缝隙渗透的性能,用换气次数表示。

(38) 热流计法

指用热流计进行热阻测量并计算传热系数的测量方法。

(39) 热箱法

指用标定或防护热箱法对建筑构件进行热阻测量并计算传热系数的测量方法。

(40) 控温箱—热流计法

指用控温箱人工控制温差,用热流计进行热流密度测量并计算传热系数的测量方法。

(41) 水力平衡度（HB）

在集中热水采暖系统中,整个系统的循环水量满足设计条件时,建筑物热力入口处循环水量（质量流量）的测量值与设计值之比。

(42) 采暖系统补水率（Rmp）

热水采暖系统在正常运行工况下,检测持续时间内,该系统单位建筑面积单位时间内的补水量与该系统单位建筑面积单位时间理论循环水量的比值。该理论循环水量等于热源的理论供热量除以系统的设计供回水温差。

(43) 室内活动区域

在居住空间内,由距地面或楼板面为 100mm 和 1800mm,距内墙内表面 300mm,距外墙内表面或固定的采暖空调设备 600mm 的所有平面所围成的区域。

(44) 房间平均室温

在某房间室内活动区域内一个或多个代表性位置测得的,不少于 24h 检测持续时间内,室内空气温度逐时值的算术平均值。

(45) 户内平均室温

由住户内除厨房、设有浴盆或淋浴器的卫生间、淋浴室、储物间、封闭阳台和使用面积不足 $5m^2$ 的空间外的所有其他房间的平均室温,通过房间建筑面积加权而得到的算术平均值。

(46) 建筑物平均室温

由同属于某居住建筑物的代表性住户或房间的户内平均室温通过户内建筑面积（仅指参与室温检测的各功能间的建筑面积之和）加权而得到的算术平均值，代表性住户或房间的数量应不少于总户数或总间数的 10%。

(47) 小区平均室温

由随机抽取的同属于某居住小区的代表性居住建筑的建筑平均室温，通过楼内建筑面积加权而得到的算术平均值，代表性居住建筑的面积应不少于小区内居住建筑总面积的 30%。

(48) 外窗窗口单位空气渗透量（Q_a）

在标准状态下，当窗内外压差为 10Pa、外窗所有可开启窗扇均已正常关闭的条件下，单位窗口面积单位时间内由室外渗入的空气量，单位为 $m^3/(m^2 \cdot h)$。该渗透量中既包括经过窗本身的缝隙渗入的空气量，也包括经过外窗与围护结构之间的安装缝隙渗入的空气量。

(49) 附加渗透量（Q_f）

在标准状态下，当窗内外压差为 10Pa 时，单位时间内通过受检外窗以外的缝隙渗入的空气量，单位为 m^3/h。

(50) 红外热像仪

基于表面辐射温度原理，能产生热像的红外成像系统。

(51) 热像图

用红外热像仪拍摄的表示物体表面表观辐射温度的图片。

(52) 噪声当量温度差（NETD）

在热成像系统或扫描器的信噪比为 1 时，黑体目标与背景之间的目标—背景温度差，也称温度分辨率。

(53) 参照温度

在被测物体表面测得的用来标定红外热像仪的物体表面温度。

(54) 环境参照体

用来采集环境温度的物体，它并不一定具有当时的真实环境温度，但具有与被测物相似的物理属性，并与被测物处于相似的环境之中。

(55) 正常运行工况

处于热态运行中的集中采暖系统同时满足以下条件时，则称该系统处于正常运行工况。

1) 所有采暖管道和设备均处于供热状态；
2) 在任意相邻的两个 24h 内，第二个 24h 内系统补水量的变化值不超过第一个 24h 内系统补水量的 10%；
3) 采用定流量方式运行时，系统的循环水量为设计值的 100%～110%；
4) 采用变流量方式运行时，系统的循环水量和扬程在设计规定的运行范围内。

(56) 静态水力平衡阀

阀体上具有测压孔、开启刻度和最大开度锁定装置，且借助专用二次仪表，能手动定量调节系统水流量的调节阀。

(57) 热工缺陷

当保温材料缺失、受潮、分布不均,或其中混入灰浆或围护结构存在空气渗透的部位时,则称该围护结构在此部位存在热工缺陷。

(58) 入住率 (PO)

居住建筑已入住的户数与该建筑物总户数之比。

(59) 体形系数 (S)

建筑物与室外大气接触的外表面积与其所包围的体积的比值。外表面积中不包括地面和不采暖(或空调)楼梯间隔墙和户门的面积。当居住建筑物附带地下室或半地下室时,应以首层地面以上作为计算对象。对于首层为商铺的居住建筑物,应以扣除商铺后的剩余部分作为计算对象。

(60) 设计建筑

正在设计的、需要进行节能设计判定的建筑。

(61) 参照建筑

对围护结构热工性能进行权衡判断时,将设计建筑各部分围护结构的传热系数和窗墙比改为符合节能设计标准的限值,用以确定设计建筑物传热耗热量限值的假想建筑。

(62) 居住建筑

以为人们提供生活、休息场所为主要目的的建筑,如住宅建筑(包括普通住宅、公寓、连体别墅和独栋别墅)、集体宿舍、旅馆、幼托建筑。

(63) 试点居住建筑

已被列入国家或省市级计划,以推广建筑节能新技术、新理念、新工艺、新材料为目的而建造的带有示范或验证性质的单栋居住建筑物或建筑物群。

(64) 非试点居住建筑

除试点居住建筑物以外的其他单栋居住建筑物或建筑物群,均称为非试点居住建筑物。

(65) 试点居住小区

已被列入国家或省市级计划,以推广建筑节能新技术、新理念、新工艺、新材料为目的而建造的带有示范或验证性质的,采用锅炉房、换热站或其他供热装置集中采暖的居住小区。

(66) 非试点居住小区

除试点居住小区以外的其他采用锅炉房、换热站或其他供热装置集中采暖的居住小区,均称为非试点居住小区。

(67) 公共建筑

包含办公建筑(包括写字楼、政府部门办公楼等)、商业建筑(如商场、金融建筑等)、旅游建筑(如旅馆饭店、娱乐场所等)、科教文卫建筑(包括文化、教育、科研、医疗、卫生、体育建筑等)、通信建筑(如邮电通信、广播用房等)以及交通运输用房(如机场、车站建筑等)。

(68) 中小型公共建筑

单栋建筑面积小于或等于 2 万 m^2 的公共建筑。

(69) 大型公共建筑

单栋建筑面积大于 2 万 m^2 的公共建筑。

(70) 检验批

具有相同的外围护结构（包括外墙、外窗和屋面）构成的建筑物。

(71) 采暖设计热负荷指标（q_b）

在采暖室外计算温度条件下，为保持室内计算温度，单位建筑面积在单位时间内需由室内散热设备供给的热量，单位为 W/m²。

(72) 供热设计热负荷指标（q_q）

在采暖室外计算温度条件下，为保持室内计算温度，单位建筑面积在单位时间内需由锅炉房或其他采暖设施通过室外管网集中供给的热量，单位为 W/m²。

(73) 居住小区采暖设计耗煤量指标（q_{cq}）

在采暖室外计算温度条件下，为保持室内计算温度，单位建筑面积在单位时间内需由锅炉房燃烧的折合标准煤量，单位为 kg/(m²·h)。

(74) 采暖年耗热量（*AHC*）

按照设定的室内计算条件，计算出的单位建筑面积在一个采暖期内所消耗的、需由室内采暖设备供给的热量，单位为 MJ/(m²·年)。

(75) 空调年耗冷量（*ACC*）

按照设定的室内计算条件，计算出的单位建筑面积从 5 月 1 日～9 月 30 日之间所消耗的、需由室内空调设备供给的冷量，单位为 MJ/(m²·年)。

(76) 室外管网热输送效率（η_{ht}）

管网输出总热量（即采暖系统用户侧所有热力入口处输出的热量之和）与管网输入总热量（即采暖热源出口处输出的总热量）的比值。室外管网热输送效率综合反映了室外管网的保温性能和水密程度。

(77) 冷源系统能效系数（*EER*$_{sys}$）

冷源系统单位时间供冷量与单位时间冷水机组、冷水泵、冷却水泵和冷却塔风机能耗之和的比值。

(78) 同条件试样

根据工程实体的性能取决于内在材料性能和构造的原理，在施工现场抽取一定数量的工程实体组成材料，按同工艺、同条件的方法，在实验室制作能够反映工程实体热工性能的试样。

(79) 抗结露因子

预测门、窗阻抗表面结露能力的指标，是在稳定传热状态下，门、窗热侧表面与室外空气温度差和室内外空气温度差的比值。

(80) 建筑能效标识

将反映建筑物能源消耗量及其用能系统效率等性能指标以信息标识的形式进行明示。

(81) 建筑能效测评

对反映建筑物能源消耗量及其用能系统效率等性能指标进行检测、计算，并给出其所处水平。

(82) 建筑物用能系统

与建筑物同步设计、同步安装的用能设备和设施。居住建筑的用能设备主要是指采暖空调系统，公共建筑的用能设备主要是指采暖空调系统和照明两大类；设施一般是指与设备相配套的、为满足设备运行需要而设置的服务系统。

2.2 建筑传热基本知识

概括介绍建筑传热的过程和建筑传热学的基础知识，如热阻、传热阻、传热系数等。

2.2.1 建筑传热过程

建筑物借助围护结构而与外界环境隔开，并通过房间采暖和空气调节在室内创造出一定的热湿环境和空气条件。建筑物在使用过程中其内部的热环境受到室外环境的影响，如空气湿度、温度、太阳辐射强度、风向、风速等因素。这些因素通过围护结构和空气交换影响室内的热湿状态。围护结构主要指外墙、屋顶、地面、门窗；空气交换主要指为保持室内空气卫生指标而主动的开窗、开门通风换气和正常使用条件下门窗缝隙空气渗漏。外界因素通过围护结构的热传递，以导热、辐射、对流三种方式，对室内热湿环境产生影响。

2.2.2 建筑传热方式

传热是指物体内部或物体与物体之间热能转移的现象。凡是一个物体的各个部分或者物体与物体之间存在着温度差，就必然有热能的传递、转移现象发生。根据传热机理的不同，传热的基本方式分为导热、对流和辐射三种，建筑传热过程也是以这三种方式进行热量传递的，在不同部位不同时段传热方式的重要程度不同。

（1）导热

导热是由温度不同的质点（分子、原子、自由电子）在热运动中引起的热能传递现象。在固体、液体和气体中均能产生导热现象，但其机理却并不相同。固体导热是由于相邻分子发生的碰撞和自由电子迁移所引起的热能传递；在液体中的导热是通过平衡位置间歇移动着的分子振动引起的；在气体中则是通过分子无规则运动时互相碰撞而导热。单纯的导热只能在密实的固体中发生，对于建筑围护结构，导热主要发生在材料（如墙体、玻璃等）的内部。

（2）对流

对流是由于温度不同的各部分流体之间发生相对运动、互相掺合而传递热能，是依靠流体分子的随机运动和流体整体的宏观运动，将热量从一处传到另一处。对流主要发生在流体之中或者表面和与其紧邻的运动流体之间。对流换热的强弱主要取决于层流边界层内的换热与流体运动发生的原因、流体运动状况、流体与固体壁面温差、流体的物性、固体壁面的形状、大小及位置等因素。对于建筑物而言，对流主要发生在散热器与室内空气换热、室内冷热空气对流换热、墙体内表面与室内空气换热和墙体外表面与室外空气对流换热。

（3）辐射

辐射是依靠物体表面对外发射电磁波而传递热量的现象。任何物体，只要其温度大于绝对零度，都会由于物体原子中的电子振动对外界空间辐射出电磁波，并且不需要直接接触和传递介质，当辐射电磁波遇到其他物体时，将有一部分转化成热量，物体的辐射随着温度的升高而增大。因为凡是温度高于绝对零度的一切物体，不论它们的温度高低都在不间断地向外辐射不同波长的电磁波。因此，辐射传热是物体之间互相辐射的结果。当两个物体温度不同时，高温物体辐射给低温物体的能量大于低温物体辐射给高温物体的能量，其结果为高温物体的能量传递给了低温物体。在建筑物上，辐射与对流同时进行。

建筑上考虑传热的出发点有两个：一个是保温，主要针对降低严寒地区、寒冷地区、夏热冬冷地区的采暖能耗和提高居住环境的热舒适性；另一个是隔热，主要针对降低夏热地区、夏热冬冷地区的空调制冷能耗和提高居住环境的质量。保温和隔热都是为了提高居住环境的热舒适度，在建筑设计、施工、评价指标等方面都不同，但这两个出发点都有一个共同的要求就是提高围护结构的热阻，即降低其传热系数。

2.2.3 建筑稳定传热

在房屋建筑中，当室内外温度不等时，在外墙和屋顶等围护结构中就会有传热现象发生，热量总是从温度较高的一侧传向较低的一侧。如果室内外气温都不随时间而变，围护结构的传热就属于稳定传热过程。下面就以冬季采暖建筑物的传热情况为例来看一下传热过程的规律。

在建筑物围护结构中，散热主要发生在墙体、屋顶、地面和门窗等部位。墙体、屋顶、地面等是在建筑物建造过程中形成的，材料应用量大，变化因素多；而门窗是一个定型的产品，其形状在使用前后不会发生改变，热工性能是一个定值，所以主要研究墙体、屋顶、地面的传热。在建筑热工学中，为了简化计算，墙体、屋顶、地面是同一个问题——平壁稳定传热，这时墙体的传热由墙体内表面吸热、墙体导热、墙体外表面散热三个过程组成。

(1) 墙体内表面吸热

由于室内温度大于室外温度，室内的热量通过墙体向室外传递，必然形成室内温度、墙体内表面温度、墙体自身温度、墙体外表面温度及室外温度依次递减的温度状态，墙体内表面在向外侧传热的同时必须从室内空气中得到相等的热量，否则就不可能保持墙体内表面温度的稳定。在这一过程中，既有与室内空气的对流换热，同时也存在着内表面与室内空间各相对表面的辐射换热，即：

$$q_i = q_{ic} + q_{ir} = \alpha_{ic}(t_i - \theta_i) + \alpha_{ir}(t_i - \theta_i) = \alpha_i(t_i - \theta_i) \tag{2-1}$$

式中 q_i——墙体内表面单位时间单位面积的吸热量，W/m^2；

q_{ic}——在单位时间内室内空气以对流换热方式传给单位面积墙体的热量，W/m^2；

q_{ir}——在单位时间内室内其他表面以辐射方式传给单位面积墙体内表面的热量，W/m^2；

α_{ic}——墙体内表面的对流换热系数，$W/(m^2 \cdot K)$；

α_{ir}——墙体内表面的辐射换热系数，$W/(m^2 \cdot K)$；

α_i——墙体内表面的换热系数，$W/(m^2 \cdot K)$；

t_i——室内空气及其他表面的温度，℃；

θ_i——墙体内表面温度，℃。

(2) 墙体导热

为了简化计算，设墙体为单层匀质材料，导热系数为 λ，厚度为 d，两侧的温度为 θ_i 和 θ_e，且 $\theta_i > \theta_e$。墙体内表面吸热后通过墙体向外表面传递，根据导热计算公式可知：

$$q_\lambda = \frac{\lambda}{d}(\theta_i - \theta_e) \tag{2-2}$$

式中 q_λ——单位时间内通过单位面积墙体的导热量，W/m²。

(3) 墙体外表面散热

由于墙体外表面温度 θ_e 高于室外空气温度 t_e，墙体外表面向室外空气和环境散热。与内表面换热相类似，外表面的散热同样是对流换热和辐射换热的综合。所不同的是换热条件变了，因此换热系数亦随之变动。散热量为：

$$q_e = \alpha_e(\theta_e - t_e) \tag{2-3}$$

式中 q_e——单位时间内单位面积墙体外表面散出的热量，W/m²；
α_e——墙体外表面换热系数，W/(m²·K)；
θ_e——墙体外表面温度，K；
t_e——室外空气温度，K。

(4) 墙体的传热系数

综上所述，当室内气温高于室外气温时，围护结构经过上述三个阶段向外传热。处于稳定状态时，三个传热量必然相等。即：

$$q_i = q_\lambda = q_e = q \tag{2-4}$$

经过数学变换可得：

$$q = \frac{1}{\frac{1}{\alpha_i} + \frac{d}{\lambda} + \frac{1}{\alpha_e}}(t_i - t_e) \tag{2-5}$$

或

$$q = \frac{1}{R_i + R + R_e}(t_i - t_e) = \frac{1}{R_0}(t_i - t_e) = K(t_i - t_e) \tag{2-6}$$

式中 q——墙体传热量，W/m²；
R_i——墙体内表面换热阻，m²·K/W；
R——墙体热阻，m²·K/W；
R_e——墙体外表面换热阻，m²·K/W；
R_0——墙体传热阻，m²·K/W；
K——墙体传热系数，W/(m²·K)。

在建筑节能检测和评价中，R 值和 K 值是非常重要的两个参数，在第 5 章和第 6 章专门介绍对它们的检测。

2.3 建筑节能检测内容

建筑节能检测从检测场合来分有实验室检测和现场检测两部分，主要是建筑结构材料、保温隔热材料、建筑构件的实验室检测，建筑构件、建筑物、供热供冷系统的现场检测；从检测对象分有覆盖材料、建筑构件、建筑物实体三部分；从建筑物性质分有居住建筑和公共建筑两部分。实验室检测部分由于有完善的检测标准、规程，设备固定，实验条件易于控制等有利条件，相对容易完成，有关详细内容在第 4 章和第 5 章介绍。现场检测部分由于起步较晚，技术上的积累和经验较少，现场条件复杂不易控制，是当前建筑节能检测工作的重点内容，也是难点。下面主要介绍的是现场检测要求的项目，具体的检测技术在第6章、第7章、第8章中介绍。

由于我国地域广阔,地形复杂,气候差异很大,同一个时间从南方到北方可能经历四季天气特征。从建筑气候的角度分五个大的建筑气候区：严寒地区、寒冷地区、夏热冬冷地区、夏热冬暖地区、温和地区,每个地区对建筑节能的要求不一样,实施建筑节能的技术措施不一样,应用的节能材料不一样,验收和检测的项目不同、技术指标也不同,采用的方法就不同。如严寒地区和寒冷地区建筑节能主要考虑节约冬季采暖能耗,兼顾夏季空调制冷能耗,因此采用高效保温材料和高热阻门窗作建筑物的围护结构,以求达到最佳的保温效果,这类工程节能验收的主要内容是检测墙体、屋面的传热系数；夏热冬暖地区建筑节能主要考虑夏季空调能耗,采取的技术措施是为了提高围护结构的热阻以求达到最佳的隔热性能,这类工程节能验收的主要内容是围护结构传热系数和内表面最高温度；夏热冬冷地区则既要考虑节约冬季采暖能耗又要降低夏季空调能耗,建筑节能的检测就更复杂一些。同时,同一气候区域的建筑物又有几种形式,检测内容也不同。

居住建筑耗能的主要用途是为了改善建筑的热舒适度,因此对其而言建筑节能检测的主要内容是建筑物的保温性能和隔热性能。公共建筑除热舒适度外还有另一项大的耗能项目就是照明系统,相应的公共建筑的检测内容增加了照明系统和中央空调系统的性能检测。

2.3.1 公共建筑节能检测内容

(1) 建筑物室内平均温度、湿度检测；
(2) 非透光外围护结构热工性能检测；
(3) 透光外围护结构热工性能检测；
(4) 外围护结构气密性能检测；
(5) 采暖空调水系统性能检测；
(6) 空调风系统性能检测；
(7) 建筑物年采暖空调能耗及年冷源系统能效系数检测；
(8) 供配电系统检测；
(9) 照明系统检测；
(10) 监测与控制系统性能检测。

2.3.2 居住建筑节能检测内容

(1) 平均室温；
(2) 外围护结构热工缺陷；
(3) 外围护结构热桥部位内表面温度；
(4) 围护结构主体部位传热系数；
(5) 外窗窗口气密性能；
(6) 年采暖耗热量；
(7) 年空调耗冷量；
(8) 外围护结构隔热性能；
(9) 室外管网水力平衡度；

(10) 采暖系统补水率；

(11) 室外管网热损失率；

(12) 采暖锅炉运行效率；

(13) 采暖系统耗电输热比；

(14) 建筑物外窗遮阳设施；

(15) 单位采暖耗热量指标；

(16) 室外气象参数。

在对具体的建筑物进行建筑节能检测时，除了执行上述《居住建筑节能检测标准》和《公共建筑节能检测标准》的有关规定外，还应参照《建筑节能工程施工质量验收规范》的相关要求。

2.4 建筑节能检测流程

2.4.1 建筑节能检测的前提条件

对建筑物进行现场节能检验时，应在下列有关技术文件准备齐全的基础上进行。

1) 审图机构对工程施工图节能设计的审查文件；

2) 工程竣工设计图纸和技术文件；

3) 由具有建筑节能相关检测资质的检测机构出具的对从施工现场随机抽取的外门（含阳台门）、户门、外窗及保温材料所作的性能复验报告（即门窗传热系数、外窗的气密性能等级、玻璃及外窗的遮阳系数、保温材料的导热系数、密度、比热容和强度等）；

4) 热源设备、循环水泵的产品合格证和性能检测报告；

5) 热源设备、循环水泵、外门（含阳台门）、户门、外窗及保温材料等生产厂商的质量管理体系认证书；

6) 外墙墙体、屋面、热桥部位和采暖管道的保温施工做法或施工方案；

7) 有关的隐蔽工程施工质量的中间验收报告。

2.4.2 建筑节能检测方法

建筑节能检测是竣工验收的重要内容，其目的是为了通过实测来评价建筑物的节能效果。由于建筑节能的最终效果是节约建筑物使用过程中消耗的能量，因而评价建筑节能是否达标，首先要得到建筑物的耗能量指标。目前得到建筑物耗能量指标可以采用两种方法：直接法和间接法。

2.4.2.1 直接法

在热源（冷源）处直接测取采暖耗煤量指标（耗电量指标），然后求出建筑物的耗热量（耗冷量）指标的方法称为热（冷）源法，又称为直接法。

直接法主要测定试点建筑和示范小区，评价对象是试点建筑和示范小区。根据检测对象的使用状况，分析评定试点建筑和示范小区的建筑所采用的设计标准、所使用的建筑材料、结构体系、建筑形式等各因素对能耗的影响，进而分析建筑物、室外管网、锅炉等耗能目标物的耗能率、能量输送系统的效率、能量转换设备的效率，计算能量转换、能量输送、耗能目标物占采暖（制冷）过程总能耗的比率，分析各个环节的运行效率和节能的潜力。这种方法检测的内容较多，不仅要检测建筑物、能量转换、输送系统的技术参数，还要检测记录当地气候数据，内容繁多复杂，并且耗时长，一般要贯穿整个采暖季或空调季。因为试点建筑和示范小区带有一种"试验"的性质，它是就某种材料或是某种结构体系或是设计标准等某种特定目的实验的工程项目，既然是试点示范工程，就担负着推广普及前的试验工作，根据这些试验工程的测试结果来验证试验的目的是否达到，为下一步能否推广普及提出结论性意见及应该采取的修订措施。因此，对这种类型建筑工程的检测以直接法为主进行全面检测，目的是获得一个正确、全面、系统的试验结果，这个结果是试验工程项目投资的目的，也是推广普及的依据。

2.4.2.2 间接法

在建筑物处，通过检测建筑物热工指标和计算获得建筑物的耗热量（耗冷量）指标，然后参阅当地气象数据、锅炉和管道的热效率，计算出所测建筑物的采暖耗煤量（耗电量）指标的方法称为建筑热工法，又称为间接法。

应用间接法获得建筑物耗热量指标时有两部分内容，通过三个步骤完成，检测流程示意图如图2-1所示。有两部分内容：一部分是实际测量，另外一部分是根据热工规范的要求进行计算；三个步骤：第一步实测建筑物围护结构传热系数，主要是墙体、屋顶、地下室顶板；第二步实测建筑物气密性；第三步根据标准规范给出的建筑物耗热量计算公式算出所测建筑物的耗热量指标和耗煤量指标。

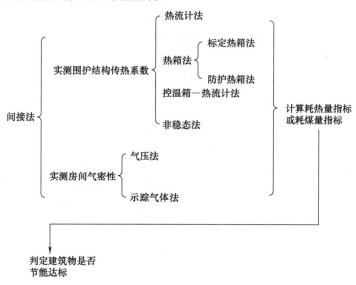

图 2-1　间接法建筑节能检测流程图

间接法主要测定一般的建筑工程，按现行的建筑设计标准和设计规范进行取值设计，建筑节能现场检测的目的就是为了探究施工过程是否严格按施工图设计方案进行，采用的墙体材料和保温材料的有关参数是否符合设计取值，施工质量是否合格。因此，这种检测是工程验收的一部分，所测对象的结果具有单件性，只是对自身有效，不会对别的工程有影响。所以对这类工程项目的检测方法要求简捷实用、耗时短，检测内容以关键部位为主，目前大多是采用建筑热工法。

间接法通过检测得到建筑物的耗能量指标,具体内容见第 6 章建筑耗热量指标的测定。

2.5 建筑物节能达标的判定

建筑物是否节能的判定思路是通过现场及实验室检测或建筑能耗计算软件得出建筑构件的传热性能指标或建筑物的能耗指标,将其与现行的建筑节能设计规范和标准的规定值进行比较,满足要求即可判定被测建筑物是节能的,反之则是不节能的。

目前有四种方法可用来判定目标建筑物的节能性能,分别是耗热量指标法、规定性指标法、性能性指标法、比较法,四种方法运用的指标不尽相同,在实际工作中针对具体的建筑物特点可以选择相应的方法。

2.5.1 耗热量指标法

耗热量指标法判定的依据是建筑物的耗热量指标,就是根据 2.4.2 节和第 6 章讲述的方法得到建筑物的耗热量指标,然后按如下规定进行判定。

用直接法测量建筑物耗热量指标时,测得的建筑物耗热量指标(q_F),符合建筑节能设计标准要求时,评定该建筑物为符合建筑节能设计标准,反之为不符合建筑节能设计要求。

用间接法检测和计算得到建筑物耗热量指标时,采用实测建筑物围护结构传热系数和房间气密性,计算在标准规定的室内外计算温差条件下建筑物单位耗热量,符合建筑节能设计标准要求时,评定该建筑物为符合建筑节能设计标准,反之为不符合建筑节能设计标准。

建筑物耗热量指标也可以用专门的软件计算得到,软件计算宜符合以下要求:
1) 计算前对构件热工性能进行检验;
2) 建筑节能评估计算采用国家认可的软件进行。

2.5.2 规定性指标法

规定性指标法(也叫构件指标法),是指建筑物的体形系数和窗墙面积比符合设计要求时,围护结构各构件的传热系数等指标达到设计标准,则该建筑为节能建筑。

主要的构件部位有:屋顶、外墙、不采暖楼梯间、窗户(含阳台门上部)、阳台门下部门芯板、楼梯间外门、地板、地面、变形缝等。

2.5.2.1 屋顶

(1) 屋顶传热系数的实验室检测

实验室检测得到的传热系数直接作为评估屋顶传热系数的依据,具体的检测方法见第 6 章。

(2) 屋顶传热系数的现场检测

现场检测得到的传热系数,应按式(2-7)计算评估用屋顶传热系数:

$$K' = 1/(R_i + R + R_e) \tag{2-7}$$

具体的检测方法见第 5 章。

2.5.2.2 外墙(包括不采暖楼梯间隔墙)

(1) 外墙传热系数实验室检测

可按《建筑构件稳定热传递性质的测定和防护热箱法》(GB/T 13475) 规定的方法或采用热流计法（或控温箱—热流计法）测量主墙体传热系数，然后通过计算平均传热系数 K_m，作为外墙传热系数评估依据。

(2) 外墙传热系数现场检测

应检测主墙体的传热系数后按式（2-8）计算评估用外墙传热系数：

$$K_p'=1/(R_i+R+R_e) \tag{2-8}$$

然后再根据实际墙体构造，计算其平均传热系数 K_m，作为外墙传热系数评估依据。

(3) 外墙平均传热系数 K_m 的计算方法见附录 C。

2.5.2.3 外窗

(1) 外窗传热系数应采用实验室检测数据作为评估依据。具体的检测方法见第 5 章。由于现场检测很复杂，且不能与窗框墙体有效传热隔绝，故不采用现场检测的方法。

(2) 外窗气密性应采用实验室检测数据或者现场检测数据作为评估气密性是否达标的依据。

2.5.2.4 外门

(1) 外门传热系数应采用实验室检测数据作为评估依据，不采用现场检测。

(2) 外门气密性应采用实验室检测数据或现场检测数据作为评估气密性是否达标的依据。

2.5.2.5 地板

地板的检测与评估参照 2.5.2.1。

2.5.3 性能性指标法

性能性指标由建筑热环境的质量指标和能耗指标两部分组成，对建筑的体形系数、窗墙面积比、围护结构的传热系数等不做硬性规定。设计人员可自行确定具体的技术参数，建筑物同时满足建筑热环境质量指标和能耗指标的要求，即为符合建筑节能要求。

2.5.4 比较法

在对构件的热工性能检测后，按建筑节能设计标准最低档参数（窗墙面积比，窗户、屋顶、外墙传热系数等），计算出标准建筑物的耗热量、耗冷量或者耗能量指标；然后将测得的构件传热系数代入同样的计算公式，计算出建筑物的耗热量、耗冷量或者耗能量指标。如果建筑物的指标小于标准建筑指标值，则该建筑即为节能达标建筑。

2.6 建筑节能检测机构

2.6.1 机构资质

根据国家工程质量检测管理的有关规定，检测机构是具有独立法人资格的中介机构。国务院建设主管部门负责对全国质量检测活动实施监督管理，并负责制定检测机构资质标准。省、自治区、直辖市人民政府建设主管部门负责对本行政区域内的质量检测活动实施监督管理,并负责检测机构的资质审批。市、县人民政府建设主管部门负责对本行政区域内的质量检测活动实施监督管理。

检测机构应当按规定取得相应的资质证书,从事检测资质规定的质量检测业务。检测机构未取得相应的资质证书,不得承担相关规定的质量检测业务。检测机构资质按照其承担的检测业务内容分为专项检测机构资质和见证取样检测机构资质。

建筑节能检测机构是工程检测机构中从事建筑节能检测、建筑能效评定的专业机构,有新成立的专门进行建筑节能检测的机构(站或中心、所、公司等),也有的是原来从事建筑工程检测的机构增购设备、培训人员扩项从事建筑节能检测业务。不论哪种形式的机构在从事建筑节能检测业务之前必须取得相应的资质。

建筑节能检测机构的资质证书主要有两个:

一个是建设主管部门核发的专项业务检测资质;另一个是质量技术监督部门核发的计量认证证书。前者要求机构具备的是机构能够开展的业务范围,后者要求机构运行的能力和质量保证措施。

2.6.2 人员资格

建筑节能检测机构的检测人员必须满足所从事工作的数量和能力的需要。建筑节能专项资质管理部门要求主要管理人员具有相关专业工作经验并具有工程师以上职称,技术(质量)负责人具有一定时间的相关专业工作经验并具有高级工程师以上职称;操作人员必须进行专门的专业培训,培训内容有建筑热工基础知识、常用建筑材料(包括墙体主体材料和保温系统材料)的性能、检测基础知识、仪器设备工作原理及操作知识、相关的技术规范标准等内容,经过考核合格后方可从事其岗位工作。在工作中所有检测人员必须持证上岗。

2.6.3 设备配备

建筑节能检测机构的设备配备应能够满足开展建筑节能检测业务的要求,主要设备包括实验室检测设备和现场检测设备。其中实验室检测设备包括材料导热系数检测设备和建筑构件热阻、耐候性、门窗性能等检测设备。现场检测设备包括墙体传热系数、热工缺陷、门窗性能等检测设备。如表 2-1 所示。

建筑节能检测机构基本设备配备表　　　　表 2-1

序号	仪 器 名 称	检 测 内 容	备 注
1	导热系数测定仪	材料导热系数	
2	墙体保温性能试验装置	墙体热阻、传热系数	
3	电子天平		
4	万能试验机		
5	便携式粘结强度检测仪		
6	电热鼓风干燥箱		
7	低温箱		

续表

序号	仪器名称	检测内容	备注
8	门窗保温性能试验装置	门窗传热系数	
9	外保温系统耐候性试验装置		
10	建筑节能工程现场检验设备		
11	数据采集仪	温度、热流值采集储存	
12	外窗三性现场检验设备	抗风压、气密性、水密性	
13	红外热像仪	热工缺陷	
14	热流计	热流量	
15	温度传感器	温度	
16	热球风速仪	风速	
17	流量计	流量	

2.6.4 资质申请程序

2.6.4.1 建筑节能专项检测资质

申请建筑节能检测资质的机构应当向省、自治区、直辖市人民政府建设主管部门提交下列申请材料：

(1)《检测机构资质申请表》一式三份，申请表要求的基本内容有：
1) 检测机构法定代表人声明；
2) 检测机构基本情况；
3) 法定代表人基本情况；
4) 技术负责人基本情况；
5) 检测类别、内容及具备相应注册工程师资格人员情况；
6) 专业技术人员情况总表；
7) 授权审核、签发人员一览表；
8) 主要仪器设备（检测项目）及其检定/校准一览表；
9) 审查审批情况。
(2) 工商营业执照原件及复印件。
(3) 与所申请检测资质范围相对应的计量认证证书原件及复印件。
(4) 主要检测仪器、设备清单。
(5) 技术人员的职称证书、身份证和社会保险合同的原件及复印件。
(6) 检测机构管理制度及质量控制措施。

2.6.4.2 计量认证

建筑节能检测机构在取得建设主管部门的专项检测资质后，按下面的要求和程序申请计量资质，然后才能够开展检测业务。

国家对检测机构申请计量认证和审查认可中规定，取得检测资质的检测机构必须申请计量认证和审查认可。

检测机构在向国家认监委和地方质检部门申请首次认证、复查换证时，应遵循以下办事程序。

(1) 受理范围：从事下列活动的机构应当通过资质认定：

1) 为行政机关作出的行政决定提供具有证明作用的数据和结果的；

2) 为司法机关作出裁决提供具有证明作用的数据和结果的；

3) 为仲裁机构作出仲裁决定提供具有证明作用的数据和结果的；

4) 为社会公益活动提供具有证明作用的数据和结果的；

5) 为经济或者贸易关系人提供具有证明作用的数据和结果的；

6) 其他法定需要资质认定的。

(2) 许可依据

依据《中华人民共和国计量法》及《中华人民共和国计量法实施细则》、《中华人民共和国标准化法》、《中华人民共和国标准化法实施条例》、《中华人民共和国产品质量法》、《中华人民共和国认证认可条例》、《实验室和检查机构资质认定管理办法》等。

(3) 申请条件

1) 申请单位应依法设立，独立、客观、公正地从事检测、校准活动，能承担相应的法律责任，建立并有效运行相应的质量体系；

2) 具有与其从事检测、校准活动相适应的专业技术人员和管理人员；

3) 具有固定的工作场所，工作环境应当保证检测、校准数据和结果的真实、准确；

4) 具有正确进行检测、校准活动所需要的并且能够独立调配使用的固定和可移动的检测、校准设备设施；

5) 满足《实验室资质认定评审准则》的要求。

(4) 申请材料的主要内容

1) 实验室概况；

2) 申请类型及证书状况；

3) 申请资质认定的专业类别；

4) 实验室资源：实验室总人数、实验室资产情况、实验室总面积、申请资质认定检测能力表等；

5) 主要信息表：授权签字人申请表、组织机构框图、实验室人员一览表、仪器设备（标准物质）配置一览表等；

6) 主要文件：典型检测报告、质量手册、程序文件、管理体系内审质量记录、管理评审记录、其他证明文件、独立法人、实验室法人地位证明文件（首次、复查）、法人授权文件、实验室设立批文、最高管理者的任命文件、固定场所证明文件（适用时）、检测/校准设备独立调配的证明文件（适用时）、专业技术人员、管理人员劳动关系证明（适用时）、从事特殊检测/校准人员资质证明、实验室声明、法律地位证明等。

(5) 许可工作程序

1) 申请

① 属全国性的产品质量检验机构，应向国务院计量行政部门提出计量认证申请；

② 属地方性产品质量检验机构，应向省、自治区、直辖市人民政府计量行政部门提出计量认证申请。

2) 申请单位必须提供以下资料：

① 计量认证/审查认可（验收）申请书；

② 产品质量检验机构仪器设备一览表。

参考文献

[1] 柳孝图主编. 建筑物理. 第 2 版. 北京：中国建筑工业出版社，2000
[2] 中华人民共和国建设部主编. 民用建筑热工设计规范 GB 50176—93. 北京：中国计划出版社，1993
[3] 天津市墙体材料革新和建筑节能办公室主编. 居住建筑节能设计标准 DB 29-1—2004，2004
[4] 甘肃省建材科研设计院，甘肃省建设科技专家委员会主编. 采暖居住建筑围护结构节能检验评估标准 DBJT 25-3036—2006，2006
[5] 中国建筑科学研究院主编. 民用建筑节能设计标准（采暖居住建筑部分）JGJ 26—95. 北京：中国建筑工业出版社，1996
[6] 建设部标准定额研究所. 民用建筑能耗数据采集标准 JGJ/T 154—2007. 北京：中国建筑工业出版社，2007
[7] 王文忠，王宝海主编. 上海住宅建筑节能技术和与管理. 上海：同济大学出版社，2004
[8] 北京市建设工程质量检验中心，北京中建建筑科学研究院有限公司主编. 民用建筑节能现场检验标准，2008
[9] 中国建筑业协会建筑节能专业委员会编著. 建筑节能技术. 北京：中国计划出版社，1996
[10] 付祥钊主编. 夏热冬冷地区建筑节能技术. 北京：中国建筑工业出版社，2000
[11] 中国建筑业协会建筑节能专业委员会，北京市建筑节能与墙体材料革新办公室编著. 建筑节能怎么办？（第二版）. 北京：中国计划出版社，2002
[12] 中国建筑科学研究院等. 居住建筑节能检测标准 JGJ/T 132—2009. 北京：中国建筑工业出版社，2010
[13] 中国建筑科学研究院等. 公共建筑节能检测标准 JGJ/T 177—2009. 北京：中国建筑工业出版社，2010

第 3 章　建筑节能检测基本参数及检测设备

在建筑节能检测过程中，不仅要检测温度、流量、热流量、导热系数等热工参数，而且还要求能自动、连续地检测出与产品质量直接相关的物理性质参数，以便指导建筑节能检测工作的不断推进。

3.1　建筑节能检测基本参数及仪器

在建筑节能检测中，要对温度、流量、热流量、导热系数等热工的基本参数进行检测和控制，本节主要介绍温度、流量、热流量等几个基本参数的基本概念、检测方法及原理、检测系统的组成及计测仪表的类别。

3.1.1　温度参数检测

温度是表征物体冷热程度的物理量，而物体的冷热程度又是由物体内部分子热运动的激烈程度，即分子的平均动能所决定。因此，严格地说温度是物体分子平均动能大小的标志。

3.1.1.1　温度参数检测的原理和方法

用仪表来测量温度，是以受热程度不同的物体之间的热交换和物体的某些物理性质随受热程度不同而变化这一性质为基础的。任意两个受热程度不同的物体相接触，必然发生热交换现象，热量将由受热程度高的物体流向受热程度低的物体，直到两物体受热程度完全相同为止，即达到热平衡状态。温度检测利用感温元件特有的物理、化学和生物等效应，把被测温度的变化转换为某一物理或化学量的变化。利用光学、力学、热学、电学、磁学等原理，检测某一物理或化学变化的量，从而检测温度。

温度检测方法根据感温元件和被测介质接触与否可以分为接触式测温法和非接触式测温法。

接触式测温法主要包括根据物体受热后膨胀的性质做成的膨胀式温度检测仪表，即利用物体热胀冷缩的物理性质测量温度，如利用固体的热胀冷缩现象制成的双金属片温度计，利用液体热胀冷缩现象制成的玻璃管水银温度计和酒精温度计，利用气体热胀冷缩制成的压力表式的温度计；根据导体和半导体电阻值随温度变化的原理做成的热电阻温度检测仪表，如电阻温度计；根据热电效应的原理做成的各种热电偶温度检测仪表和传感器，如热电高温计等。

非接触式检测法是利用物体的热辐射效应与温度之间的对应关系，对物体的温度进行检测，这种测温法是以黑体辐射测温理论为依据的。辐射式测温法主要有量温法、色温法和全反射温度法，如光学高温计，红外热像仪等。

此外，还有其他的一些测温方法，如超声波技术、激光技术、射流技术、微波技术等用于测量温度。

上述的各种温度检测方法,各有自己的特点,各自的检测仪器和各自的检测范围如表 3-1 所示。

温度主要检测方法和测温类别　　　　表 3-1

测温方式	测温种类及仪表		测温范围(℃)	测温原理	优点	缺点
接触式检测法	膨胀式测温仪表	玻璃液体	−100~600	利用液体体积随温度变化的性质	结构简单、使用方便、精度较高、价格低廉	检测上限和精度受玻璃质量的限制,易碎、不能传送
		双金属	−80~600	利用固体热膨胀变形量随温度变化的性质	结构紧凑、牢固、可靠	测量精度较低,量程和使用范围有限
	压力式测温仪表	液体	−40~200	利用定容气体或液体压力随温度变化的性质	耐振、坚固、防爆、价格低廉	精度较低、测温距离短、滞后大
		气体	−100~500			
		蒸汽	0~250			
	热电阻测温仪表	铂电阻	−260~850	利用金属导体或半导体的热阻效应	检测精度高、灵敏度高、体积小、结构简单、使用方便,便于远距离、多点、集中检测和自动控制	不能检测高温,需注意环境温度的影响,互换性差、测量范围有限
		铜电阻	−50~150			
		热敏电阻	−50~300			
		半导体热能电阻	−50~300			
	热电效应	电偶 铂铑-铂	0~3500	利用金属导体的热电效应	不破坏温度场,测温范围大,可测运动物体的温度	易受外界环境的影响,标定较困难
		镍铬-镍硅				
		镍铬-考铜				
非接触式检测法	辐射式测温仪表	辐射式 辐射	400~2000	利用物体全辐射能随温度变化的性质	不破坏温度场,比色温度接近真实温度,可测运动物体的温度	低温段测量不准,易受外界的影响
		辐射式光纤	400~2000			
		光学	800~3200			
		比色	800~2000			
		红外线 光电	600~1000	利用传感器转换进行测温	结构简单、轻巧,不破坏温度场,响应快,测温范围大,可自动测量、记录和控制	受外界的干扰,价格昂贵
		热敏	−50~3200			
		热电	200~2000			

3.1.1.2　温度检测系统的组成

一套完整的温度检测系统由感温元件(又叫一次仪表)、连接导线(传输通道)和显示装置(又叫二次仪表)组成,如图 3-1 所示。例如,在利用动圈式温度仪检测温度时,热电偶为感温元件,动圈式仪表为显示装置,它们通过补偿导线连接在一起。又如用电子平衡电桥检测温度时,热电阻为感温元件,平衡电桥为温度显示仪表,把它们用符合要求的导线连接起来,就构成了一套完整的温度检测仪表。

图 3-1　温度检测系统的组成

简单的温度检测仪表往往把感温元件和显示仪表做在一起，如水银温度计、双金属温度计和压力温度计就是这类温度检测仪表。

3.1.1.3 温度检测仪表的测温原理

温度检测仪表是利用物体在温度变化时它的某些物理量（如几何尺寸、压力、电阻、热电势和辐射强度等）也随着变化的特性来测量温度的。也就是通过感温元件将被测对象的温度转换成其他形式的信号传送给温度显示仪表，然后由显示仪表将被测对象的温度显示或记录下来。

3.1.1.4 温度检测仪表的类别

温度检测仪表的类型如图 3-2 所示。

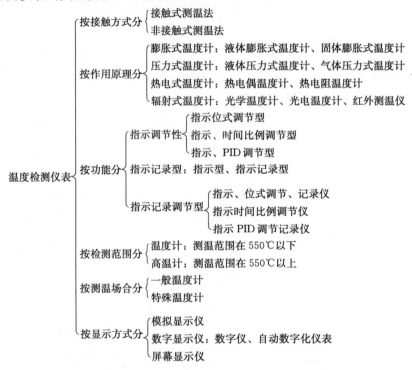

图 3-2 温度检测仪表分类

3.1.2 流量参数检测

流量是指单位时间流过某一截面的流体量，或在某一段时间内，流过某一截面的流体量。前者称为瞬时流量，简称流量，后者称为累计流量（或总量）。

在建筑节能检测中，为了准确地掌握锅炉、空调、通风管道等的运行情况，需要检测系统中的流动介质（如液体、气体或蒸汽、固体粉末、热流等）的流量，以便为建筑节能的推广和实施提供可靠的依据。所以流量检测在建筑节能检测中是十分重要的。

3.1.2.1 分类

流量可分为体积流量和质量流量。

(1) 体积流量

体积流量是指单位时间内通过某截面的流体的体积，用符号 Q_V 表示，单位为 m^3/s，根据定义，体积流量可以用式（3-1）表示：

$$Q_v = \int_A v \mathrm{d}A \tag{3-1}$$

式中　v——截面 A 中某一微元面积 $\mathrm{d}A$ 上的流速。

如果流体在该截面上的流速处处相等，则体积流量可写成：

$$Q_v = vA \tag{3-2}$$

式中　A——管道截面积，m^2。

（2）质量流量

质量流量是指单位时间内通过某截面流体的质量，用符号 Q_m 表示，单位为 kg/s。根据定义，质量流量可以用式（3-3）表示：

$$Q_m = \int_m \rho v \mathrm{d}A \tag{3-3}$$

式中　ρ——截面 A 中某一微元面积 $\mathrm{d}A$ 上的流体密度，kg/m^3。

如果流体在该截面上的密度和流速处处相等，则质量流量可写成：

$$Q_m = \rho v A = \rho Q_v \tag{3-4}$$

由于流体的体积受流体工作状态的影响，所以在用体积流量表示时，必须同时给出流体的压力和温度。

3.1.2.2　流量检测的主要方法及原理

由于流量检测条件的多样性和复杂性，所以流量检测的方法也很多，而且是热工参数检测中检测方法最多的一种。据估计，目前全世界流量的检测方法至少已有上百种，其中有几种是建筑节能检测中常用的。

流量检测方法的分类是比较复杂的问题，目前还没有统一的分类方法。就检测量的不同，可分为容积法、流速法和直接测质量流量法。

（1）容积法

如果流体是以固定体积从容器中逐次排放流出，并对排放次数计数，就可以求得通过仪器的流体总量。若检测排放的频率，即可显示流量。这种方法就叫容积法，也叫体积流量法。它是单位时间内以标准固定体积对流动介质连续不断地进行度量，以排放流体固定容积数来计算流量。如刮板流量计、椭圆齿轮流量计和标准体积管等，都是按此原理工作的。这类仪器所显示的是体积流量和总量，必须同时检测密度才能求出质量流量。

容积法的特点是流动状态对检测的影响小、精度高，适于检测高黏度、低雷诺数的流体，而不宜用于检测高温高压流体和脏污介质的流量，测量流量的上限也不大。

（2）流速法

根据一元流动连续方程，当流动截面恒定时，截面上的平均流速与体积流量呈正比，于是根据各种与流速有关的物理现象便可以用来建立流量计。例如：利用超声波在流体中的传播速度决定于声速和流速的矢量和（即用流速调制声速），而制成的超声波流量计。涡轮流量计、节流式流量计、电磁式流量计、涡旋式流量计、动压测量管等均属此类。它们也是显示体积流量，如需显示质量流量，还需要测量流体的密度。

这种方法又称速度法，它是先测出管道内的平均流速，再乘以管道截面积求得流体的体积流量。

由于这种方法利用了平均流速,所以管道条件的影响很大。例如雷诺数、涡流、截面上的流速分布不对称等都会造成工作仪表的显示误差。目前流量仪表中以这类仪表最多,它们有较宽的使用条件,有用于高温高压流体的,也有精度较高的,有的能量损失很小,有的可适应脏污介质等等。

从上所述,容积法和流速法均属于体积流量法。前者是直接通过检测体积得到流量,后者是检测管道内的平均流速,再乘以截面积而间接求得流体的流量。

(3) 直接检测质量流量法

这种方法又称质量流量法,它的物理基础是使流体流动得到某种加速度的力学效应与质量流量的关系,如动量和动量矩等都与流体质量有关。这种原理制成的流量计是通用流量计,可直接提供与 dQ_m/dt 有关的信息,即其读数是 dQ_m/dt 的函数,与流体的成分和参数无关。例如动量矩式质量流量计,回转管式流量计等。

质量流量检测法有直接法和间接法两类。

直接法是利用检测元件,使输出信号直接反映质量流量。这类检测方法主要有利用孔板和定量泵组合实现的差压式检测方法;利用同轴双涡轮组合的角动量式检测方法;应用麦纳斯效应的检测方法和基于科里奥利力效应的检测方法。

间接法是利用两个检测元件分别测出两个相应参数,通过运算间接获取流体的质量,检测元件的组合主要有:

1) ρQ_V^2 检测元件和 ρ 检测元件的组合;
2) Q_V 检测元件和 ρ 检测元件的组合;
3) ρQ_V^2 检测元件和 Q_V 检测元件的组合。

3.1.2.3 流量检测仪表的类型

在建筑节能检测中,由于流量的检测情况错综复杂,所以用于流量检测的仪表的结构和原理多种多样,产品型号、规格也繁多,严格地予以分类比较困难,但就其目前建筑节能检测中应用情况看,无论是一般检测还是特殊检测,无论是大流量还是小流量的检测,大部分都是利用节流原理进行流量检测的差压式流量计。其他常用的流量检测仪表还有面积式流量计、容积式流量计、电磁流量计、涡轮流量计、漩涡流量计、靶式流量计、均速管流量计等。

各种形式的流量计如图 3-3 所示。

3.1.3 热流量的检测

在建筑节能和科学研究以及日常生活中,存在着大量的热量传递问题有待解决。为了实现节能和控制等要求,需要掌握各种设备的热量收支情况。例如,直接测量热流量的变化和分布等,热流计的出现满足了这种要求。

根据传热的三种基本方式——导热(热传导)、对流和辐射,相应的热流也存在三种基本方式:导热热流、对流热流和辐射热流。由于对流传热情况比较复杂,直接用热流计测量对流热流有比较大的困难,而导热热流和辐射热流的测量相对简单,所以目前研究和应用的热流计以导热热流计和辐射热流计为主。

热流计能够直接测量热流量,适用于现场测试建筑物围护结构保温的热力和冷冻管道、工业窑炉等设备壁面以及生物体或人体的散热量，对节能工作有着重要的意义。

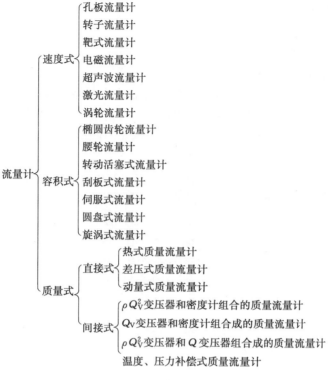

图 3-3 流量计分类

3.1.3.1 热流的分类及测试方法

（1）传导型热流

测量原理：主要依据传热的基本定律，其主要针对导热热流的测量，利用在等温面上测定待测物体经过等温边界传导的逃逸热流，并对通过等温面的热流进行时间积分的方法来测定热量，其数学表达式为：

$$Q = \int_s \int_\tau \lambda \frac{dt}{dr}\bigg|_s dS \cdot d\tau \tag{3-5}$$

式中　S——等温面；

$\frac{dt}{dr}\bigg|_s$——dS 处的法向等温梯度；

λ——等温面处的包围层材料的导热系数，W/(m·K)；

τ——时间，s。

根据测量原理，辅壁式热流计（Schmidt 热流计）、温差式热流计、探针式热流计等都是应用这种原理测量的。其特点是，无需热保护装置就能直接测定逃逸热流。

根据测量原理，测量方法可分为稳态测量法和动态测量法。

稳态测量法是指根据稳态条件下的傅立叶定律，对于一定厚度的无限大平板，当有恒定的热流垂直流过时，在平板两面就存在一定的温差。如果已知平板材料的导热系数和平板厚度，只要测得平板两表面的温差，就可通过式（3-6）即可得到流过平板的热流密度。

$$q = \frac{\lambda}{\delta} \Delta t \tag{3-6}$$

式中 q——热流密度，W/m^2；
　　λ——平板的导热系数，$W/(m \cdot K)$；
　　δ——平板的厚度，m；
　　Δt——平板两面的温差，K。

这种测量方法的优点是测量原理简单，使用方便。

动态测量方法是指根据总计热容法（忽略敏感元件内部的温差），通过测量敏感元件背部热电偶的温度随时间的变化曲线来求出敏感元件前端面处的局部热流密度。这种测量方法的优点在于测量设备结构简单，反应灵敏，测量时间短。

(2) 辐射式热流

热辐射也是一种电磁波，其波长范围约在 $0.1 \sim 100 \mu m$，辐射式热流的测量方法按其测试原理来分，可分为稳态辐射热流法和瞬态辐射热流法。

稳态辐射热流的测试原理一般是由稳态热平衡方程导出的。图3-4所示是最简单的物理模型。显然这种测量方法，热流计的探头至少有三部分：①辐射热流接受面，面积为 A；②低温块或恒温块，温度为 T_0；③连接接受面与低温块的传导体，热阻为 Rc。当有热流密度为 q 的辐射热流投射于表面1时，它吸收的热量将通过连接体2传给恒温块3，当到达稳态热平衡时，表面1的温度为 T_1，其热平衡方程为：

$$qA = \frac{T_1 - T_0}{Rc} \text{ 或 } q = K\Delta T \tag{3-7}$$

式中　$K = \dfrac{1}{ARc}$——仪器常数；

$\Delta T = T_1 - T_0$——待测量，一般由温差热电偶对检出。

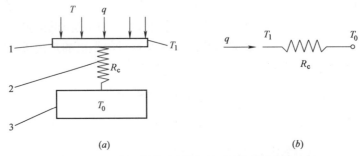

图 3-4　稳态辐射热流计测试原理模型示意图
(a) 热流流向示意图；(b) 热流在传导体中的流向示意图
1—接受面；2—传导体；3—低温块

瞬态辐射热流测试根据测试原理不同又可分为集总热容法和薄膜法。

集总热容法使用一面涂黑的银盘或铜片作感受体，它与支座绝热，支座腔（恒温腔）由水冷腔或大热容铜套制成。对于受热的银盘或铜片可写出热平衡方程式：

$$\alpha IA = mC_p \left(\frac{dT}{d\tau}\right)_h + h \times 2A\Delta T \tag{3-8}$$

式中　A——银盘或铜片的面积，m^2；
　　m——质量，kg；
　　C_p——比热容，$J/(kg \cdot K)$；

$\left(\dfrac{dT}{d\tau}\right)_h$——其温升速率，K/s；

h——银盘或铜片对外界的换热系数，W/(m² · K)；

ΔT——银盘或铜片对环境的温差，K；

I——太阳辐射强度，W/m²；

α——银盘或铜片表面的吸收率。

薄膜法的目的是尽量减小感受件的热容，使之获取的热量只和感受件与周围接触体的温差有关。基于这种原理制成的薄膜辐射热流计的薄膜探头非常薄，并且用对温度敏感的电阻薄膜沉积在绝缘的物体上（通常是石英或玻璃）制成。热辐射透过玻璃传到薄膜表面时，表面被加热并向周围传热，薄膜的温度随透射辐射和传递热量的变化而变化，其电阻也因之而变化。由于这种变化的响应非常快，且受热量与温度之间并非线性变化关系，一般需要用计算机来计算。

3.1.3.2 热流测试仪表的类型

根据传热方式的不同，热流测试仪表可分为：传导型热流计和辐射式热流计。

传导型热流计根据测试原理及方法的不同可分为：辅壁式热流计、温差式热流计、探针式热流计等。

辐射式热流计根据测试原理不同可分为：稳态辐射热流计和瞬态辐射热流计。

热流计的分类详见图 3-5。

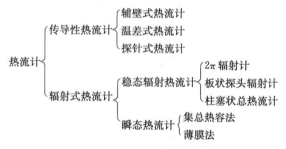

图 3-5 热流检测仪表分类

3.2 检测设备的性能要求

3.2.1 温度检测常用传感器及仪表

3.2.1.1 温标

温标就是用来度量温度高低的标尺，是用数值来表示温度的一种方法。它规定了温度读数的起点和测量的基本单位。各种温度的刻度均由温标确定。

温标的种类很多，目前常用的有摄氏温标、华氏温标、热力学温标和国际实用温标。

（1）摄氏温标（单位为℃）规定在标准大气压下冰的溶点为 0℃，水的沸点是 100℃，在 0℃与 100℃间划分 100 等分，每一等分为 1 摄氏度，以摄氏温标记录的温度，通常以 t 表示。

(2) 华氏温标（单位为°F）规定在标准大气压下冰的溶点是 32°F，水的沸点是 212°F，中间划分为 180 等分，每一等分为 1 华氏度，通常以 t 表示。

华氏温标与摄氏温标的关系如式（3-9）和式（3-10）：

$$t(°F) = \frac{5}{9}[t(°C) - 32] \qquad (3-9)$$

或

$$t(°C) = 1.8t(°F) + 32 \qquad (3-10)$$

以上两种温标都是根据液体（水银）受热后体积膨胀的性质实现的，即依据物质的物理性质建立起来的，所测得的数值将随物理性质[如测量液体（水银）的纯度]及温度计用玻璃管材料的不同而不同，这样就不能保证世界各国所采用的基本测温单位完全一致，不便于科学技术的交流，为此迫切需要建立一个基本温标来统一温度的测量，这个温标就是热力学温标。

(3) 热力学温标（也称绝对温标）规定分子运动停止（即没有热存在）时的温度为绝对零度，通过气体温度计来实现热力学温标，即由充满理想气体的温度计在一定介质中体积膨胀的性质，根据理想气体状态方程推导出温度值，热力学温标也称开氏温标，通常以 T 表示，单位为 K。开氏温度值只与热量有关而与物理性质无关。

但由于绝对理想的气体是不存在的，所以有实际气体温度计建立起来的温标还必须引入表示实际气体与理想气体之间差别的修正值。此外由于气体温度计装置复杂，不能直接读数，不适用于实际应用。

(4) 国际实用温标

国际实用温标是用来复现热力学温标的，中国于 1994 年 1 月 1 日起全面实施 1990 年国际温标。

1) 温度的单位为 K；

2) 选择一些纯物质的平衡态温度（三相点、沸点、凝固点等）作为温标基准点，并用气体温度计来定义这些点的温度值；

3) 规定不同范围内的基准仪器，如铂热电阻温度计、铂铑-铂热电偶和光学高温计等。

国际实用温标 T 与摄氏温标 t 之间的关系为：

$$T(K) = t(°C) + 273.15 \qquad (3-11)$$

目前我国在许多方面采用摄氏温标，西方国家多采用华氏温标，但采用国际实用温标是目前和未来的发展趋势。

3.2.1.2　膨胀式温度计

膨胀式温度计是利用物质热胀冷缩的原理来测量温度的一种仪表，它是利用热胀冷缩性质与温度的固有关系为基础来测温的，基于这种原理做成的仪表称为膨胀式温度计。

膨胀式温度计按选用的物质不同可分为液体、气体和固体三种膨胀式温度计。

膨胀式温度计的测量范围一般在 $-200 \sim 500°C$。它具有结构简单、制造容易、使用方便、价格便宜以及精度高等特点。但它存在不便于远距离测温（压力式温度计除外），结构脆弱、易坏等缺点。

(1) 玻璃管液体温度计

玻璃管液体温度计是一种常用的膨胀式温度计。当温度计插入温度高于温度计初始温度的被测介质后，工作液受热膨胀，使工作液柱在玻璃毛细管内上升。另一方面，感温泡也因受热膨胀而容积增大，使工作液柱下降。由于工作液的膨胀系数远大于玻璃的膨胀系数，其结果是工作液柱上升了一段距离。工作液与玻璃的体膨胀之差称为视膨胀系数，因此也可以说玻璃管温度计测温的基本原理是基于工作液对玻璃的视膨胀。

当忽略玻璃体积变化时，则玻璃液体温度计有式（3-12）所示的体积变化关系：

$$V_t = V_0 + V_0 \beta t \tag{3-12}$$

式中　V_0——0℃时温度计填充液体的体积，m^3；
　　　V_t——t℃时温度计填充液体的体积，m^3；
　　　β——工作液体与玻璃的相对膨胀系数；
　　　t——温度计示值，℃。

因温度升高，填充工作液体膨胀而增加的体积按式（3-13）计算。

$$V'_t = V_t - V_0 = V_0 \beta t \tag{3-13}$$

此体积在毛细管内形成液体柱，其升降显示出 V'_t 的变化，如将此液体柱的变化长度按温标进行分度，就构成了一支温度计。

图 3-6 是玻璃管液体温度计的结构图，从图中可知，玻璃管液体温度计是由装有工作液的感温泡、玻璃毛细管和刻度标尺等三部分组成。感温泡或直接由玻璃毛细管加工制成（称拉泡），或由焊接一段薄壁玻璃制成（称接泡）。玻璃毛细管上有安全泡，有的玻璃管温度计还有中间泡。

玻璃管液体温度计可分为标准温度计、实验室用温度计和工业用温度计。

玻璃液体温度计按结构形式分有棒式、内标尺式和外标尺式三种。其外形有直形、90°角形和135°角形。

如图 3-7（a）所示，是一种电接点式玻璃液体温度计，它不但可以用来检测温度，而且当它和继电器配合后还可以用来调节和控制温度以及发送温度报警信号。电接点式玻璃液体温度计在热工参数检测与控制中应用较为广泛，它实际上是一支普通的内标尺式温度计，它有两条金属丝，一条焊在感温泡内，另一条在一套磁力装置的推动下，可停留在与被控制温度相应的温度线上。两金属丝又通过铜线引出，连接到信号器或中间继电器上。当温度上升到规定温度时，两金属丝通过水银柱形成闭合回路，此时继电器工作。温度计有两个标尺，上标尺用来调整温度给定值，下标尺用来读数。

外标式玻璃液体温度计的刻度标尺板和玻璃毛细管是分开的。但两者只用金属薄片纽带固定。这种结构的玻璃液体温度计有测量室温用的寒暑表和气象测量用的最高、最低温度计等，如图 3-7（b）所示。

二等标准水银温度计是在其玻璃毛细管上刻度标尺的背面融入一条乳白色釉带制成，其他工作用玻璃温度计有的是融入白色釉带，有的是融入彩色釉带。

内标式玻璃液体温度计如图 3-7（c）所示，刻度标尺刻在白瓷板上。标尺板与玻璃毛细管是分开的，并衬托在毛细管背面，与毛细管一起封装在玻璃外套管内。二等标准水银温度计和实验用、工业用玻璃温度计多采用此种结构。

图 3-7（d）为棒式温度计。它的温度标尺直接刻在玻璃毛细管表面；玻璃毛细管又分透明棒式和熔有釉带棒式两种。一等标准水银温度计是透明棒式的，读取示值时，可以

正反两面读数,一些精密试验用玻璃液体温度计也有透明棒式的。

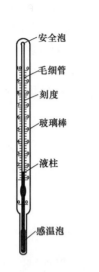

图 3-6 玻璃管液体温度计

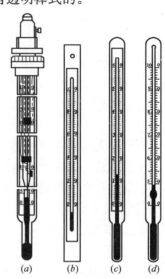

图 3-7 各种玻璃液体温度计
(a) 电接点式；(b) 外标式；(c) 内标式；(d) 棒式

建筑节能热工检测用的玻璃管温度计多数是水银温度计和酒精温度计。

水银温度计利用水银作为填充物质。水银的体积膨胀系数虽然不很大,但因它具有不粘玻璃、不易氧化、传热快和纯度高等优点,并且在标准大气压下,水银在-38.87~356.58℃温度范围内为液态,在200℃以下几乎和温度呈线性关系,所以,水银温度计能做到刻度均匀,能测量-30~300℃的温度。在热工检测中,水银温度计大多用于检测液体、气体和粉状固体的温度。

贝克曼温度计在建筑节能热工检测中专门用于检测精密温差,所以也称为差示温度计。它的示值刻度范围为0~5℃（或0~6℃）,最小分度值是0.01℃,用读数望远镜读取示值可估计到0.001℃。由于测量起始温度可以调节,所以可以在-20~125℃范围内使用。如起始温度调至20℃时,可检测20~25℃范围的温差；调至30℃时,可检测30~35℃范围的温差。

(2) 压力式温度计

压力式温度计属于气体膨胀式温度计,是利用密闭容积内工作介质的压力随温度变化的性质来测量温度的一种机械式测温仪表。它具有结构简单,价格便宜,可实现就地指示或远距离测量,仪表刻度清晰,对使用环境条件要求不高,以及维修工作量少等特点。但它的时间常数较大,准确度不是很高。

压力式温度计适用于对温泡材料无腐蚀作用的液体、气体和蒸气的温度检测,自动记录,信号远传,以及报警,控制和自动调节。

压力式温度计是依据系统内部工作物质的体积或压力随温度变化的原理进行工作的,如图3-8所示。仪表封闭系统由温泡、毛细管和弹性元件组成,内充工作物质。在检测温度时,将温泡插入被测介质中,受介质温度影响,温泡内部工作物质的体积（或压力）发生变化,经毛细管将此变化传递给弹性元件（如弹簧管）,弹性元件变形,自由端产生位移,借助于传动机构,带动指针在刻度盘上指示出温度数值。

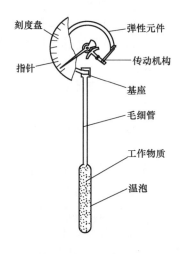

图 3-8　压力式温度计的结构示意图

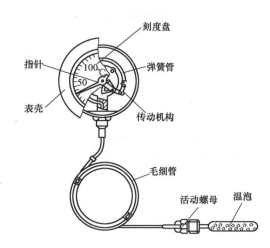

图 3-9　压力式温度计的典型结构

压力式温度计有指示式、记录式、报警式和调节式等数种类型。

如图 3-9 所示，压力式温度计都是由温泡、毛细管和弹簧压力计（表壳、指针、刻度盘、弹簧管、传动机构）三个基本部分组成。测温时将温泡插入被测介质中，它感受温度后，按一定规律将温度变化成温泡内工作介质的压力变化，此压力经毛细管传给弹簧压力计，压力计则以温度刻度指示出被测温度值。弹簧压力计作为指示仪表，毛细管为连接导管，而温泡则为感温元件。它是将温度转换成压力的传感器。

压力式温度计的温泡是直接感受温度的敏感元件，所以要求它热惯性小并能抵抗被测介质的侵蚀。此外，温泡材料应有尽可能大的导热系数，温泡及套管材料多用黄铜或钢，对于腐蚀性介质可用不锈钢。

压力式温度计的毛细管是将温泡内部工作介质体积或压力变化传给弹性元件的中间导管，起延伸测温点到表头（显示环节）距离的作用。一般采用的毛细管内径为 0.15～0.5mm，长度为 20～60m，毛细管是用铜或钢冷拉成的无缝管，为了防止碰伤，外面套上金属蛇形管。

弹性元件是将工作物质体积或压力变化转变成位移的核心元件。压力式温度计的弹性元件主要是采用弹簧管、波纹管和膜盒。

压力式温度计的传动机构是将弹性元件自由端的位移加以变换或放大，以带动显示环节或控制机构。

(3) 双金属温度计

双金属温度计是属于固体膨胀式温度计。它是由两种不同膨胀系数彼此牢固结合的双金属作为感温元件的温度计。它具有结构简单、紧凑、牢固可靠、刻度清晰、便于读数、价格低廉、便于维护和较好的抗振特性。它没有汞害，因而可以部分取代玻璃管液体水银温度计。

双金属温度计的检测范围一般在 -80～600℃，最低可达 -100℃，精度一般在 1～2.5 级，最高可达 0.5 级。

双金属温度计利用两种不同线膨胀系数的双金属片叠焊在一起作为感温元件，当温度变化时，因两种金属的线膨胀系数不同而使双金属片弯曲，利用弯曲程度与温度高低成比例的性质来测量温度。双金属温度计的感温元件绕成螺旋形，一端固定，另一端连接指针轴。当温度变化时，由于双金属片受温度的作用使感温元件的曲率发生变化，通过指针轴带动指针偏转，在仪表刻度盘上直接显示出温度的变化值。

双金属温度计的结构如图 3-10 所示，它由刻度盘、指针、指针轴、表壳、感温元件、活动螺母和固定端组成。

双金属温度计可分为盒式和杆式两种。

盒式双金属温度计：感温元件通常为平螺旋双金属带，无保护管，元件直接装在仪表壳内，如室温温度计、表面温度计及某些专用温度计等。

杆式双金属温度计：感温元件为直螺旋形双金属片，元件置于保护管内，大多数双金属温度计都属于这种杆式温度计，如图 3-11 所示。

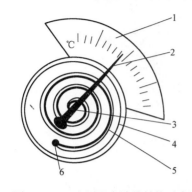

图 3-10 双金属温度计的结构示意图
1—刻度盘； 2—指针； 3—指针轴； 4—表壳；
5—感温元件； 6—固定端

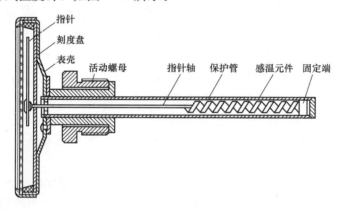

图 3-11 双金属温度计的结构

杆式双金属温度计根据指示部分与保护管连接方式不同，又可分为轴向型、径向型和 135°角型三种基本形式，如图 3-12 所示。

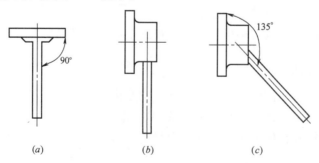

图 3-12 双金属温度计的形式
(a) 轴向型；(b) 径向型；(c) 135°角形

轴向型双金属温度计的刻度盘平面是与保护管成垂直方向连接的，如图 3-12（a）所示。

径向型双金属温度计的刻度盘平面是与保护管成平行方向连接的，如图 3-12（b）所示。

135°角型双金属温度计的刻度盘平面是与保护管成 135°角方向连接的，如图 3-12（c）所示。

还有一种刻度盘平面与保护管轴线夹角可调的双金属温度计，称为可调角型双金属温度计。

按安装固定方式不同，双金属温度计又分为：无固定装置、可动外螺纹、可动内螺纹、固定外螺纹及固定法兰五种。

按仪表外壳，双金属温度计可分为普通型和防水型两种。

此外，双金属温度计还可分为带附加装置（例如带电接点装置）和不带附加装置两种。

3.2.1.3 热电式温度计

上面介绍的膨胀式温度计，属于接触式温度计，这类温度计虽然造价低，但大多数信号不能远距离传送，不能与其他信号相连接作为信息作进一步处理。因此，在温度检测中常采用另一类温度计，这类温度计利用当温度变化时材料的电特性发生变化的性质来检测温度。其中一种方法是利用金属或半导体材料的正、负电阻值的变化（热电阻计）来检测温度，另一种是利用两种不同金属焊在一起所产生的热电势值的变化（热电偶计）来检测温度，基本上可以解决所有的测温问题。这种温度计，由于要处理电信号，因而费用和价格较高。但测量精度、测量范围以及测量动态特性很好，还可以远距离传送。根据这类测温方法所制成的温度计称为热电式温度计，又叫热电式温度传感器。主要有热电阻温度计和热电偶温度计两大类。

（1）热电阻温度计

1）热电阻测温原理

热电阻温度计是利用电阻与温度呈一定函数关系的金属导体或半导体材料制成的。当温度变化时，电阻随温度变化而变化，将变化的电阻值作为信号输入显示仪表及调节器，从而实现对被测介质温度的检测或调节。

2）热电阻材料及常用热电阻

制作热电阻的材料一般需要满足电阻温度系数要大，有较大的电阻率，在整个温度范围内具有稳定的物理化学性质和良好的复现性，电阻值与温度最好呈线性关系，成为光滑曲线关系，以便刻度标尺分度和读数等这些特点。目前常用的金属热电阻材料为铂和铜。

常用的热电阻有铂电阻、铜电阻及热敏电阻。

铂电阻温度与电阻之间的关系为分段函数在－200～0℃范围内按式（3-14）计算。

$$R_t = R_0[1 + At + Bt^2 + C(t-100)t^3] \tag{3-14}$$

在 0～850℃范围内按式（3-15）计算。

$$R_t = R_0(1 + At + Bt^2) \tag{3-15}$$

式中　R_t——温度为 t℃时的电阻值，Ω；

　　　R_0——温度为 0℃时的电阻值，Ω；

A,B,C——系数,$A=3.9083\times10^{-3}℃^{-1}$;$B=-5.775\times10^{-7}℃^{-2}$;$C=4.183\times10^{-12}℃^{-4}$。

铜电阻在-50~150℃范围内,铜电阻与温度之间关系为:

$$R_t=R_0(1+\alpha_0 t) \tag{3-16}$$

式中 R_t——温度为t℃时的电阻值,Ω;

R_0——温度为0℃时的电阻值,Ω;

α_0——0℃下铜电阻温度系数,为$4.28\times10^{-3}℃^{-1}$。

热敏电阻(半导体)温度计是利用半导体的电阻随温度变化而改变的特性制成的温度计。热敏电阻按其性能可分为负温度系数(NTC)型热敏电阻、正温度系数(PTC)型热敏电阻、临界温度(CTR)型热敏电阻三种。现以负温度系数(NTC)型热敏电阻为例介绍热敏电阻的特点,在较小的温度范围内,其电阻温度特性关系为:

$$R_T=R_0 e^{B(\frac{1}{T}-\frac{1}{T_0})} \tag{3-17}$$

式中 R_T,R_0——温度为T、T_0时的电阻值,Ω;

T,T_0——热力学温度,K;

B——热敏电阻材料常数,一般取2000~6000K,由下式表示:

$$B=\frac{\ln\left(\frac{R_T}{R_0}\right)}{\frac{1}{T}-\frac{1}{T_0}} \tag{3-18}$$

热电阻温度计具有体积小、热惯性小、结构简单、化学稳定性好、机械性能强、准确度高、使用方便等优点,它与显示仪表或调节器配合可以远距离显示、记录和控制。缺点是复现性和互换性差,非线性严重,测温范围窄,目前只能达到-50~300℃。

近年来,还出现了用一些超导材料、陶瓷材料,以及用铟、铅、康铜等金属丝来制作的温度计。但是,这类温度计的测温准确度和性能还有待于提高,当前还难以推广使用,目前广泛用于热工检测的电阻温度计仍然是热敏电阻温度计、铂电阻温度传感器、铜电阻温度传感器和镍热电阻温度计。

(2)热电偶温度计

由热电偶温度传感器、显示仪表和连接导线(通常用补偿导线)所组成的热电偶温度计可以用来检测-200~1300℃范围内的温度。用特殊材料制成的热电偶温度计还可以检测高达3000℃或低至4K的温度。

热电偶温度计具有性能稳定、结构简单、使用方便、经济耐用、体积小和容易维护等优点。通过热电偶温度计能将温度信号转换成电信号,便于信号远传和实现多点切换测量。因此,在工业生产和科学研究领域中都广泛使用热电偶温度计来检测温度。在建筑节能温度检测中,热电偶是用得最多的感温元件。

1)热电偶温度计测温的基本原理

热电偶温度计检测温度的基本原理是热电效应。将两种不同成分的金属导体首尾相连,形成闭合回路,如果两接点的温度不同,则在回路中就会产生热电动势,形成热电流,这就是热电效应。热电偶就是将两种不同的金属材料一端焊接而成。焊接的一端叫作测量端,未焊接的一端叫作冷端。冷端在使用时通常恒定在一定的温度(如0℃)。当对测量端加热时,在接点处有热电势产生。如冷端温度恒定,其热电势的大小和方向只与两种金属材料的特性和测量端的温度有关,而与热电极的粗细和长短无关。当测量端的温度改变后,热电势也随之改变,并且温度和热电势之间有一固定的函数关系,利用这个关系,就可以检测温度。因此,热电偶温度计是通过测量电势而实现测量温度的一种感温元件,它是一种变换器,它能将温度信号转变成电信号,再由显示仪表显示出来。

2) 热电偶温度计的技术特性

热电偶温度计的技术特性主要包括:热电偶热电势的允许偏差、热电偶的时间常数(见表3-2)、热电偶的工作压力、热电偶的最小插入深度、热电偶的绝缘电阻(见表3-3)等。

工业用热电偶时间常数　　　　表 3-2

热惰性级别	时间常数(s)	热惰性级别	时间常数(s)
I	90～180	III	10～30
II	30～90	IV	<10

注:具有双层以上瓷保护管的热电偶,其时间常数可大于180s。

高温下热电偶的绝缘电阻　　　　表 3-3

最高使用温度(℃)	试验温度(℃)	绝缘电阻不小于(kΩ/m)
600	最高使用温度	70
>600	600	70
≥800	800	25
>1000	1000	5

3) 常用热电偶

目前,国际上标准化热电偶有8种,其分度号及技术数据见表3-4所示。

常用标准化热电偶技术数据　　　　表 3-4

热电偶名称	分度号 新	热电极识别 极性	热电极识别 识别	E(100,0) (mV)	测温范围 长期	测温范围 短期	等级	对分度表允许偏差 使用温度(℃)	对分度表允许偏差 允差
铂铑$_{10}$-铂	S	正	亮白较硬	0.646	0～1300	1600	III	≤600	±1.5℃
		负	亮白柔软					>600	±0.25%t
铂铑$_{13}$-铂	R	正	较硬	0.647	0～1300	1600	II	<600	±1.5℃
		负	柔软					>1100	±0.25%t
铂铑$_{30}$-铂铑$_6$	B	正	较硬	0.033	0～1600	1800	III	600～800	±4℃
		负	稍软					>800	±0.5%t
镍铬-镍硅	K	正	不亲磁	4.096	0～1200	1300	II	−40～1300	±2.5℃
		负	稍亲磁				III	−200～40	
镍铬硅-镍铬	N	正	不亲磁	2.774	−200～1200	1300	I	−40～1100	±1.5℃
		负	稍亲磁				II	−40～1300	±2.5℃
镍铬-康铜	E	正	暗绿	6.319	−200～760	850	II	−40～900	±2.5℃
		负	亮黄				III	−40～40	
铜-康铜	T	正	红色	4.279	−200～350	400	II	−40～350	±1℃
		负	银白色				III	−200～40	
铁-康铜	J	正	亲磁	5.269	−40～600	750	II	−40～750	±2.5℃
		负	不亲磁						

注:表中 t 为被测温度。

此外，还有一些非标准化的热电偶，主要有铂铑系、铱铑系、钨铼系及金铁热电偶、双铂钼热电偶等。

4) 铠装热电偶温度计

铠装热电偶温度计是由热电极、绝缘材料和金属套管三部分组成并经拉伸而成的坚实组合体，也称套管热电偶，其结构如图 3-13 所示。它的主要特点是：时间常数小，反应速度快；能够在热容量非常小的被测物体上准确测温；可挠性很好，可适应复杂结构的安装要求；机械性能良好，能耐强烈的振动和冲击；不易受到有害介质的腐蚀，寿命较普通热电偶长；插入长度根据需要可任意选用，测量中若被破坏，可将损坏部分截去，重新焊接后再使用；可以作为感温元件装入普通热电偶保护管内使用；长短可根据需要制作，最长可达 10m，外径最细可达 0.25mm。

除常用的双芯铠装热电偶外，还可以制成单芯或四芯产品。

5) 专用热电偶温度计

专用热电偶温度计是指专门用于特殊环境、特殊条件、特殊介质下测温用的热电偶温度计。专用热电偶温度计主要有表面热电偶、测熔融金属的热电偶、测量气流温度的热电偶、多点式热电偶和薄膜热电偶温度计等。

① 表面热电偶温度计

表面热电偶温度计是用来检测各种状态（静态、动态或带电物体）的固体表面温度用的（如测量轧辊、金属块、炉壁等表面温度）一种感温元件。将它用补偿导线与显示仪表连接在一起就构成了一种专门用于检测物体表面温度的一种便携式表面热电偶温度计。目前已定型并广泛应用的便携式表面热电偶温度计有以下几种：

(a) 弓形表面温度计，这种温度计检测端制成弓形探头并具有弹性，可检测固体圆柱表面温度，

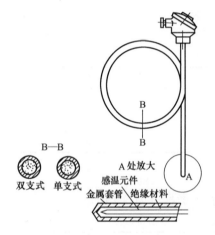

图 3-13 铠装热电偶温度计的结构

如图 3-14 所示。

图 3-14 弓形表面温度计

(b) 针形表面温度计，这种温度计的测量端制成针状探头，适用于检测静态固体金属表面温度，如图 3-15 所示。

(c) 凸形表面温度计，这种温度计感温元件固定在支架的凸头上组成探头，探头可以方便的调节和旋转，便于检测不同方位的固体平面的温度，如图 3-16 所示。

(d) 滚珠轴承式表面温度计，这种温度计主要用来检测转动物体表面的温度。其上装有四只滚轮，可与被测物体间产生滚动，以减小磨损。其结构如图 3-17 和图 3-18 所示。

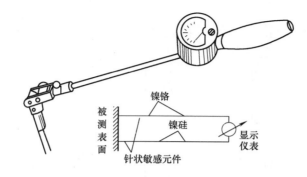

图 3-15 针形表面温度计

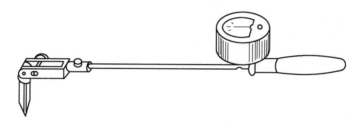

图 3-16 凸形表面温度计

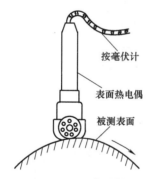

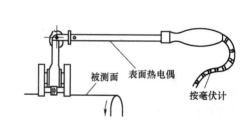

图 3-17 WREA-21M 型滚珠轴承表面温度计　　图 3-18 WREA-22M 型滚珠轴承表面温度计

目前我国定型生产的便携式表面热电偶温度计的型号、规格及性能如表 3-5 所示。

国产表面热电偶温度计的规格和技术数据　　　　表 3-5

型号	测温范围 (℃)	准确度等级	总长 (mm)	工作部分长度(mm)	补偿导线长度(mm)	构造形式	应用范围	时间常数 (s)	测温状态	备注
WREA-890M	0～200	4级				凸形	固体表面			上海自动化仪表三厂便携式
WREA-891M	0～300	3级				弓形	固体圆柱表面	8	静态	
	0～600	3级								
WREA-892M	0～800	3级				针形	固体导体表面			
WREA-500M	0～600	300℃以下为±4℃；300℃以上为±1%t	335	100	5		金属管子表面		静态	

续表

型 号	测温范围(℃)	准确度等级	总长(mm)	工作部分长度(mm)	补偿导线长度(mm)	构造形式	应用范围	时间常数(s)	测温状态	备注
WREA-830M	0~600	1.5级	335~610	140			金属表面		静态	
WREA-001M	0~600									
WREU-001	0~900		1~15m				锅炉设备管道			

注：表中 t 为被测温度

② 测熔融金属热电偶温度计

检测熔融金属的专用热电偶温度计主要有以下几种：

（a）快速微型热电偶温度计，又称消耗式热电偶温度计。通常用于检测钢水、铁水和其他熔融金属的温度。其测量上限为1700℃，时间常数小于4s。它的工作原理和一般热电偶相同，测量系统如图3-19所示。这种热电偶的主要特点是测量元件很小，而且每次测量后要进行更换。

图 3-19　快速微型热电偶温度计
1—热电极；2、3、4—补偿导线；5—显示仪表；6、7—插件

（b）浸入式热电偶，浸入式热电偶常用于钢水、铁水、铜水、银水等的温度检测。图 3-20 是浸入式热电偶温度计结构图，它由钢管、石墨管、石英保护管及滚轴组成。热电偶装在较长的钢管中，为了经受住熔融金属及炉渣的侵蚀，钢管前端外面套有耐高温、抗振性好的石墨套管，并选用石英管作热电偶保护套管。

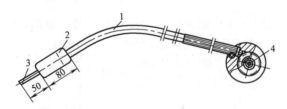

图 3-20　浸入式热电偶温度计
1—弯曲钢管；2—石墨管；3—石英管；4—滚轴

③ 检测气流温度的热电偶温度计

用热电偶检测气流温度时，气流流速和传热的影响很大，为了减小速度误差和辐射误差，检测气流温度的热电偶通常装有屏罩，其结构如图3-21所示。

④ 多点式热电偶温度计

多点式热电偶温度计是由数支不同长度的铠装热电偶所构成，它可以在同一方位同时检测多个点的温度，如图3-22所示。

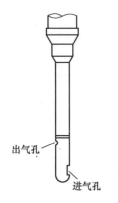

图 3-21 屏罩式热电偶温度计

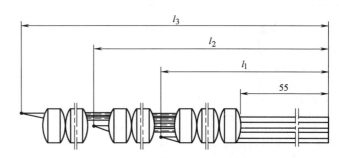

图 3-22 棒形多点式热电偶温度计

多点式热电偶的型号和规格见表 3-6。

多点式热电偶型号、规格 表 3-6

形式	型号名称	绝缘瓷珠外径(mm)	长度(mm)		热电极直径(mm)	
			Ⅰ	Ⅱ	正极	负极
六点式	WRN 型镍铬—镍硅热电偶	12	1563	2063	1.2	1.5
			2563	3063		
			3563	4063		
			4063	4763		
	WRK 型镍铬—康铜热电偶		4763	5563		
			6763	6063		
三点式	WRN 型镍铬—镍硅热电偶	12	2015	2015	1.2	
	WRK 型镍铬—康铜热电偶		3915	3615		
			5115	5015		

⑤ 薄膜热电偶温度计

薄膜热电偶是由两种热电偶材料粘贴或蒸镀于基片上而组成的一种特殊热电偶,图 3-23 为薄膜热电偶的示意图。

薄膜热电偶的品种有:铁—镍;铁—康铜和铜—康铜等。我国生产的铁—镍薄膜热电偶与普通热电偶的热电特性相同,时间常数小于 0.01s,薄膜厚度在 3~6mm 之间,其长、宽、高分别为 60、6、0.2mm,使用时用粘接剂贴在被测物体的壁面上,由于受粘接剂耐热性的影响,只能在 200~300℃ 范围内使用,若能找到耐更高温度的高温胶,则其使用温度还可进一步提高。

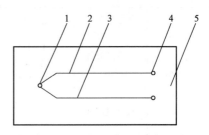

图 3-23 薄膜热电偶示意图
1—测量端;2—热电极 A;3—热电极 B;
4—冷端;5—绝缘基板

薄膜热电偶常用的材料、检测范围及用途如表 3-7 所示。

目前国外还研制出高温薄膜热电偶,它是用氧化镁、氧化铍、氧化钍等高温材料作基板,在基板两侧蒸镀上各种金属或非金属热电偶材料(如钨铼热电偶),然后再在热电偶表面上蒸镀一层 BN 的绝缘保护膜,可测量 2760℃,反应速度极快,仅为 0.1s。

薄膜热电偶材料检测范围及用途 表 3-7

热电极材料	绝缘基板材料	使用温度范围(℃)	用 途
铜—康铜 镍铬—康铜 镍铬—镍硅	云母	−200～+500 (铜—康铜边下限， 镍铬—镍硅边上限)	各种表面的温度检测；汽轮机叶片等的温度检测
铂铑 10—铂 铂铑 13—铂 钨铼 5—钨铼 20	陶瓷	500～1800 (铂铑—10—铂近下限， 钨铼 5—钨铼 20 近上限)	火箭、飞机喷嘴温度检测；钢锭、轧辊等表面温度检测；原子能反应堆燃烧棒表面温度检测（铂铑丝不适用）

3.2.1.4 辐射式温度计

辐射式温度计是利用物体的辐射原理来检测温度的一类测温仪表。它是依据物体辐射的能量来检测温度的。其测温范围一般在 400～3200℃之间。

辐射式温度计的特点有：辐射式温度计利用辐射感温器测温，可以实现连续检测自动记录和自动控制；它的结构简单、价格便宜、测温范围宽。从理论上讲，测温上限没有限制，因而可以检测极高的温度；由于辐射测温是属于非接触测量，它不直接接触被测物体，因此，不干扰和不破坏被测物体的温度场和热平衡，仪表的测量上限不受感温元件材料熔点的限制；仪表的感温元件不必与被测介质达到热平衡，所以仪表的滞后小，动态响应好；辐射式温度计测出的温度是被测物体的表面温度，当被测物体内部温度分布不均匀时，它不能测出物体内部的温度；由于受物体发射率的影响，辐射式温度计测得物体的温度是辐射温度而不是真实温度，因此需要修正；辐射式温度计测温，受客观环境的影响较大，如烟雾、灰尘、水蒸气、二氧化碳等中间介质的影响。

以黑体辐射测温理论为依据的辐射式测温仪表的种类很多，就其测温方法可分为亮温法、色温法和全辐射温度法，以亮温法测温的有光学高温计、光电高温计和红外温度计；以色温法测温的有比色高温计；以全辐射测温的主要是全辐射温度计（如 WFT−202 型辐射感温器）。各种测温方法的种类及特点如表 3-8 所示。

辐射式温度计的种类及特点 表 3-8

测温方法	种类	工作光谱范围	感温元件	测温范围(℃)	响应时间(s)
亮温法	光学高温计	0.4～0.7	肉眼	800～3200	5～10
	光电高温计	0.3～1.2 0.85～1.1 1.8～2.7	光电管 硅光电池(Si) 硫化铅元件 (PbS)	>600 ≥600～1000 ≤400～800	<0.5 <1 <1
	红外温度计	0.85～1.1 1.80～2.7	硅光电池(Si) 硫化铅(PbS)	>600～800 ≤400～800 可测−50	
色温法	比色高温计	0.6～1.1	硅光电池(Si)	800～1200 1200～2000	<0.5
全辐射温度法	全辐射温度计	0～α	热电堆	400～1200 700～2000	0.5～2.5

根据辐射测温的三种基本测温方法，对应的辐射测温仪表的优缺点比较及用途如表 3-9 所示。

各类辐射温度计的主要优缺点及用途　　　　　　　　　表 3-9

测温方法	种类	优　点	缺　点	用　途
亮温法	光学高温计	结构简单、轻巧、价格便宜； 灵敏度高，亮度温度与真实温度偏差小； 发射率误差影响亮度温度较小； 中间介质吸收影响小	用人眼进行比较容易带有主观误差； 无法实现自动测量、自动记录和自动控制； 测量下限较高(800℃)	广泛用于工业生产、如金属冶炼、热处理、轧钢、陶瓷焙烧等；标准光学温度计用于科研及作为计量标准进行量值传递
亮温法	光电高温计	同上栏(2)(3)(4)； 采用红外光电元件测温，量程宽，测温下限可达-50℃； 可自动测量、记录和控制	价格较贵； 不适于检测低发射率物体的温度； 所选择的波长应避开中间介质的吸收带	同上
全辐射温度法	全辐射温度计	结构简单、价格较低； 稳定性好，可靠性高； 可自动检测、记录和控制； 在检测高温时，有一定优点	辐射温度与真实温度偏差大； 中间介质吸收和发射误差对测量结果影响大； 不适于检测低发射目标的温度	同上
色温法	比色高温计	比色温度接近真实温度； 发射率误差及中间介质非选择性吸收对检测结果影响小； 可自动检测记录和控制	结构复杂、价格较贵； 中间介质吸收测温仪一个工作波段时，仪器无法正常工作	适用于钢铁、冶金工业及发射率低物体的温度检测如铝及其他亮金属表面； 适用于光路上有中性吸收介质场所

(1) 光学高温计

光学高温计是依据亮温法测温的一种非接触式测温仪表，是目前高温检测中应用较广的一种测温仪表，主要用于金属的冶炼、铸造、锻造、轧钢、热处理以及玻璃、陶瓷耐火材料等工业生产过程的高温检测。

用光学高温计测温可以不与被测物体接触，而是通过检测被测物体与温度有关的物理参数来求得被测温度。这种测温方法称为非接触测温法。

光学高温计除了具有非接触测温的特点外，还具备下述特点：

1) 有足够的检测上限，目前工业上已广泛用来检测 800~3200℃ 的温度。

2) 一般可制成携带式仪表，使用方便。在一定条件下，也可以做成很高检测精度的精密光学高温计或标准光学高温计。

3) 因为光学高温计是用肉眼进行亮度比较，所以检测结果中会有一定的主观误差。

4) 光学高温计检测的温度是亮度温度，当被测对象为非黑体时，要通过修正才能求得真实温度。

由于这种温度计在建筑节能检测中应用较少，在这里不做详细介绍。

(2) 光电温度计

光电温度计是为解决亮度自动平衡、快速测温、消除视差而诞生的一种辐射式测温仪表。它是随着科学技术的不断发展，光电元件的出现，在光学高温计的理论基础上发展起来的一种新型辐射式测温仪表。

光电温度计采用光电器件代替人的肉眼，进行亮度平衡，感受辐射源的亮度温度变化，从而达到自动平衡、连续检测的目的。目前应用的光电器件有光敏电阻和光电池两种，光敏电阻用于100～700℃以上的高温检测。

光电温度计也是亮度法测温仪表，其测温波段较窄，由于它是用光电元件代替人眼作敏感元件，从而避免了人眼判断的主观误差，不仅可以实现自动检测，而且不受人眼光谱敏感范围限制，可以扩展测温范围。与滤光片配合，可以优选测温波段。

（3）红外测温仪

近30年来，红外技术得到了迅速的发展，它的应用领域从医疗卫生、军事领域已发展到工业、农业、建筑等一系列领域里，特别是在建筑节能检测中得到了广泛的应用。在工业方面，温度的检测和温度控制是红外技术应用的一个很显著的成就。事实上，红外技术研究的初级阶段就是从红外测温开始的。如图3-24所示是一台红外热像仪，其主要性能如表3-10所示。

红外热像仪的性能　　　　　表3-10

名　称	T400	T360
视场角	25°×18.75°	25°×18.75°
空间分辨率（IFOV）	1.36mrad	1.36mrad
热灵敏度（30℃时）	70mK	70mK
帧频	9Hz	9Hz
最小焦距	0.4m	0.4m
数码变焦	8×	2×全
景放大区域可移动	√	√
调焦	手动/自动	手动/自动
内置130万像素带闪光灯数码相机	√	√
非制冷微热量焦平面（FPA）	320×240 像素	320×240 像素
内置3.5″高分辨率LCD触摸屏	√	√
测温范围	－20～120℃ 0～350℃ （选项可扩展至1200℃）	－20～120℃ 0～350℃ （选项可扩展1200℃）
精度（读数值）	±2℃或±2%	±2℃或±2%
测温点	多个	多个
区域内最高/最低/平均值	多个	多个
区域内最高/最低温度位置标识	√	√
测量热点冷点温度（颜色报警包括之上/之下）	√	√
测量冷点热点温度-区间	√	√
温差计算	√	√
温度参考值	√	√
测量值报警	多个	
全辐射文件格式	√	√

续表

名　称	T400	T360
热叠加	√	√
红外/可见光图像标识	多个	
语音注释	√	
预设表中选择文本注释	√	
触摸屏输入文本注释	√	
草图	√	
调色板	黑白、黑白反转、铁红、彩虹、高对比度彩虹、红蓝	黑白、黑白反转、铁红、彩虹
特定按钮启动激光	√	√
可移动 SD 卡	可移动 SD 卡	可移动 SD 卡
USB，文件与电脑间相互传输	√	√
语音耳麦连接	√	
标准视频输出 CVBS(ITU-R-BT.470 PAL/SMPTE 170M NTSC)	√	√
电源输入	√	√
标配镜头	25°	25°
可更换的长焦镜头、广角镜头	15°，45°	15°，45°
可充电锂离子电池	√	√连续
工作时间	4h	4h
电源管理，自动关机和睡眠模式	√	√
交流变压器 90～260V AC 输入，12V 输入至热像仪	√	√
双路智能充电器，10～16V 输入	√	
操作温度(℃)	−15～50	−15～50
储存温度(℃)	−40～70	−40～70
湿度	相对湿度 10%～95%	相对湿度 10%～95%
封装，热像仪外壳和镜头	IP 54(IEC 60529)	IP 54(IEC 60529)
封装，便携箱	IP 65(IEC 60529)	IP 65(IEC 60529)
撞击	25g(IEC 60068-2-29)	25g(IEC 60068-2-29)
震动	2g(IEC 60068-2-6)	2g(IEC 60068-2-6)
电磁兼容抗辐射	EN 61000-6-3:2001(辐射)	EN61000-6-3:2001(辐射)
电磁兼容抗扰度	EN 61000-6-2:2001(干扰)	EN61000-6-2:2001(干扰)
重量(g)	880	880
尺寸，长×宽×高(mm)	106×201×125	106×201×125
三角架螺母尺寸	1/4″−20	1/4″−20
ThermaCAM QuickReport	√	√
ThermaCAM Reporter 8	选件	选件
ThermaCAM Reporter 8 专业版	选件	选件
ThermaCAM(tm)T400 和 T360	便携箱，镜头盖，电池(一个)，充电器，电源，电源线，操作手册，耳麦(仅限 T400)，视频线，USB 电缆，遮光板，笔，SD 卡	

图 3-24 红外热像仪

一般地讲，凡是利用物体辐射的红外光谱测温的技术都可称为红外测温，这种仪表就称为红外测温仪表。目前应用的红外测温仪的形式很多，但其原理结构可概括如图 3-25 所示的方框图，红外测温作为辐射式测温的一个组成部分来说，其特点仅仅是所用的敏感元件是红外元件，或者是对可见光都敏感的元件。这样，红外测温就有可能将测温下限延伸到 $-50℃$ 以下的低温，红外测温还有可能避免气体介质的吸收对检测准确度的影响。如果选择适当的敏感元件，使仪表的工作波段避开了水蒸气、碳酸气等气体的吸收峰，其抑制气体介质的干扰作用将比一般光学高温计、全辐射高温计等仪表好得多。此外，运用红外技术的所谓热像仪，它可以探测整个温度场的温度分布情况，是目前建筑节能检测中热工缺陷检测的重要手段，具体内容见第 6 章。

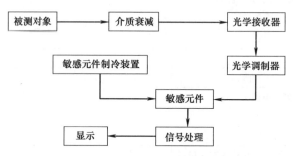

图 3-25 红外测温仪表原理方框图

（4）比色温度计

图 3-26 所示为单通道比色法温度计的工作原理示意图，被测对象的辐射能通过透镜组成像于硅光电池的平面上，当同步电机以 3000r/min 的速度旋转时，调制盘上的滤光片以 200Hz 的频率交替使辐射通过。当一种滤光片透光时，硅光电池接受的能量为 $E_{\lambda 1T}$；而当另一种滤光片透光时，则接受的能量为 $E_{\lambda 2T}$。因此，从硅光电池输出的电信号为 $U_{\lambda 1}$

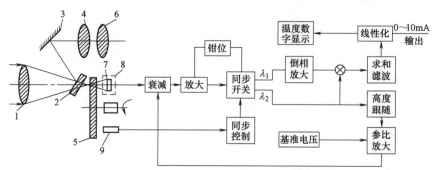

图 3-26 单通道比色法温度计的工作原理
1—物镜；2—通孔光栏；3—反射镜；4—倒像镜；5—调制盘；6—目镜；
7—硅光电池；8—恒温盒；9—同步线圈

和 $U_{\lambda 2}$，将两电压等比例衰减时，设衰减率为 K，利用基准电压和参比放大器保持 K。$U_{\lambda 2}$ 为常数 R，则测量 $KU_{\lambda 1}$ 即可代替 $U_{\lambda 1}/U_{\lambda 2}$，从而得到 T。输出 T 单值对应的信号为 $0\sim10\text{mA}$，测温范围为 $900\sim2000\,^\circ\text{C}$，误差在测量上限的 $\pm1\%$ 之内。

(5) 辐射式高温计

凡是按照物体全辐射的热作用来检测其温度的仪器都称之为辐射高温计。辐射高温计由辐射感温器和它的显示仪表所组成。

热辐射温度是以物体的辐射强度与温度形成一定的函数关系为基础的，全辐射高温计就是依据物体发射出的全辐射能来检测物体温度的仪表。实际上这种全辐射高温计检测的并不是发热体所有波长的能量，因为能透过中间介质和透镜的仅是某些波段，因而事实上是一种"部分"辐射温度计，习惯上称为辐射温度计。

辐射式温度计是非接触测温仪表中的一种，这种仪表适合于冶金、机械、石油、化工等部门，用来检测各种熔炉、高温窑、盐浴炉、油炉和煤气炉的温度，也可用于其他不适宜装置热电偶但又符合辐射温度计使用条件的地方。

利用辐射温度计测温主要有以下优点：

1) 利用辐射感温器测温可以实现连续检测、自动记录和自动控制。

2) 辐射式温度计的结构简单、价格便宜、测温范围宽。

3) 从理论上讲，测温上限是没有限制的，因而可以检测极高的温度。

4) 由于辐射测温是非接触检测，它不直接接触被测物体，因此不扰动和不破坏被测物体的温度场和热平衡。

它的主要缺点如下：

1) 辐射温度计测出的温度是被测物体的表面温度，当被测物体内部温度分布不均匀时，它不能测出物体内部的实际温度。

2) 由于受物体发射率的影响，辐射温度计测得物体的温度（非黑体）是辐射温度而不是真实温度，因此需要修正。

3) 受客观环境的影响比较大，如烟雾、灰尘、水蒸气、二氧化碳等中间介质的影响。

3.2.1.5 超声波测温仪表

用超声波测温是一种利用非接触式测温方法进行温度检测的新技术。它可以用于检测超低温和高温高压气体的温度。

(1) 分类

超声波测温技术是建立在介质中的声速与温度的相关性的基础上的，其测温方法可分为两类：一类是声波直接通过被测介质，即以介质本身作为敏感元件，如超声气温计，它具有响应快、不干扰温度场的特点；另一类是使声波通过与介质呈热平衡状态的敏感元件，如石英温度计、细线温度计等。

(2) 测温原理

超声波测温计的测温原理是通过直接测量声波在气体介质中的声速来检测温度的。在理想气体中声波的传播速度 c 为：

$$c=\sqrt{\frac{\gamma RT}{M}} \tag{3-19}$$

式中　R——气体常数；

γ——定压比热容和定容比热容之比，J/(kg·K)；

M——分子量；

T——热力学温度，K。

当声波在气体中传播时，气体的气压、流速、温度等因素都会影响其声速，但对空气来说，影响声速最主要、最敏感的因素是温度 T，且两者之间有式（3-20）的关系：

$$c = 20.067\sqrt{T} \tag{3-20}$$

因 $T=t+273.15$（K）于是有：

$$t = \frac{c^2}{402.684} - 273.15 \tag{3-21}$$

从式（3-21）不难看出，只要检测出声速，就可以通过上式算出被测气体的温度。

检测声速的方法很多，有脉冲时间传播法、回鸣法、相位比较法、共振法等。超声波气体温度计是采用共振法，它是通过检测相对设置的两块板之间的空气柱的共振频率来求出声速，从而计算出温度。

共振跟踪式超声波气温计能自动跟踪共振频率，克服了因温度变化引起声速变化而产生的检测误差，因此，特别适用于遥测和遥控。

3.2.1.6 光导纤维测温仪表

最近几年，光导纤维的发展对于光的传递及应用技术开辟了新的途径，这对于辐射测温来说解决了不少难题。光纤传感技术在温度检测中的应用已取得了不少成果。利用不同原理研制的光纤温度传感器的种类很多，例如晶体光纤温度传感器、半导体吸收光纤温度传感器、双折射光纤温度传感器、光路遮断式光纤温度传感器、荧光光纤温度传感器、辐射式光纤温度传感器等。

由辐射式光纤温度传感器构成的辐射式光纤温度计属于非接触式光纤温度计，它依靠光纤接收被测体辐射能量来确定被测体温度的仪器，是基于全辐射体的原理来工作的。美国 Vanzette 红外和计算机公司首先生产了带光导纤维探头的辐射温度计，就是在检测头前面加装了一段光导纤维并在其前端装一小视角透镜。这样，被测物体的辐射能经透镜到光导纤维内，在光导纤维里面经过多次反射传至检测器。

光导纤维的主要特点有：采用光传播信号，不受电磁干扰，电气绝缘性好；光波传输无电能和电火花，不会引起被测介质的燃烧、爆炸；重量轻、体积小、可挠性好，利于在狭小的空间使用；光纤传感器有良好的几何形状适应性，可做成任意形状的传感器或传感阵列；对被测对象不产生影响，有利于提高测量精度；利用光通信技术，易于实现远距离测控。

3.2.1.7 激光载波测温仪表

激光载波测温是利用激光作为载波，用温度信息调制激光，然后把含有温度信息的激光通过空间传播到接收部分，经信号处理达到检测温度的目的。

激光载波测温系统由发射和接收两部分组成，如图 3-27 所示。图 3-27 的左边为发射装置，由感温元件、频率调制、强脉冲发生器和激光器 4 个单元组成，它的主要作用是用温度信号调制激光，使激光器的输出频率与温度相对应。感温元件为具有负电阻温度系数的热敏电阻，其电阻值随着温度的升高而减小。热敏电阻与频率调制单元共同组成温控变

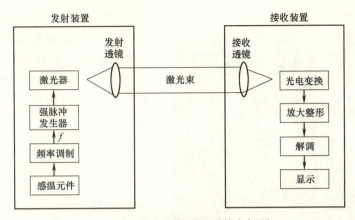

图 3-27 激光载波测温系统方框图

频振荡器,其输出频率随着温度的变化而变化。此频率信号送入强脉冲发生器,控制半导体激光器发出激光脉冲。该激光脉冲通过发射透镜发射给接收部分。

图 3-27 右边部分为接收装置,它由光电变换、放大整形、解调器和显示装置组成,主要实现信号的光电转换、解调和显示。激光脉冲由发射透镜经过空间发射给接收透镜(最大发射距离可达 100m)。由接收透镜把含有被测温度信息的激光脉冲聚焦后送给光电元件,由光电元件把光脉冲信号转换为电脉冲信号,此信号经过脉冲放大器放大、整形器整形后到解调器解调。解调过程就是把温度信息从调制波中取出来,再经过放大后送给显示单元显示出被测温度值。

利用激光来检测温度的最大优点是使用安全、方便。

3.2.1.8 温度采集记录器

单点温度记录器是近年来出现的一种自记式温度计,它采用先进的芯片技术,集合了温度传感、记录、传输功能,无需专门的电源和显示设备,体积小巧,能够适应不同的环境。下面以 SCQ-01a 单点温度采集记录器为例介绍这种温度计。

SCQ-01a 单点温度采集记录器由哈尔滨工业大学市政环境工程学院研发制造,是基于单片机技术的新一代低功耗现场测试仪表。主要适用于建筑节能、环境监测、建材、化工、食品等领域的温度测量和采集。

(1) 主要性能指标(见表 3-11)

SCQ-01a 温度采集记录器性能指标　　　　表 3-11

项 目	技 术 性 能	备 注
量程范围	−30~50℃;	
测量准确度	≤0.5℃	
采样周期	10s~24h	可任意设置
存储容量	16000 条数据	
电池供电	电压范围:3~3.6V	
输出端口	USB	
数据处理	配有专用数据通信处理软件	

(2) 使用方法

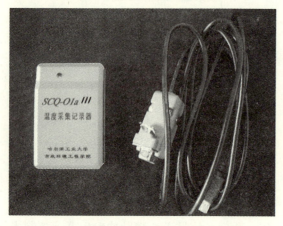

图 3-28　SCQ-01a 单点温度采集记录器

图 3-28 所示是 SCQ-01a 单点温度采集记录器的主要测量仪器和数据线。测量时先打开采集记录器后面板，将电池安装在电池盒内（注意电池极性），此时，采集记录器指示灯闪烁，表示采集记录器已经开始工作；将随机配备的通信电缆插头分别插入采集记录器通信插口和 PC 机串行接口；打开 PC 机，运行 SCQ-01-V20 专用软件。按照屏幕的中文提示，采用问答方式，输入有关参数；采集记录器现场安装之前，需设定开始工作时间、采样周期；设定完成后方可使用；当测量完毕，运行 SCQ-01-V20 专用软件，将测量数据一次全部读入 PC 机存储、显示、处理。

3.2.2　流量检测常用仪器

3.2.2.1　差压式流量计

差压式流量计是利用流体经节流装置所产生的压力差来实现流量测量的。

在管道上安装一个直径比管件小的固定的阻力件，当流体流过该阻力件的小孔时，由于流体流通界面的突然变小，流束必然产生局部收缩而使流速加快、静压力降低，其结果是在阻力件的前后产生一个较大的静压差。它与流量（流速）的大小有关，流量愈大，压差愈大，因此只要测出压差就可以推算出流量。把流体流过阻力件流速的收缩造成压力变化的过程称为节流流程，其中阻力件称为节流件。利用上述原理来检测流量的仪表称为差压式流量仪表。

差压式流量计由于其应用的广泛，其设计计算已经标准化，计算所需要的通用数据资料有手册可查。节流装置中常见的有三种情况，上面所说的标准化设计计算包括这三种形式及组合而成的各种节流装置的差压式流量计，这些节流装置包括标准孔板、偏心孔板、锥形入口孔板、双重孔板、密度补偿式孔板、标准喷嘴、1/4 圆喷嘴、长径喷嘴、文丘里喷嘴、古典文丘里管、双重文丘里喷嘴等，如图 3-29 是几种常见形式的节流装置。

目前国际标准已做规定的标准节流装置有：

1) 角接取压标准孔板；
2) 法兰取压标准孔板；
3) 径距取压标准孔板；
4) 角接取压标准喷嘴；
5) 径距长径喷嘴；
6) 文丘里喷嘴；
7) 古典文丘里管。

(1) 测量原理

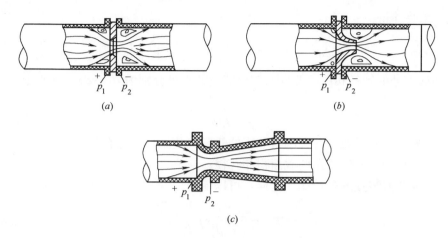

图 3-29 几种常见形式的节流装置
(a) 孔板；(b) 喷嘴；(c) 文丘里管

流体流经节流装置前后的流速与压力分布情况如图 3-30 所示，从图中可见，在截面Ⅰ以前，流体的流束充满整个管道，以一定的流速 u_1 流动；流束从截面Ⅰ开始收缩，至孔板前流束收缩至与孔板孔径相等；经过孔板后，由于惯性的作用，流束并非马上开始扩散，而是继续收缩，至截面Ⅱ时，流束收缩至最小；以后就开始扩大，至截面Ⅲ时，流束又充满了整个管道。由于截面Ⅱ处流束最小，所以流速最大。由于流速（动能）的变化，液体静压力随之变化。各截面处的流速、压力分布如图 3-30 所示。现在取Ⅰ、Ⅱ两个截面来考察流体流速与压力的变化情况，则根据伯努利方程，有：

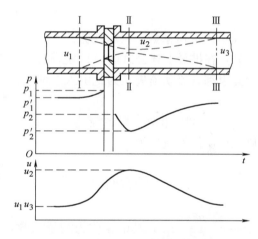

图 3-30 孔板装置及压力流速分布

$$\frac{p'_1}{\rho'_1}+\frac{u_1^2}{2}=\frac{p'_2}{\rho}+\frac{u_2^2}{2} \quad (3-22)$$

式中　p'_1——节流装置上游入口前的静压，Pa；
　　　ρ'_1——节流装置上游入口前的密度，kg/m³；
　　　u_1——节流装置上游入口前的流速，m/s；
　　　p'_2——流经节流装置的静压力，Pa；
　　　ρ——流经节流装置的密度，kg/m³；
　　　u_2——流经节流装置的流速，m/s。

流体连续性方程式：

$$\rho'_1 u_1 A_Ⅰ = \rho'_2 u_2 A_Ⅱ \quad (3-23)$$

式中　$A_Ⅰ$、$A_Ⅱ$——截面Ⅰ与截面Ⅱ的横截面积，m²。

对于不可压缩的流体有：

$$\rho=\rho'_1=\rho'_2 \quad (3-24)$$

则由以上三式可得：

$$\Delta p' = p_1' - p_2' = \frac{\rho}{2}\left[1-\left(\frac{A_X}{A_I}\right)^2\right]u_2^2 \tag{3-25}$$

假设截面Ⅰ处的管径和截面Ⅱ处的流束截面的直径分别为 d_1、d_2，并假定：

$$A_X = \mu A_0 \tag{3-26}$$

$$\beta = d/d_1 \tag{3-27}$$

式中　μ——流束收缩系数，其大小与节流件的形式及流动状态有关；
　　　A_0、d——分别为节流件开孔的截面积和孔径；
　　　$\beta = d/d_1$ 为节流装置的孔径比。这样，可以得到：

$$u_2 = \frac{1}{\sqrt{1-\mu^2\beta^4}}\sqrt{\frac{2}{\rho}\Delta p'} \tag{3-28}$$

上式在推导过程中，没有考虑流动过程中的能量损失，另外，实际测量过程是测量压差，再根据压差倒算出流量，上面的截面Ⅱ只是理论上流束最小截面，实际测量时取压点不一定在Ⅰ、Ⅱ截面，而是按照一定的取压方式来选择取压点的（对应的压力分别为 p_1、p_2），所以压差 $\Delta p = p_1 - p_2$ 与 $\Delta p' = p_1' - p_2'$ 有一定差异，它们可以写如下关系式：

$$\sqrt{\Delta p'} = \sqrt{\varphi}\sqrt{\Delta p} \tag{3-29}$$

式中　$\sqrt{\varphi}$——取压系数，与取压方式有关。

另外，在推导上述公式时，假定流体为理想流体而没考虑摩擦，但实际流体都有黏性，因此也都有流动损失，为此引入 ξ 对 u_2 进行修正，即：

$$u_{2a} = \xi u_2 \tag{3-30}$$

式中　u_{2a}——截面Ⅱ处实际的流速，m/s。

则流体的体积流量为：

$$Q_v = u_{2a}A_X = \xi u_2 \mu A_0 = \frac{\mu\xi\sqrt{\varphi}}{\sqrt{1-\mu^2\beta^4}} A_0 \sqrt{\frac{2}{\rho}\Delta p} \tag{3-31}$$

令 $\alpha = \dfrac{\mu\xi\sqrt{\varphi}}{\sqrt{1-\mu^2\beta^4}}$，其中 α 称为测量系数，与节流件的形式、孔径比、取压方式、被测介质性质及流动状态等因素有关，是节流装置中最重要的系数，由实验确定。

这样，不可压缩流体的流量方程可表示为：

$$Q_v = \alpha A_0 \sqrt{\frac{2}{\rho}\Delta p} \tag{3-32}$$

质量流量为：

$$Q_m = \alpha A_0 \sqrt{2\rho\Delta p} \tag{3-33}$$

（2）差压式流量计的组成

节流装置在导管中使流体收缩而产生压差信号能够表征流过管道的流量大小，这个信号还必须由导压管引出，并用相应的差压计来检测，才能够得到流量的大小。所以，一套完整的差压式流量计应由以下三部分组成：将被检测流体的流量变换成压差信号的节流装置；传输压差信号的信号管路；检测压差的差压计或差压变送器及显示仪表。

节流装置包括节流元件和取压装置。节流元件的形式很多，作为流量检测用的节流元件有标准节流元件和特殊节流元件两种。标准节流元件主要有标准孔板、标准喷嘴和标准文丘里管,对于标准的节流元件,在计算时都有统一标准的规定、要求和计算所需的有关数据、图表及程序。特殊节流元件也称非标准节流件,如双重孔板、偏心孔板、圆缺孔板、1/4圆缺喷嘴等。它们可以利用已有实验数据进行估算,但必须用实验方法进行单独标定。特殊节流元件主要用于特殊介质或特殊工况条件的流量检测。

由于节流元件的不同,其取压装置也各有不同,而且由于取压的位置不同,在同一流量下所得的差压大小也不相同。现以标准孔板为例介绍标准孔板的取压方法。

标准孔板取压方法的5种取压位置:

1) 角接取压 即取压接管正好在孔板前后与管道的夹角处,有两种方式。图3-31中的上半部分为环式取压结构,下半部分为单独钻孔取压结构。取压管上、下游测取压孔的轴线距孔板上、下游端面的距离分别等于取压管的半径或取压环隙宽度的一半,取压位置见图3-31中的1-1截面。

2) 法兰取压 取压接管安装在法兰上,上、下游侧取压孔的轴心线分别位于孔板前、后端面 24.5 ± 0.8 mm 的位置上,取压位置见图3-31中的2-2截面。

3) 径距取压 也称为 D-$D/2$ 取压法,上游侧取压轴心线距孔板端距离为1倍管道直径,上游侧取压轴心线距孔板后端距离0.5倍管道直径,见图3-31中的3-3截面。

4) 理论取压 上游取压孔中心轴线距孔板前端面为 1 ± 0.1 倍的管道直径,下游侧取压孔轴心线距孔板端面的距离取理论上流束最小截面处,其位置与孔径比及管道截面直径有关(有表可查),见图3-31中的4-4截面。

5) 管接取压 上游侧取压轴心线距孔板前端距离为2.5倍管道直径,上游测取压轴心线距孔板后端为8倍管道直径,见图3-31中5-5截面。

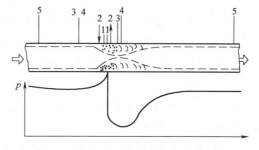

图3-31 孔板的取压方式

差压式流量计使用历史悠久,对节流装置的研究也比较充分,实验数据资料齐全,各国已经把某些形式的节流装置标准化,并把这些标准形式的节流装置定为"标准节流装置",制定相应的国家标准和规程。

非标准形式的节流装置在某些场合也采用,只是对这些节流装置的实验研究和所积累的数据资料还不够完善,有的可靠性差些,所以一般称之为特殊的节流装置,例如1/4圆喷嘴、双重孔板等。

在检测中能够测量压差的仪表很多,常采用的差压计主要有膜片式、双波纹管式,或用差压变送器与节流装置配套使用,以取得标准的统一信号输出,便于集中控制和实现综合自动化或计算机控制。

(3) 标准节流装置

节流装置包括节能件、取压装置和符合要求的前、后直管段。标准节流装置是指节流件和取压装置都标准化,节流前后的检测管道符合有关规定。它是通过大量试验总结出来的。

标准节流装置一经设计和加工完毕便可直接投入使用,无需进行单独标定。这意味着,在标准节流装置的设计、加工、安装和使用中必须严格按照规定的技术要求、规程和数据进行,以确保流量检测的准确性。

下面主要介绍标准节流装置的结构、特性和使用条件的技术要求及规程。其中包括标准节流件、取压装置、管道条件和安装要求等规定的主要内容。

1) 标准节流件

① 标准孔板的结构及技术要求

标准孔板的结构如图 3-32 所示,它是一块具有与管道轴同心的圆开孔,其直角入口边边缘非常尖锐的金属薄板。用于不同管道内径的标准孔板,其结构形式基本是相似的。标准孔板要求旋转对称,上游侧孔板端面上的任意两点间连线应垂直于轴线。应符合 GB/T 2624—1993 的要求,主要内容如下:

(a) 标准孔板的节流孔直径 d 是一个很重要的尺寸,在任何情况必须满足下述要求,即:

$$d \geqslant 12.5\text{mm}$$

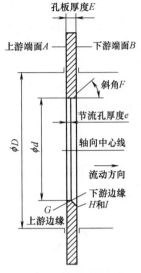

图 3-32 标准孔板结构形状

和

$$0.2 \leqslant \frac{d}{D} \leqslant 0.75$$

同时节流孔直径 d 应进行实测,实测时至少应测量 4 个直径,并且要求 4 个直径的分布应有大致相等的角度。取 4 个直径测量结果的平均值作为节流孔板直径 d 的实测值。并要求任一单测值与平均值之差不得超过直径平均值的 $\pm 0.05\%$。节流孔应为圆筒形并垂直于上游端面 A。

(b) 孔板上游 A 的平面度(即连接孔板表面上任意两点的直线与垂直于轴线的平面之间的斜度)应小于 0.5%,在直径小于 D 且与节流孔同心的圆内,上游端面 A 的粗糙度必须小于或等于 $10^{-4}d$;孔板的下游端面 B 无需达到与上游 A 同样的要求,但应通过目视检查。

(c) 节流孔的厚度要求为:

$$0.05D \leqslant e \leqslant 0.02D$$

并且在节流孔的任意点上测得各个 e 值的差不得大于 $0.001D$;

标准孔板的厚度 E 的尺寸要求为:

$$e \leqslant E \leqslant 0.05D$$

当 $50\text{mm} \leqslant D \leqslant 64\text{mm}$ 时,允许 $E=3.2\text{mm}$,并且在孔板的任意点上测得的各 E 值之差不得超过 $0.001D$;

如果 $E > e$,孔板的下游侧应有一个扩散的光滑锥面,该表面的粗糙度应达到上游端面 A 的要求,圆锥面的斜角 F 应为 $45° \pm 15°$。

(d) 上游边缘 G 应是尖锐的(即边缘半径不大于 $0.0004d$,无卷口、无毛边,无目测可见的任何异常;下游边缘 H 和 I 的要求可低于上游边缘 G,允许有些小缺陷)。

② 标准喷嘴的结构及技术要求

标准喷嘴的结构形状如图 3-33 (a) 所示。其形状由 5 部分组成。即进口端面 A,第

一圆弧曲面 c_1，第二圆弧曲面 c_2，圆筒形喉部 e，圆筒形喉部的出口边缘保护槽 H。

标准喷嘴的具体技术要求如下：

(a) 标准喷嘴的进口端面 A 应位于管道内部的上游侧喷嘴端面的入口平面部分，其圆心应在轴心上，以直径为 $1.5d$ 的圆周和管道内径 D 的圆周边界，径向宽度为 $D-1.5d$，在此范围内应是平面并垂直于旋转轴线。当 $\beta=\dfrac{2}{3}$ 时，该平面的径向宽度为零，即 $D=1.5d$。当 $\beta>\dfrac{2}{3}$ 时，直径为 $1.5d$ 的圆周将大于管道内径 D 的圆周，在管道内部，该平面因被环室或法兰遮盖，在这种情况下，必须将上游侧喷嘴端面去掉一部分，以使其圆周与管道内径 D 的圆周相等，如图 3-33 (b) 所示。

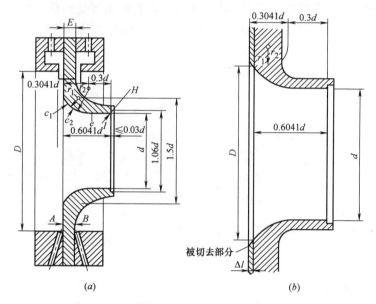

图 3-33　标准喷嘴的结构形式

(a) $\beta<\dfrac{2}{3}$；(b) $\beta>\dfrac{2}{3}$

上游端面被切去的轴向长度为：

$$\Delta L=\left[0.2-\sqrt{\dfrac{0.75}{\beta}-\dfrac{0.25}{\beta^2}-0.5225}\right]d \tag{3-34}$$

式中　ΔL——被切去的轴向长度，mm；

d——节流孔直径，mm。

A 面应光滑，表面粗糙度的峰谷之差不得大于 $0.003d$，或其表面光洁度不得低于 $\triangledown 6$。

(b) 喷嘴入口收缩部分第一部分圆弧曲面 (c_1) 的圆弧半径为 r_1，并与 A 面相切，要求：

当 $\beta \leqslant 0.5$ 时，$r_1=(0.2\pm0.02)d$；

当 $\beta > 0.5$ 时，$r_1=(0.2\pm0.006)d$。

r_1 的圆心距 A 面 $0.2d$，距旋转轴线 $0.75d$。

(c) 第二圆弧面（c_2）的圆弧半径为 r_2 并与 c_1 曲面和喉部 e 相切。

当 $\beta \leqslant 0.5$ 时，$r_2 = \dfrac{d}{3} \pm 0.03d$；

当 $\beta > 0.5$ 时，$r_2 = \dfrac{d}{3} \pm 0.01d$。

r_2 的圆心距 A 面 $0.3041d$，距旋转轴线 $5/6d$。

(d) 圆管形喉部（e），其直径为 d，长度为 $0.3d$。

直径 d 不少于 8 个单测值的算术平均值，其中 4 个在喉部的始端，4 个在终端，在大致相等的 45°角的位置上测得。

d 的加工公差要求与孔板相同。

(e) 圆筒形喉部的出口边缘 I，应是尖锐的，无毛刺和可见损伤，并无明显倒角。边缘保护槽 H 的直径至少为 $1.06d$，轴向长度最大为 $0.03d$。如果能够保证出口边缘不受损伤，也可不设保护槽。

(f) 喷嘴厚度 E 不得超过 $0.1D$。

③ 文丘里管

文丘里管由入口圆筒段、圆锥收缩段、圆筒形喉部和圆锥扩散段组成，其内表面是一个对称旋转轴线的旋转表面，该轴线与管道轴线同轴，并且收缩段和喉部同轴（可通过目测检查，认为同轴即可）。进行测量时，压力损失比孔板和喷嘴都小得多。可测量悬浮颗粒的液体，较适用于大流量流体测量；但由于加工制作复杂，故价格昂贵。应用范围为 $100\text{mm} \leqslant D \leqslant 800\text{mm}$，$0.3 \leqslant \beta \leqslant 0.75$。

2）标准取压装置

我国国家标准规定的标准节流装置取压方式为：

标准孔板：角接取压；法兰取压。

标准喷嘴：角接取压。

① 角接取压

角接取压就是节流件上、下游的压力在节流件与壁管的夹角处取出。对取压位置的具体规定是：上、下游侧取压孔的轴线与孔板（或喷嘴）上、下游侧端的距离分别等于取压孔径的一半或取压环隙宽度的一半。角接取压装置有两种结构形式，如图 3-34 所示。上半部为环室取压结构，下半部为单独钻孔取压结构。环室取压的优点是压力取出口面积比较大，便于测出平均压差和有利于提高检测精度，并可缩短上游的直管段长度和扩大 β 值的范围。但是加工制作和安装要求严格，如果由于加工和现场安装条件的限制，达不到预定要求时，其检测精度仍难保证。所以，在现场使用时为了加工和安装方便，有时不用环室

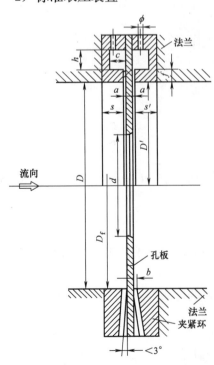

图 3-34　角接取压方式

而用单独钻孔取压，特别是对大口径管道。

当 $\beta \leqslant 0.65$ 时，$0.005D \leqslant \alpha \leqslant 0.03D$；

当 $\beta > 0.65$ 时，$0.01D \leqslant \alpha \leqslant 0.02D$。

② 法兰取压和 $D - \dfrac{D}{2}$ 取压

规定法兰取压的上下游侧取压的轴线与孔板上下游端面 A、B 的距离分别等于 25.4 ± 0.8mm。

法兰取压装置是设有取压口的法兰，$D - \dfrac{D}{2}$ 取压装置是设有取压口的管段，以及为保证取压口的轴线与节流件端面的距离而用来夹紧节流件的法兰。

法兰取压装置的结构如图 3-35 所示，图中的法兰取压口的间距 l_1、l_2 是分别从节流件的上下游端面量起的。l_1、l_2 的取值见表 3-12，取压口的直径应小于 $0.13D$，同时小于 13mm。取压口的最小直径可根据偶然阻塞的可能性及良好的动态特性来决定，没有任何限制，但上游和下游取压口应具有相同的直径，并且取压口的轴线与管道轴线相交成直角。

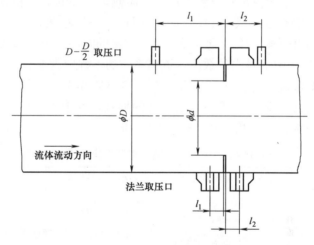

图 3-35　$D - \dfrac{D}{2}$ 取压口和法兰取压口的距离

表 3-12　取压口间距 l_1 和 l_2 的取值

取压方式	l_1/(mm)		l_2/(mm)	
	$\beta \leqslant 0.6$	$\beta > 0.6$	$\beta \leqslant 0.6$	$\beta > 0.6$
法兰取压	25.4 ± 1	$25.4 \pm 0.5(D<150)$ $25.4 \pm 1(150 \leqslant D \leqslant 1000)$	25.4 ± 0.1	$25.4 \pm 0.5(D<150)$ $25.4 \pm 1(150 \leqslant D \leqslant 1000)$
$D-D/2$ 取压	$D \pm 0.1D$		$0.5D \pm 0.02D$	$0.5D \pm 0.01D$

③ 标准节流装置的管道和使用条件

标准节流装置的流量系数都是在一定的条件下通过实验取得的。因此，除对节流件、取压装置有严格的规定外，对管道、安装、使用条件也有严格的规定。如果在实际工作中离开了这些规定条件，则引起的流量检测误差将是难以估计的。

节流装置应安装在符合要求的两段直管段之间。节流装置上游及下游的直管段分为如下三段（见图 3-36）：节流件至上游第一个局部阻力件，其距离为 l_1；上游第一个与第二

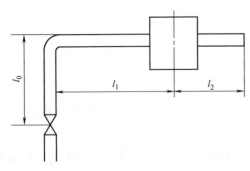

图 3-36 节流件上、下游阻力件及直管段长度

个局部阻力件,距离为 l_0;节流件至下游第一个阻力件,其距离为 l_2。标准节流装置对直管 l_0、l_1、l_2 的要求如下:

(a) 直管段应具有恒定横截面积的圆筒形管道,用目测检查管道应该是直的。

(b) 管道内表面应清洁,无积垢和其他杂质。节流件上游 10D 的内表面相对平均粗糙度应符合有关规定,对于标准孔板的规定见表 3-13。

标准孔板上游管道内壁 K/D 的上限值 表 3-13

β	≤0.3	0.32	0.34	0.36	0.38	0.40	0.45	0.50	0.60	0.75
$10^4 K/D$	25	18.1	12.9	10.0	8.3	7.1	5.6	4.9	4.2	4.0

(c) 节流装置上、下游侧最短直管长度随上游侧阻力件的形式和节流件的直径比的不同而不同,最短直管段长度见表 3-14。表中所列长度是最小值,实际应用时建议采用比所规定的长度更大的直管段。阀门应全开,调节流量的阀门应位于节流装置的下游。如果直管段长度选用表 3-14 中括号内的数值,流出系数的不确定度要算术相加±0.5%的附加不确定度。如果在节流装置上游串联了几个阻力件(除全为 90°弯头外),则在第一个和第二个阻力件之间的长度 l_0 可按第二个阻力件的形式,并取 $\beta=0.7$(不论实际 β 值是多少)取表中数值的一半,串联几个 90°弯头时 $l_0=0$。

节流件上、下游侧的最小直管段长度 (mm) 表 3-14

β	节流件上游侧局部阻力件形式和最小直管段长度 l_1						节流件下游侧最小直管段长度 l_2(左面所有局部阻力件形式)
	一个 90°弯头或只有一个支管流动的三通	在同一个平面内有多个 90°弯头	空间弯头(在不同平面内有多个 90°弯头)	异径管(大变小 $2D \to D$,长度≥3D,小变大 $\frac{1}{2}D \to D$ 长度≥$\frac{1}{2}D$)	全开截止阀	全开闸阀	
1	2	3	4	5	6	7	8
<0.2	10(6)	14(7)	34(17)	16(8)	18(9)	12(6)	4(2)
0.25	10(6)	14(7)	34(17)	16(8)	18(9)	12(6)	4(2)
0.30	10(6)	16(8)	34(17)	16(8)	18(9)	12(6)	5(2.5)
0.35	12(6)	16(8)	36(18)	16(8)	18(9)	12(6)	5(2.5)
0.40	14(7)	18(9)	36(18)	16(8)	20(10)	12(6)	6(3)
0.45	14(7)	18(9)	38(19)	19(9)	20(10)	12(6)	6(3)
0.50	14(7)	20(10)	40(20)	20(10)	22(11)	12(6)	6(3)
0.55	16(8)	22(11)	44(22)	20(10)	24(12)	14(7)	6(3)
0.60	18(9)	26(13)	48(24)	22(11)	26(13)	14(7)	7(3.5)
0.65	22(1)	32(16)	54(27)	24(12)	28(14)	16(8)	7(3.5)
0.70	28(14)	36(18)	62(31)	26(13)	32(16)	20(10)	7(3.5)
0.75	36(18)	42(21)	70(35)	28(14)	36(19)	24(12)	8(4)
0.80	46(23)	50(25)	80(40)	30(15)	44(22)	30(15)	8(4)
	阻力件				上游侧最短直管段长度		
对于所有的 β	$\beta \geq 0.5$ 的对称渐缩异径管				30(15)		
	$\beta \leq 0.03D$ 的温度计套管和插孔				5(3)		
	直径在 $0.03D \sim 0.13D$ 之间的温度计套管和插孔				20(10)		

④ 标准节流装置的使用条件

由于标准节流装置的数据和图表都是在一定的技术条件下,用实验的方法获得的。因此,为了使标准节流装置在使用时能重现实验时的规律,以保证足够的测量精度,所以必须满足的技术条件是:流体必须充满整个管道,并连续流动;流体在管道里的流动应是稳定的,在同一点上的流速和压力不能有急剧变化;被测介质应是单相的,且流经节流装置后相态不变;流体在流进节流件以前,其流束必须与管道轴线平行,不得有旋转流;流体流动工况应该是紊流,雷诺数应在一定范围内;节流装置前,必须有足够长的直管段。

⑤ 标准节流装置流量测量的不确定度计算

用标准节流装置测量流量是通过间接方式实现的,即通过差压仪表测出压差,再根据流量公式计算出流量值。这样,标准节流装置流量测量不确定度不仅受差压仪表精度的影响,还受到公式中各个量的影响。但是,如果标准节流装置的设计、制造、安装和使用完全按国家标准的规定进行,则此流量测量的不确定度是可以按规定计算出来的。

流量测量的不确定度可以用不确定度 σ 或相对不确定度 $e=\dfrac{\sigma}{Q}$ 表示。设流量方程式中的 c、ε、d、D(依附与 β)、Δp 和 ρ_1 相互独立。则可以推得出质量流量的相对不确定度的计算公式。

国际标准和我国国家标准都规定,用标准节流装置配压差仪表测量流量时,质量流量的相对不确定度的计算公式为:

$$e=\frac{\sigma_m}{Q_m}=\pm\left[\left(\frac{\sigma_c}{c}\right)^2+\left(\frac{\sigma_\varepsilon}{\varepsilon}\right)^2+\left(\frac{2}{1-\beta^4}\right)^2\left(\frac{\sigma_D}{D}\right)^2+\left(\frac{2}{1-\beta^4}\right)^2\left(\frac{\sigma_d}{d}\right)^2+\frac{1}{4}\left(\frac{\sigma_{\Delta p}}{\Delta p}\right)^2+\frac{1}{4}\left(\frac{\sigma_\rho}{\rho_1}\right)^2\right]^{\frac{1}{2}}$$

(3-35)

设 $e_c=\dfrac{\sigma_c}{c}$;$e_\varepsilon=\dfrac{\sigma_\varepsilon}{\varepsilon}$;$e_D=\dfrac{\sigma_D}{D}$;$e_d=\dfrac{\sigma_d}{d}$;$e_{\Delta p}=\dfrac{\sigma_{\Delta p}}{\Delta p}$;$e_{\rho 1}=\dfrac{\sigma_\rho}{\rho_1}$ 分别为流出系数 c;可膨胀性系数 ε;管道直径 D;节流孔直径 d;差压 Δp 和流体密度 ρ_1 的相对不确定度。那么有:

(a) 流出系数的不确定度 e_c

对于标准孔板,假定 β、D、R_e 和 K/D 是已知的,且无误差,则当 $\beta\leqslant 0.6$ 时,$e_c=\pm 0.6\%$;当 $0.60<\beta\leqslant 0.75$ 时,$e_c=\pm\beta\%$。

(b) 可膨胀性系数的不确定度 e_ε

如果不考虑 β、$\Delta p/p_1$ 和 κ 的不确定度,标准孔板的可膨胀性系数的不确定度 $e_\varepsilon=\pm(4\Delta p/p_1)\%$。

(c) 节流孔直径和管道直径的不确定度 e_d 和 e_D

它们均是指在工作条件下的估算值,若 d_{20} 和 D_{20} 符合规范要求,那么 e_d 可取 $\pm 0.07\%$,e_D 可取 $\pm 0.4\%$。

(d) 差压的不确定度 $e_{\Delta p}$

由于差压计的准确度为引用误差,故 $e_{\Delta p}$ 的估算式为:

$$e_{\Delta p}=e_{Re}\frac{\Delta p}{\Delta p_i}(\%)$$

(3-36)

式中　e_{Re}——差压计的准确度等级;

　　　Δp——差压计的量程,Pa;

Δp_i——差压计的实测值，Pa。

原则上 $e_{\Delta p}$ 应是节流装置有关部件（包括差压变送器、引压导管、变送器到显示仪表之间的连接部件和显示仪表本身）的不确定度的总和。

(e) 流体密度的不确定度 $e_{\rho 1}$

被测流体密度 ρ_1 是指工作状态下的值。液体的密度一般认为只是温度的函数，而气体的密度取决于温度和压力两个参数，所以 $e_{\rho 1}$ 可认为是由于 t_1 和 p_1（节流件上游侧取压口处的温度和压力）的测量的不确定度所造成的 P_1 的不确定度。设 t_1 和 p_1 的不确定度分别为 e_{t_1} 和 e_{p_1}，则 e_{ρ_1} 的估算值可查表 3-15 和表 3-16。

液体 e_{p_1} 的估算值 表 3-15

$e_{t_1}(\%)$	$e_{p_1}(\%)$
0	±0.06
±1	±0.06
±5	±0.06

气体的 e_{p_1} 的估算值 表 3-16

| $e_{t_1}(\%)$ | $e_{p_1}(\%)$ | $e_{p_1}(\%)$ | | $e_{t_1}(\%)$ | $e_{p_1}(\%)$ | $e_{p_1}(\%)$ | |
		水蒸气	一般气体			水蒸气	一般气体
0	0	±0.04	±0.10	±5	±1	±5.0	±11.0
±1	±1	±1.0	±3.0	±5	±5	±6.0	
±1	±5	±3.0	±11.0				—

(4) 特殊节流装置

特殊节流装置又称为非标准节流装置，如双重孔板、偏心孔板、圆缺孔板、1/4 圆缺喷嘴等。它们可以利用试验数据进行估算，但必须用试验方法单独标定。

特殊节流装置主要用于特殊介质或特殊工况条件的流量检测。如 1/4 圆喷嘴可以用来检测 $200 \leqslant Re_D \leqslant 100000$ 范围内的流量；双重孔板，主要用于检测 $2500 \leqslant Re_D \leqslant 15000$ 范围内的流量；还有用于脏污介质的节流装置常见的有偏心孔板和圆缺孔板。有兴趣的读者可参考相关资料，这里就不再详细介绍。

(5) 差压计

孔板等标准节流装置所产生的压差是由差压计显示出来的。差压计通过传输差压信号的信号管路与节流装置连接就构成了检测流量的差压式流量计。生产过程中采用的差压计主要有膜片式和双波纹管式。这里以 CW 系列双波纹管差压计为例，介绍差压计的性能特点。

1) CW 系列双波纹管差压计的技术性能

① 压差范围：

CWC 型：0～0.063，0.1，0.16，0.25，0.4MPa；

CWD 型：0～6.3，10，16，25，40，63kPa；

CWE 型：0～1，1.6，2.5，4，6.3kPa。

② 流量标尺范围：

0～100、125、160、200、250、320、400、630、800×10^n（n 为 0 或 1 到 9 的正或负的整数）。

③ 额定工作压力：

CWC 型和 CWD 型：1.6、6、16、40MPa；

CWE 型：0.25MPa。

④ 精度等级：

指示记录部分为 1.0～1.5 级；

计算部分为 0.5 级。

⑤ 附加装置

气体或电动的变送和报警装置、压力—流量双参数记录，以及自动调节装置。

2) CW 系列双波纹管的应用

双波纹管差压计与节流装置配套使用，可用来检测液体、气体和蒸汽的流量和总量。在采用防腐蚀性隔离措施后，可用于检测有腐蚀性介质的流量。

此外，双波纹管差压计还可单独用来检测压差、压力、负压和液位。

3.2.2.2 转子流量计

转子流量计又名浮子流量计或面积流量计，它是通过改变流体的流通面积来改变流量的。在测量过程中转子上、下之间的压差不变。因此转子流量计是恒压降、变节流面积的流量检测方法。

(1) 转子流量计的检测原理

转子流量计的结构示意图如图 3-37 所示，主要由两部分组成，一是由下往上逐渐扩大的锥形管（通常用玻璃制成）；二是放在锥形管内的可自由运动的转子（也叫浮子）。测量时，被测流体由锥形管下部进入，沿着锥形管向上运动，流过转子与锥形管之间的环隙，再从锥形管上部流出。

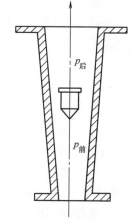

图 3-37 转子流量计的结构示意图

当流体流过锥形管时，位于锥形管中的转子受到向上的力，使转子浮起。当这个力正好等于浸没在流体里转子重量时，则作用在转子上的上下两个力达到平衡，此时转子便停浮在一定的高度。当流体流量发生变化时，转子在锥形管内的位置也随之发生变化，流体流通面积也随着转子的变化而变化。当这个力正好等于浸没在流体里转子的重量时，转子的受力达到平衡，便稳定在一个新的高度。这样，转子在锥形管中平衡位置的高低与被测介质的流量大小相对应。如果在锥形管外沿高度刻上对应的流量刻度，那么根据转子平衡位置的高低就可以直接读出流量的大小，这就是转子流量计检测流量的基本原理，具体分析如下。

1) 转子的受力分析

转子受到向上的压差力为：

$$F_1 = (p_1 - p_2) A_{转} \tag{3-37}$$

式中　F_1——压差力，N；

p_1、p_2——转子前后流体作用在转子上的静压力，Pa；

$A_{转}$——转子的最大横截面积，m^2。

转子自身的重力为：

$$F_2 = \rho_{转} V_{转} \tag{3-38}$$

式中　F_2——重力，N；
　　　$\rho_{转}$——转子材料的密度，kg/m^3；
　　　$V_{转}$——转子的体积，m^3。

转子在流体中所受的浮力为：

$$F_3 = \rho_{流} V_{转} \tag{3-39}$$

式中　F_3——转子在流体中所受的浮力，N；
　　　$\rho_{流}$——被测流体的密度，kg/m^3；
　　　$V_{转}$——转子的体积，m^3。

若忽略流体流经转子环面时的摩擦力（也可认为压力差中包含了这个摩擦力的作用），则转子的受力平衡关系为：

$$F_1 = F_2 + F_3 \tag{3-40}$$

即：

$$(p_1 - p_2) A_{转} = \rho_{转} V_{转} + \rho_{流} V_{转} \tag{3-41}$$

由于在检测过程中，$A_{转}$、$\rho_{转}$、$V_{转}$、$\rho_{流}$均为常数，所以(p_1-p_2)也应为常数。

2）流量表达式

根据从转子受力分析中得到的压力差表达式以及流体力学的原理，可得转子流量计的流量为：

$$Q = \varphi A_0 \sqrt{\frac{2g V_{转} (\rho_{转} - \rho_{流}) \rho_{流}}{A_{转}}} \tag{3-42}$$

式中　Q——流体流量，m^3/s；
　　　φ——流量常数；
　　　A_0——转子处流体流动环隙的截面积，m^2；
　　　$V_{转}$——流体流经转子时的平均流速，m/s。

从式中可见，转子流量计的流量只随转子的环隙面积变化，即只随转子的位置变化。

3）流量与刻度的关系

转子流量计为就地显示性仪表，根据流量与转子位移关系，在转子流量计的外壳可直接沿高度方向作出可读的刻度。

转子周围的环隙面积为：

$$A_0 = \frac{\pi}{4}(D^2 - d^2) = \pi(R^2 - r^2) \tag{3-43}$$

式中　D、d——分别为圆锥管的直径和转子的直径，m；
　　　R、r——分别为圆锥管的半径和转子的半径，m。

设转子的半锥角为β，转子在流体流量作用下上升的高度为h，则：

$$R = r + h \operatorname{tg} \beta \tag{3-44}$$

$$A_0 = \pi(R^2 - r^2) = \pi(2r + h \operatorname{tg} \beta) h \operatorname{tg} \beta \tag{3-45}$$

可见，A_0与h之间为含有二次项的非线性关系，因此流量与转子高度的关系也是非线性关系。

(2) 转子流量计的类型

转子流量计可分为就地指示型转子流量计和远传转子流量计两类。就地指示型有玻璃管转子流量计和金属管转子流量计；远传转子流量计又称转子流量变送器。

1) 玻璃管转子流量计

玻璃管转子流量计分有 LF 型和 LZB 型，它们一般由支撑连接、锥形管、转子（浮子）等部分组成。

2) 金属管转子流量计

金属管转子流量计在高温、高压状态下用于易腐蚀、易燃烧及对人体和环境有害液体的流量测量。流量计的测量管采用耐腐蚀的不锈钢材料制作，与法兰形成整体的组合体，仪表采用磁感应显示系统。在转子中镶嵌一块磁铁，它的高度位置变化通过磁感应带动显示系统的指针运动，从而实现流量的检测与显示。

3) 远传转子流量计

远传转子流量计主要由流量变送及电动转换两部分组成，如图 3-38 所示。当流体经过锥形管时，浮子上升，其位移通过 4、5 的耦合传出，这样平衡杆 6，四连杆机构 8、9、10 一起动作，使指针顺时针方向转动，转子的停浮高度就转换成指针 11 的转角，指针 11 就在刻度盘 12 上指出流量的数值。同时在经过第二套四连杆装置 13、14、15 将指针的位移通过挡板 16 和喷嘴 17 转换成输出信号，另一路进入反馈波纹管 20 中，使反馈波纹管推动支板 21，从而反方向改变喷嘴与挡板的位置，这就是负反馈作用。当检测作用和反馈作用相平衡时，则挡板停留在一个新位置，这样就有一个与流量相对应的信号输出。

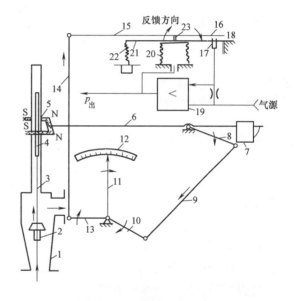

图 3-38 远传转子流量计

1—锥形管；2—转子；3—导杆；4、5—磁钢；6—平衡杆；7—重锤；8、9、10—四连杆机构；11—指针；12—刻度盘；13、14、15—四连杆机构；16—挡板；17—喷嘴；18—十字支承；19—放大器；20—反馈波纹管；21—支板；22—调零弹簧；23—反馈支点

(3) 转子流量计的特点

1) 结构简单，使用方便，工作可靠，仪表前直管段长度要求不高。

2) 主要适用于检测中小管径，较低雷诺数的中小流量。

3) 仪表的量程可达 10∶1，基本误差为仪表量程的 ±2%。

4) 流量计受被测介质密度、黏度、温度、压力、纯净度等的影响较大。

3.2.2.3 靶式流量计

靶式流量计检测部分如图 3-39 所示，图中的靶是在流体管道的中间，迎着流体流向用螺钉紧固在杠杆上的圆钢片。

在流体流过时，靶两侧的压差为：

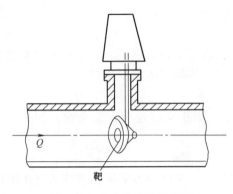

图 3-39　靶式流量计示意图

$$\Delta p = K\left(\frac{\rho v^2}{2g}\right) \quad (3\text{-}46)$$

式中　K——流体的阻力系数；
　　　ρ——流体的密度，kg/m³；
　　　v——流体通过环隙时的流速，m/s。

那么，靶的受力为：

$$F = A\Delta p = \frac{\pi}{4}d^2 \Delta p = K\frac{\pi d^2 \rho v^2}{8g} \quad (3\text{-}47)$$

$$v = \frac{2}{d}\sqrt{\frac{2Fg}{K\pi\rho}} \quad (3\text{-}48)$$

式中　F——靶的受力，N；
　　　d——靶的直径，m；
　　　A——靶的面积，m²。

流体流量为：

$$Q = \frac{\pi}{4}(D^2 - d^2)v = \frac{D^2 - d^2}{d}\sqrt{\frac{F\pi g}{2K\rho}} \quad (3\text{-}49)$$

式中　Q——流体流量，m³/s；
　　　D——管道直径，m。

设 $K' = \sqrt{\frac{\pi g}{2K}}$ 则流量应为：

$$Q = K'\frac{D^2 - d^2}{d}\sqrt{\frac{F}{\rho}} \quad (3\text{-}50)$$

由式（3-50）可以看出，当比例系数 K' 与流量计的结构一定时，流量与靶上受力的平方根成正比，只要测出靶上的受力，就可以知道流体流量。

靶式流量计就是基于上述原理来生产的。通常靶式流量计检测部分与力平衡压力变送器连用，靶上所受力的信号被转换成标准气压信号或标准电信号，传送给指示或记录仪表，以得到被测流体的流量数值。

这种流量计的特点是结构简单、对流体的要求不高，流量系数与靶材无关；当流量较小或流体黏度较大时，检测精度仍较高；适于检测带固体颗粒，易于结晶的流体流量。

3.2.2.4　电磁流量计

（1）电磁流量计的工作原理

电磁流量计是根据电磁感应的原理来测流量的，是目前应用最为广泛流量计之一，它可以检测具有一定电导率的酸、碱、盐溶液、腐蚀性液体以及含有固体颗粒的浆体等的流量。

如图 3-40 所示，当导电的流体（载流体）在管道中流动时，相当于长度为管道直径 D 的导线在磁场中做切割磁力线运动，此时在导线上产生感应电场，此电场的电场强度为：

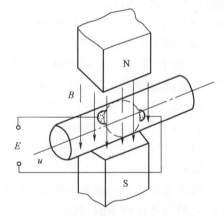

图 3-40　电磁流量计原理示意图

$$\overline{E} = \overline{v} \times \overline{B} \tag{3-51}$$

式中　$\overline{E}$——电场强度，G；

　　　$\overline{v}$——流体流速，m/s；

　　　$\overline{B}$——磁感应强度，A/m。

感应电势为：

$$\varepsilon = \oint \overline{E} \cdot \mathrm{d}\overline{l} = ED = vBD \tag{3-52}$$

式中　ε——感应电势，mv；

　　　D——管道内径，m。

流体流量为：

$$Q = \frac{\pi}{4}D^2 v = \frac{\pi D \varepsilon}{4B} = K\varepsilon \tag{3-53}$$

式中　K——为灵敏系数。

由式（3-53）可以看出，测得感应电势，就可知道流体流量。

(2) 电磁流量计的类型

电磁流量计根据分类方法不同，其类型也有所不同。按电磁场产生的方式可分为：直流激磁、交流激磁、低频矩形波激磁、双频率励磁方式等；按输出信号连接和激磁连线制式可分为：四线制、两线制；按用途可分为：通用型、防爆型、卫生型、耐浸水型、潜水型等；按传感器与变送器的组装方式可分为：分离型和一体型两大类。

电磁流量计具有以下主要特点：

1) 适用于测量各种复杂流体的流量，只要是导电的，被测流体可以是酸、碱、盐等介质，也可以是含有颗粒、悬浮物等介质。

2) 流量与电势为线性关系，便于刻度标定。

3) 流量计在管道内无可动部件或突出于管道内部的部件，便于安装。

4) 电磁流量计的量程为 10～100∶1，测量口径范围可以 1mm 到 2m 以上，特别适用于测量 1m 以上口径的水流量测量，检测精度较高。

5) 电磁流量计由于无机械惯性，因此反应灵敏，可以检测瞬时脉动流量。

6) 电磁流量计的缺点：要求被测流体必须是导电的，不能检测不导电的气体和石油等的流量；由于感应电势信号需要放大，因此电路复杂，成本较高。

3.2.2.5　涡轮流量计

(1) 工作原理及组成

涡轮流量计是一种速度式流量仪表，如图 3-41 所示，它主要由涡轮、导流器、外壳、磁电传感器、前置放大器 5 部分组成。当流体流过时，冲击涡轮叶片，使涡轮旋转，涡轮的旋转速度随流量的变化而变化，根据涡轮的转数求出流体的流量。它的主要组成有：

1) 涡轮（叶轮）　是涡轮流量计的主要部分，两端支撑在轴承上，当流体流过螺旋叶片时，在流体力的作用下，涡轮产生转动，流体的流速越高，动能就越大，叶轮转速也就越高。由于叶轮叶片用高导磁材料做成，当叶片转动时，便周期性地改变上部磁电传感器中线圈产生的磁通量，输出周期性的电信号。

2) 导流器　用来稳定流体的流向和支承叶轮，并可避免因流体的自旋而改变其与涡轮叶片的作用角。

3) 外壳　由非导磁的不锈钢制成，用以固定和保护内部零件，并与流体管道连接。

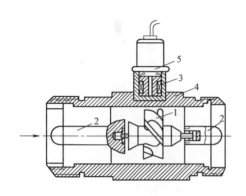

图 3-41 涡轮流量计
1—涡轮;2—导流器;3—外壳;
4—磁电传感器;5—前置放大器

4) 磁电传感器 由线圈和磁钢组成,用以将叶轮的转速转换为相应的电信号。

5) 前置放大器 用以放大磁电感应转换器输出的微弱电信号,进行远距离传送。

涡轮流量计的测量过程是:当流体流过涡轮流量计时,推动涡轮转动,高导磁的涡轮叶片周期性地扫过磁钢,使磁路中的磁阻发生变化,线圈中的磁通量同样发生周期性的变化,线圈中便感应出电脉冲信号。脉冲的频率与涡轮的转速成正比,即与流量成正比。这种电信号经前置放大器放大后,送入电子计数器或电子频率计,累计流体总量或指示流量。

(2) 涡轮流量计的特点

涡轮流量计的优点是精度高;反应快,滞后时间可小于 50ms,压力降不大于 0.03MPa;耐高压;测量范围宽;体积小以及输出电信号可远程传送等。

它的缺点是制造困难、成本高;涡轮转速高,轴承易磨损;要求被测介质洁净;适用于小口径的流量测量等。

3.2.2.6 容积式流量计

容积式流量计检测流量时是让被测流体充满具有一定容积的空间,然后再把这部分流体从出口排出,根据单位时间内排出的流体体积可直接确定体积流量。

常见的容积式流量计有:椭圆齿轮流量计、腰轮流量计、刮板流量计、活塞式流量计、皮囊式流量计以及湿式流量计等。其中腰轮、湿式、皮囊式流量计既可以测液体流量又可测气体流量。

容积式流量计的优点是适合检测黏度较高的流体流量,在正常测量范围内,温度和压力的影响较小;流体流量的大小、流体密度、黏度等对检测精度影响较小;对仪表前、后直管段没有严格的要求,安装维修方便。

缺点是不适宜测量较大的流量,当测量口径较大时,重量和体积较大,安装维修不方便;被测介质必须干净,不含固体颗粒,为此要求在流量计前安装过滤器;对仪表的制造、装配精度要求高,传动结构复杂。

3.2.2.7 质量流量测量

上面介绍的流量计都是用来测量体积流量的,但在许多场合,需要测量质量流量。

目前基本上有两种方法实现质量流量测量:

直接测量质量流量 Q_m:敏感元件直接感受流体的质量流量,如角动量式流量计、热式质量流量计等。

间接测量质量流量 Q_m:通过测量体积流量、流体密度或流体的压力和温度计算出质量流量。下面介绍两种质量流量计的测量原理。

(1) 热式质量流量计

在管道中放置一热电阻,如果管道中流体不流动,且热电阻的加热电流保持恒定则热电阻的阻值就为定值。当流体流动时,引起对流热交换,热电阻的温度下降,若忽略热电

阻通过固定件的热传导损失,则热电阻的热平衡为:

$$I^2R = K\alpha S_k(t_k - t_f) \tag{3-54}$$

式中 I——热电阻的加热电流,A;
　　R——热电阻阻值,Ω;
　　K——热电转换系数;
　　α——对流热交换系数;
　　S_k——热电阻换热表面积,m²;
　　t_k——热电阻温度,K;
　　t_f——流体温度,K。

当流体流速小于 25m/s 时热流交换系数为:

$$\alpha = C_0 + C_1\sqrt{\rho v} \tag{3-55}$$

式中 C_0、C_1——系数;
　　ρ——流体的密度,kg/m³;
　　v——流体流速,m/s。

将式(3-55)代入式(3-54)得:

$$I^2R = (A + B\sqrt{\rho v})(t_k - t_f) \tag{3-56}$$

式中 A、B——系数,由实验确定。

由式(3-56)可见,ρv 是加热电流 I 和热电阻温度的函数。当管道截面一定时,由 ρv 就可得质量流量 Q_m。因此,可以使加热电流不变,而通过测量热电阻的阻值来测量质量流量,或保持热电阻的阻值不变,通过测量加热电流 I 来测量质量流量。

热电阻可用热电丝或金属膜电阻制成,热式质量流量计常用来测量气体的质量流量。

(2) 间接测量质量流量

1) 体积流量计加密度计

利用体积流量计测出体积流量,利用密度计测出流体密度,计算得质量流量。

由于质量流量为:

$$Q_m = \rho Q_v \tag{3-57}$$

因此,用密度计测量流体的密度 ρ,用体积流量计测量体积流量 Q_v,按式(3-57)计算出质量流量 Q_m。

2) 体积流量加温度压力补偿

质量流量为密度和体积流量的乘积。对于不可压缩的液体而言,其体积几乎不随压力的变化而变化,但却随温度的变化而变化,密度和温度的关系为:

$$\rho = \rho_0[1 - \beta(T - T_0)] \tag{3-58}$$

式中 ρ——温度为 T 是液体的密度,kg/m³;
　　ρ_0——温度为 T_0 时液体的密度,kg/m³;
　　β——被测液体体积膨胀系数。

因此,质量流量为:

$$Q_m = Q_v\rho_0[1 - \beta(T - T_0)] \tag{3-59}$$

即测出体积流量,测出温度差,就可计算出质量流量。

对于气体而言，它的体积随压力、温度的变化而变化，气体密度的变化，可按理想气体状态方程计算，即：

$$\rho = \rho_0 \frac{pT_0}{p_0 T} \tag{3-60}$$

式中 ρ_0——p_0、T_0 时气体的密度，kg/m^3；

ρ——p、T 时气体的密度，kg/m^3。

因此质量流量为：

$$Q_m = Q_v \rho_0 \frac{pT_0}{p_0 T} \tag{3-61}$$

因此测出气体的压力、温度及体积流量，即可计算出质量流量。

3.2.2.8 叶轮式流量计

叶轮式流量计属于速度式流量计，其原理和水轮机相似，用流体冲击叶轮或涡轮旋转，转速与瞬时流量成正比，一段时间内的转数与该段时间累计总流量成正比。由于靠流体的流速工作，故有"速度式"之称。

（1）家用自来水表

家用自来水表就是典型的叶轮式流量计，其用途只在于提供总用水量，以便按量收费。自来水表的结构如图 3-42 所示，自进水口 1 流入的水经筒状部件 2 周围的斜孔，沿切线方向冲击叶轮 3，叶轮轴经过齿轮逐级减速，带动各个十进位指针以指示累计总流量。齿轮装在壳体 4 内，此后水流再经筒状部件各排孔 5，汇总至出水口 6。流量指示部分处于水中的称为湿式水表，处于空气中的称为干式水表。湿式水表不需要密封水，结构简单，机械阻力小，适用于测量小流量。为了减少磨损，叶轮及各齿轮都采用较轻而耐磨的塑料制造，这样也避免了元件的锈蚀。

叶轮式自来水表比较简单、价廉，但精度不高，一般只有 2 级左右。从外观看，冷水表壳为蓝色，热水表壳为红色。小口径自来水表的外形如图 3-43 所示。

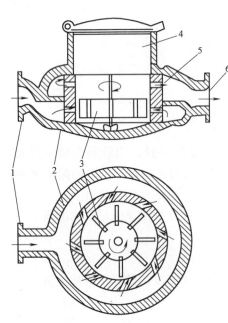

图 3-42 自来水表结构
1—进水口；2—筒状部件；3—叶轮；
4—壳体；5—孔；6—出水口

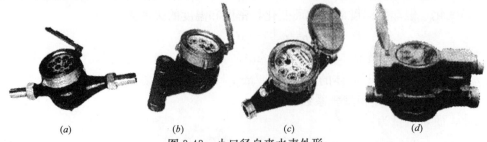

图 3-43 小口径自来水表外形
(a) 冷水表；(b) 立式水表；(c) 热水表；(d) IC 卡预付费水表

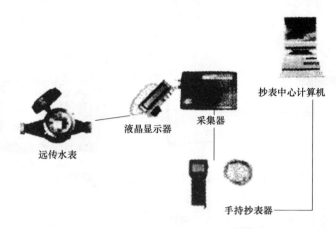

图 3-44 水表户外计量系统

(2) 水表户外计量系统（见图 3-44）

1) 工作原理

数据采集器通过电缆线对远传表具的传感信号进行采集，通过手持抄表器抄读数据后，导入计算机，可以通过计算机对用户数据和信息进行处理，打印出单据；并可实现手持抄表器与自来水公司中心计算机进行数据交换和共享，利用计算机对数据进行有效管理。

2) 系统特点

系统采用"双信号采样"，数据准确、可靠。

系统对各用户表实时管理，记录报警信息（短路、断路、强磁干扰）。

系统采用 220V 交流电供电，配有后备电池，保证停电后 48h 内正常工作。

系统应具有防雷电、防短路及自动恢复功能。

系统应设计合理，工艺性好，采取防湿防尘措施，确保采集器能长期可靠的工作。

系统的抗干扰能力要强，可实现 1200m 范围内的信号传输。

(3) 公共用水管理系统

1) 系统简介 公共用水管理系统用于精确计量公共场所（如浴室、学生宿舍、病房、食堂、洗衣房、供水间等）的用水量。

2) 系统组成 公共用水管理系统由控制器、冷（热）水表、射频卡、分线盒组成，控制器通过电缆、分线盒与冷（热）水表相连。冷（热）水表均配备高性能计量基表和电磁阀，可分别对冷水和热水进行计量、控制。

3) 典型应用

学生宿舍：一表多卡，一表多卡的连接如图 3-45 所示。

公共浴室：多表多卡。将冷水和热水分表分别安装到冷、热水管上，然后将控制器安装到水龙头附近或其他方便用户使用的位置。多表多卡系统连接安装如图 3-46 所示。

3.2.3 热流检测常用测量仪表

目前研究和使用的热流计主要以传导热流计和辐射热流计为主。首先介绍几种传导热流计。

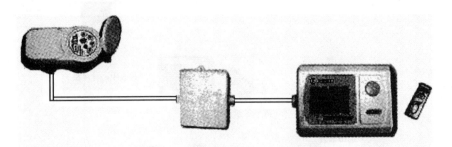

图 3-45 一表多卡系统连接安装示意图

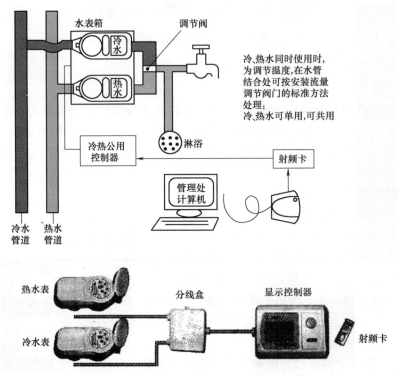

图 3-46 多表多卡系统连接安装示意图

3.2.3.1 辅壁式热流计

辅壁式热流计(也叫 Schmit 热流计或热阻式热流计)是一种传导热流计,在节能技术中经常被使用,主要用于工业设备、建筑节能检测和管道热量损失的监测和控制。

辅壁式热流计的传感器为由某种材料制成的薄基板,其基本形式是一种薄片状的探头,如图 3-47 所示。有很多热电偶串联而成的热电堆布置在薄片的上下表面内,并用电镀法制成,表层有橡胶制成的保护层,如图 3-47 所示。

测量时,将热流计薄片贴于待测壁面,当传热达到稳定后,待测壁面的散热热流将穿过热流计探头,热流计的热电堆测出热流计探头上下两面产生的温差。这个温差使装在基板内的热电堆产生一定的热电势 E,热电势与温差存在着函数关系:

$$E = e_0 n \Delta t \tag{3-62}$$

式中 E——热电势;

e_0——热电偶的热电系数；

n——热电偶对数；

Δt——热流计上下两面产生的温差。

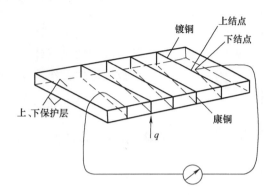

图 3-47 辅壁式热流计探头

则流过平板的热流密度为：

$$q = \frac{\lambda}{\delta}\Delta t = \frac{\lambda E}{\delta e_0 n} = CE \tag{3-63}$$

式中　q——热流密度，W/m²；

λ——平板的导热系数，W/(m·K)；

δ——平板的厚度，m；

C——热流计探头输出系数，$C = \frac{\lambda}{\delta e_0 n}$。

输出系数的含义是：当垂直通过热流计探头的热流密度大小为 C（W/m²）时，探头产生 1mV 的电势。C 值越小则热流计探头的灵敏度越高，它主要取决于制造传感器的材质、结构和尺寸，当探头制成后即为确定的常数。

3.2.3.2 温差式热流计

温差式热流计也属于传导性热流计，其测试原理是：利用测定某等温面的瞬时温度梯度来确定穿过等温面的热流密度。根据傅立叶导热定律，有：

$$q = -\int_S \lambda(t) \left(\frac{\partial t}{\partial n}\right)_{(S,\tau)} dS \tag{3-64}$$

式中　λ——等温面 S 处材料的导热系数，W/(m·℃)；

$\left(\dfrac{\partial t}{\partial n}\right)_{(S,\tau)}$——等温面 S 微元面积 dS 处 τ 时刻的温度梯度。

对时间积分，则穿过等温面的总热量为：

$$Q = -\int_0^\infty \int_S \lambda(t) \left(\frac{\partial t}{\partial n}\right)_{(S,\tau)} dS \cdot d\tau \tag{3-65}$$

实际测量时，温度梯度是通过连接试样容器和恒温热接受体的导热层的两个等温面之间的温差来确定。

图 3-48 所示是一种简易的温差式热流计，它具有足够的长径比和良好的对称性，量热器的水温保持恒定，那么在半径 r 处的圆柱面将是等温面，则温度梯度可近似地通过半

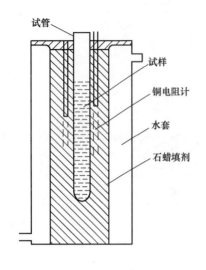

图 3-48 温差式热流计

径 r 邻近处的两个小间距等温面的关系求得，即：

$$\left(\frac{\partial t}{\partial n}\right)_{(S,\tau)} = \left(\frac{\partial t}{\partial n}\right)_{(r,\tau)} \approx \left(\frac{t_2-t_1}{r_2-r_1}\right)_{(r,\tau)} = -\left(\frac{\Delta t}{\Delta r}\right)_{(r,\tau)} \quad (3\text{-}66)$$

式中 $\Delta t = t_2 - t_1$，且 $r_2 > r_1$，$t_1 > t_2$，所以：

$$Q = \int_0^\infty \int_S \lambda_{(t)} \left(\frac{\Delta t}{\Delta r}\right)_{(r,\tau)} \mathrm{d}S \cdot \mathrm{d}\tau \quad (3\text{-}67)$$

对于确定的热流计，Δr 是固定的，夹层材料的导热系数可近似看作不变，则有：

$$Q = \frac{\lambda}{\Delta r}\int_S \mathrm{d}S \cdot \int_0^\infty \Delta t_{(r,\tau)} \mathrm{d}\tau = KA \quad (3\text{-}68)$$

式中 K——仪器常数，$K = \dfrac{\lambda}{\Delta r}\int_S \mathrm{d}S$；

A——待测，$A = \int_0^\infty \Delta t_{(r,\tau)} \mathrm{d}\tau$；

Δt——可以由温差热电堆检测得到。

而 A 就是温差的变化曲线与时间轴所围成的面积，如图 3-49 所示。

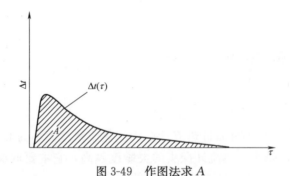

图 3-49 作图法求 A

由于温差式热流计依据瞬态测量原理，试样容器及导热层对热流测量值产生影响。在测量过程中，热接受体一直维持恒温 t_0，如果试样和试样容器满足集总热容的假定，导热层的热容足够小，可忽略不计，试样的反应热功率可表示为：

$$W = K\Delta t + C\frac{\mathrm{d}T}{\mathrm{d}\tau} \quad (3\text{-}69)$$

式中 K——仪器常数；

Δt——热电堆记录的温差，K；

C——包括试样和试样容器的有效热容，J/(kg·K)；

T——试样的平均温度，K；

τ——时间，s。

其总热量 Q 可从时间 $0 \sim \infty$ 积分获得，即有：

$$Q = \int_0^\infty W\mathrm{d}\tau = K\int_0^\infty \Delta t\mathrm{d}\tau + C(T_\infty - T_0) \quad (3\text{-}70)$$

若初始时刻温度 T_0 与终止时刻温度 T_∞ 相等，则 Q 仍与式（3-68）相同。

3.2.3.3 探针式热流计

在热流测量过程中，辅壁式热流计在很多特殊场合难以发挥作用，为了进行热流量的监测，出现了一些专用热流计。例如，对于高热通量的射流传热热流的测量，则采用了探针式热流计。图 3-50 所示是一种典型的稳态法热流探针结构，在稳态法测量中，采用水冷量热探针确定探针表面处输入的热流密度。测量装置由外圈环形水冷壁及中心水冷圆柱探针两部分组成，两种之间绝热绝缘，测量时，当冷却水

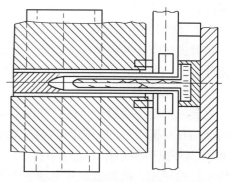

图 3-50 典型的稳态法热流探头

温度升到稳定状态后，根据热量平衡得到探针轴线处的平均热流密度。如果将探针放置在热流的不同径向位置处，就可得到热流密度的径向分布。

这种测量方法的缺点是要求射流必须在相当长的时间内稳定运行；探针和量热器的结构比较复杂，常造成许多问题。优点是实验数据的处理简单；引起测量结果误差的因素较少。

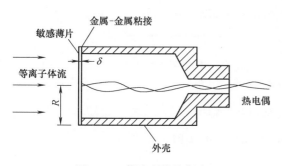

图 3-51 薄壁型热流探头

图 3-51 所示是一种测量电弧等离子体射流的传热热流的薄壁型热流探针结构，它通过测量探针敏感元件背部热电偶的温度随时间变化曲线来求出敏感元件前端面处的局部热流密度，使探针在垂直射流轴线的方向上作横向扫描，就可得到射流的局部热流密度的径向分布。

图 3-52 所示是另一种动态热流探针，它在探针中心处安放了一个小圆柱，小圆柱周围绝热，而后表面用水冷却，在小圆柱内部靠近前表面的位置安装了一内置热电偶。在热流探针暴露于射流的初始阶段，可认为感温圆柱的后表面温度恒等于冷却水温度，根据内置热电偶的指示温度，利用一维非稳态导热方程数值解反推出圆柱前端的输入热流。

这种测量方法的特点是：
1) 探针结构简单，反应灵敏；
2) 测量时间短；
3) 对高能流密度场合的测量可采用一次性探针；
4) 外部数据采集需要连接计算机，并且需要计算才能求得结果；
5) 误差分析比较复杂，影响因素

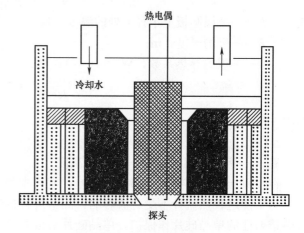

图 3-52 内置热电偶型热流探头

较多。

3.2.3.4 辐射式热流计

辐射式热流计的种类很多，就其测试原理来区分，可分为稳态辐射热流计和瞬态辐射热流计两类，下面分别进行简单介绍。

(1) 2π 辐射计

它是一种稳态辐射热流计，如图 3-53 所示，其探头是用不锈钢制成的，在不锈钢探头的前端有一椭圆形腔，椭圆的两个焦点处分别为小孔和检测器。辐射热流从立体角为 2π 的球面外投射到小孔，通过小孔，经过反射到达检测器。检测器把接收的热量沿连接杆传至杆的尾端，检测器和杆尾端的温度由缠在杆上并焊于杆两端的铜-康铜差分热电偶对测出。利用热电偶的输出值与辐射热流量之间的关系即可求得辐射热流量。

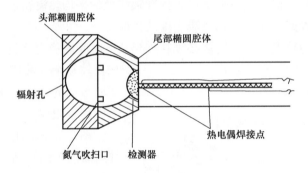

图 3-53 2π 辐射热流计

这种辐射热流计一般用于测定高温炉膛不同深处的辐射热。

(2) 板状探头辐射计

这种热流计的探头制成板状或片状，如图 3-54 所示，把一块圆形金属板嵌在一个质量较大的铜套上，铜套的周围用冷却水维持等温。金属板与铜套同心，表面涂黑。金属板上接受到的热量传给铜套，假设没有对流与辐射热损失，那么在圆板半径 r 处的小圆面的热平衡方程为：

$$\pi r^2 q = 2\pi r \delta \lambda \frac{dT}{dr} \tag{3-71}$$

式中 T——金属圆板上半径 r 处的温度，K；

δ——板的厚度，m；

λ——板的导热系数，W/(m·K)；则：

$$q = 4\frac{\delta\lambda}{R^2}\Delta T = K\Delta T \tag{3-72}$$

式中 $K = 4\frac{\delta\lambda}{R^2}$；

$\Delta T = T_1 - T_0$；

T_1——板中心温度，T_0——铜套温度。

在金属板中心与铜套底部测出温差，就可求得热流密度。

为了使这种热流计不受对流影响，测量纯粹的辐射热流，通常在康铜板前安装只有很好热透射性的单晶硅片作保护，单晶硅片对波长 $1.1 \sim 7\mu m$ 之间的透射率为 56%~59%，而且几乎不变，其余约 40%左右的能量被反射掉。

(3) 柱塞状总热流计

在许多实际情况下，对流热流和辐射热流难以分开，这就需要一种测量对流热流和辐射热流总和的热流计。如图 3-55 所示，热流计的检测器是采用不锈钢制成的圆柱形塞子，它的前端是许多同心圆锯齿形槽，并涂成黑色，以便更多地吸收辐射热流，外面有用以防止散热的保护套，后端用水冷却。在柱塞靠前端和后端的轴心上，分别安装两支热电偶，用以测量检测器两端的温差。

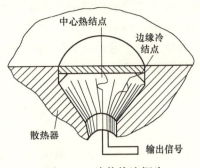

图 3-54 片状热流探头

在测量时，柱塞前端面获得对流和辐射的总热流，并沿着柱塞轴向传给后面的冷却水，因为柱塞有热阻存在，所以柱塞两端存在温差，其大小与通过柱塞的热流有关，只要标定温差与热流的关系，就可得到被测的总热流。

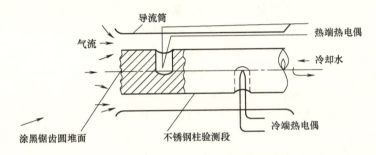

图 3-55 柱塞状总热流计

(4) 瞬态辐射热流计

瞬态辐射热流测试根据测试原理不同又可分为集总热容法和薄膜法。

图 3-56 所示是中国科技大学程曙霞、葛新石等设计的一种测定太阳辐射强度的直射仪结构。集总热容法使用一面涂黑的银盘或铜片作感受体，它与支座绝热，支座腔（恒温腔）由水冷腔或大热容铜套制成。对于受热的银盘或铜片可写出热平衡方程：

$$\alpha IA = mC_p\left(\frac{dT}{d\tau}\right)_h + h \times 2A\Delta T \tag{3-73}$$

式中 A——银盘或铜片的面积，m；

m——质量，kg；

C_p——比热容，J/(kg·K)；

$\left(\dfrac{dT}{d\tau}\right)_h$——温升速率，K/s；

h——银盘或铜片对外界的换热系数；

ΔT——银盘或铜片对环境的温差，K；

I——太阳辐射强度，W/m²；

α——银盘或铜片表面的吸收率。

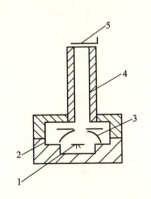

图 3-56 太阳辐射直射仪
1—铜片感受件；2—恒温腔；
3—反射罩；4—直射光筒；
5—挡板快门

薄膜法的目的是计量感受件的热容，使之获取的热量只和感受件与周围接触体的温差有关。基于这种原理制成的薄膜辐射热流计的薄膜探头非常薄，并且用对温度敏感的电阻薄膜沉积在绝缘的物体上（通常是石英或玻璃）制成。热辐射透过玻璃传到薄膜表面时，表面被加热并向周围传热，薄膜的温度随透射辐射和传递热量的变化而变化，其电阻也因之而变化。由于这种变化的响应非常快，且受热量与温度之间并非线性变化关系，一般需要用计算机来计算。

3.3 检测设备的调整、标定与检定

任何检测设备在使用前都要进行调整和标定以及按照检定规程对设备进行检定，但调整、标定和检定是有本质的差别，主要表现为：

1) 调整、标定是仪器设备检定前（或使用前）的调整和校准，它可以是对单个仪表进行调整和标定，也可以是对整个检测系统或检测装置进行调整和标定，而检定是对单个检测仪表进行检定。

2) 调整和标定所进行的工作是个人行为，所提供的数据仅供参考，而检定是按照计量检定规程规定的计量性能要求、技术要求、环境条件要求和检定方法进行，它具有法律效力，所出具的报告数据，任何单位和个人都必须认可。

3) 调整、标定一般是对仪表的主要技术指标进行粗略的查对，其目的是为了检查仪表存在的故障，为仪表检修提供可参考的信息，所以一般项目都比较少，方法也比较简单，对环境条件要求比较低。但检定必须符合检定规程的要求，检定结果必须按照规定的方法进行处理。

4) 调整、标定的人员只要具备相关专业方面的知识，懂得对仪表调整和标定的方法就可以了。而检定的工作人员必须经过上级授权的计量部门对他们进行专业技术培训并考试合格，获得法定计量部门颁发的计量人员上岗证，才能进行检定工作。

虽然调整、标定和检定是有着本质的区别，但在实际使用中周期的检定是必不可少的。同样在检修中的调整、标定也是不可缺少的。

3.3.1 温度检测仪表的标定与校验

温度检测仪表属于计量器具，在节能检测中频繁使用，由于使用环境等影响，可能失去原有的精度，从而影响到量值的准确性，给检测带来损失。因此必须对各类温度检测仪表进行周期性检定。

3.3.1.1 玻璃管液体温度计的检定

玻璃管液体温度计根据分度值和测量范围的不同分为精密温度计和普通温度计，如表3-17所示。

温度计的分度值及测温范围　　　　表3-17

	精密温度计		普通温度计	
分度值（℃）	0.1，0.2	0.5，1	0.5，1	2，5
温度范围（℃）	−60～300	300～500	−100～300	−30～600

玻璃管液体温度计的检定是按国家检定规程 JJG 130—2004 的要求进行的。检定时用二等标准温度计（水银温度计、汞基温度计、二等标准铂电阻温度计及配套电测设备）或

标准铜—康铜热电偶及配套电测设备，用比较法在表 3-18 中规定的恒温槽内进行。

检定温度计用恒温槽或恒温装置 表 3-18

设备名称	温度范围(℃)	精密温度计用温度均匀性		普通温度计用温度均匀性		温度稳定性 $(10min)^{-1}$
		工作区域最大温差				
恒温槽或恒温装置	$-100\sim<-30$	0.05	0.10	0.20	0.10	±0.05
	$-30\sim100$	0.02	0.04	0.10	0.05	±0.02
	$>100\sim300$	0.04	0.08	0.20	0.10	±0.05
	$>300\sim600$	0.10	0.20	0.40	0.20	

玻璃管液体温度计应在规定条件下检定。玻璃管液体温度计露出液柱的温度修正。在特殊条件下检定应按表 3-19 中的公式进行修正。

特殊条件下对玻璃管液体温度计的修正 表 3-19

温度计类型	规定条件	特殊条件及示值修正	
		特殊条件	示值修正公式
全浸温度计	露出液柱长度应不大于15mm	局浸使用	$\Delta t = K_n(t-t_1)$ $t^* = t + \Delta t$
局浸温度计	露出液柱环境温度符合检定规程规定	露出液柱环境温度不符合规定	$\Delta t = K_n(t_0-t_1)$ $t^* = t + \Delta t$

注：Δt——露出液柱的温度修正值；
  K——温度计中感温液体的视膨胀系数（水银：0.00016，酒精：0.00103，煤油：0.00093），$℃^{-1}$；
  n——露出液柱的长度在温度计上相对应的温度数，℃；
  t_0——规定露出液柱的环境温度，℃；
  t_1——辅助温度计测出的露出液柱环境温度（辅助温度计放在露出液柱的下部 1/4 位置上，应与被检温度计充分热接触），℃；
  t——被检温度计温度示值，℃；
  t^*——被检温度计修正后的温度值，℃。

玻璃管液体温度计的检定方法如下：

玻璃管液体温度计的检定分为首次检定、后续检定和使用中的校准。首次检定是出厂检定，后续检定是仪表使用中的周期检定。首次检定的项目较多，要完全按检定规程规定的项目检查，后续检定可不作示值稳定性的检定，而使用中的校准一般只校准示值误差。

玻璃管液体温度计的检定点及间隔如表 3-20 所示。

温度计检定点间隔 表 3-20

分 度 值	检定点间隔	分 度 值	检定点间隔
0.1	10	0.5	50
0.2	20	1,2,5	100

当按上表所选择的温度计的检定点少于 3 个时，则应对下限、上限和中间任意点进行检定。后续检定的温度计也可根据用户要求进行校准或测试。首次检定的温度计要对两个

规定检定点间的任意点进行抽检，其示值误差应符合全浸和局浸温度计示值误差限的规定。

玻璃管液体温度计的检定周期一般不超过一年，也可以根据使用情况确定。经检定合格的温度计应发给检定证书；检定不合格的温度计发给检定结果通知书，并注明不合格项目。如按用户要求对温度计某些温度点进行校准或测试，应发给校准证书或测试证书。

3.3.1.2 双金属温度计的检定

双金属温度计的检定按照国家计量检定规程 JJG 226—2001 进行。

（1）检定的标准仪器和设备

检定双金属温度计的标准仪器根据被检仪表的测量范围可分别选用二等标准水银温度计、标准汞基温度计、标准铜-铜镍热电偶和二等铂电阻温度计。

检定双金属温度计的配套设备主要有恒温槽、冰点槽、5～10 倍的读数放大镜、读数望远镜和 10V 或 50V 的电阻表。

（2）检定的环境条件要求

双金属温度计的检定应在 15～35℃，相对湿度不大于 85% 的环境条件下进行。并要求所有标准仪器和电测设备工作的环境应符合其相应规定的条件。

（3）检定的项目

双金属温度计检定的项目主要有：外观、示值误差、角度调整误差、回差、重复性、设定点误差、切换差、切换重复性、热稳定性、绝缘电阻等。

（4）检定方法

双金属温度计的检定同样分为首次检定、后续检定和使用中的校准，首次检定是出厂检定，后续检定是仪表使用中的周期检定，首次检定的项目较多，要完全按检定规程规定的项目检查，后续检定可不作示值稳定性的检定，而使用中的校准一般只校准示值误差。检定时根据检定的项目按照国家计量检定规程 JJG 226—2001 中所述的方法进行，在此不再详述。

（5）检定结果的处理

经检定合格的温度计发给检定证书；不合格的温度计发给检定结果通知书，并注明不合格项目。

双金属温度计的检定周期可根据使用情况确定，一般不超过一年。

3.3.1.3 压力式温度计的检定

压力式温度计的检定应按照国家计量检定规程 JJG 310—2002 的要求进行。

（1）检定的标准仪器和设备

压力式温度计检定所需要的标准仪器有：二等标准水银温度计、标准汞基温度计或满足准确度要求的其他温度计。

其他辅助设备有：恒温槽、酒精低温槽、冰点槽、5～10 倍的读数放大镜、500V 的绝缘电阻表。

（2）检定时的环境要求

压力温度计在检定时环境温度应控制在 15～35℃，相对湿度不大于 85%。

（3）检定项目

压力温度计检定的项目主要有：外观、示值误差、回差、重复性、设定点误差、切换差、绝缘电阻等。

(4) 检定方法

压力式温度计的检定同样分为首次检定、后续检定和使用中的校准，首次检定是出厂检定，后续检定是仪表使用中的周期检定，首次检定的项目较多，要完全按检定规程规定的项目检查，后续检定可不作示值稳定性的检定，而使用中的校准一般只校准示值误差。检定时根据检定的项目按照国家计量检定规程 JJG 310—2002 中所述的方法进行，在此不再详述。

(5) 检定结果的处理

经检定合格的温度计发给检定证书；不合格的温度计发给检定结果通知书，并注明不合格项目。

压力式温度计的检定周期可根据使用情况确定，一般不超过一年。

3.3.1.4　热电式温度传感器的检定

热电式温度传感器包括热电偶温度计和热电阻温度计，它们都有各自的检定规程。由于这类仪表的种类较多，应用范围较广，检定方法也各不相同。这里只以《标准铂铑10-铂热电偶》JJG 75—1995 的检定为例进行介绍。

(1) 检定所用的标准仪器和配套设备

所用的标准仪器为：比被检定热电偶高一等级的标准热电偶。

配套设备有：电测设备、比较法分度炉、退火炉、热电偶转换开关、冰点恒温器、热电偶通电退火装置和热电偶焊接装置等。

(2) 检定方法

1) 外观检查

按照 JJG 75—1995 中的要求进行外观检查。

2) 检定前的准备

被检热电偶必须按规定进行清洗、退火和稳定性检查。

3) 将标准热电偶和被检热电偶用铂丝捆成一束（总数不超过 5 支），同轴置于分度炉内，要求插入恒温箱深度相同，约为 100~150mm。

4) 分度检定

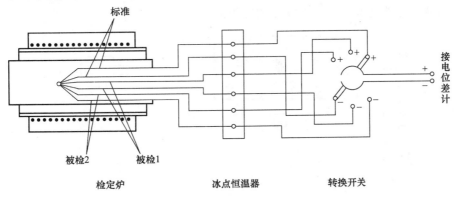

图 3-57　双极法分度原理图

被检热电偶在锌（419.527℃）、铝（660.323℃）或锑（630.63℃）、铜（1084.62℃）3 个固定点温度附近分度。分度时炉温偏离固定点不超过±5℃。

双极法是最基本的比较分度法，适用于检定各种型号热电偶，其分度原理如图 3-57 所示。

检定时，把炉温升到预定的分度点，保持数分钟，使热电偶的测量端达到热平衡，当观测到炉温变化小于 0.1℃/min 时，即开始测量。

5）检定结果的处理

用比较法检定热电偶时，被检热电偶在各固定点上的热电势，$E_{被}(t)$ 采用下式进行计算：

$$E_{被}(t) = E_{标证}(t) + \Delta e(t) \tag{3-74}$$

式中 $E_{标证}(t)$——标准热电偶证书中固定点上的热电动势，mV；

$\Delta e(t)$——检定时测得的被测热电偶和标准热电偶的热电动势平均值的差值，mV。

双极法标定时，有：

$$\Delta e(t) = \overline{E}_{被}(t) - \overline{E}_{标}(t) \tag{3-75}$$

式中 $\overline{E}_{被}(t)$——检定时测得被检热电偶的热电动势的平均值，mV；

$\overline{E}_{标}(t)$——检定时测得的标准热电偶的热电动势的平均值，mV。

国家计量规程 JJG 75—1995 中检定热电偶除双极法以外，还有同名极法和微差法，这里不再详述。

标准铂铑 10-铂热电偶的检定周期为一年。

3.3.1.5 光学高温计的校准

光学高温计是非接触式测温仪表，在使用过程中，由于内部零件的变形、光学零件位置的改变等原因都将不同程度地影响光学温度计的测量精度，为了保证其测量的准确性，必须定期对光学温度计进行校准，工业用光学高温计的校准，一般采用下列两种方法：

（1）用中、高温黑体炉进行校准

这是一种利用人造黑体腔中间置一靶作为过渡光源，如图 3-58 所示，在靶的一端放置铂铑 10-铂标准热电偶作为标准温度测量，另一端放置被测光学高温计。当炉温升到标准点温度时，用直流电位差计测出标准热电偶的热电势，其对应的温度与光学高温计示值之差，即为被检光学高温计在该温度点的修正值。

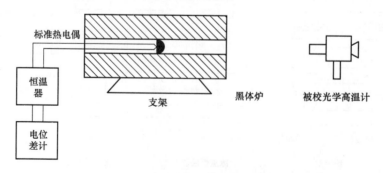

图 3-58 用黑体炉校准光学高温计示意图

(2) 用标准温度灯进行校准

这是一种普遍采用的校准工业用光学高温计的方法。它是用被检光学高温计检定装置与上一个标准温度的灯泡亮度比较,从而确定光学高温计的误差。

3.3.1.6 全辐射温度计的检定

全辐射温度计的检定是按照国家计量检定规程 JJG 67—2003 进行的,主要包括首次检定和后续检定。

(1) 检定所需的标准仪器和配套设备

检定全辐射温度计根据温度测量范围不同而需用不同的标准温度计。通常选用的标准温度计有:标准玻璃管水银温度计、标准电阻温度计、标准热电偶和标准光电(学)高温计等。

检定全辐射温度计所需的配套设备有:测量全辐射温度计敏感器的电测装置、500V 的绝缘电阻表、检定工作台及米尺。

(2) 检定环境条件要求

检定全辐射温度计的环境条件为:环境温度为 18~25℃,相对湿度不大于 85%。

(3) 检定项目

全辐射温度计检定的项目主要有:外观及标志、光学系统、绝缘电阻、固有误差、重复性等项目。

(4) 检定方法

全辐射温度计的检定方法按照 JJG 67—2003 中规定的检定方法对所检项目进行检定,这里不再详述。

全辐射温度计的检定周期一般不超过一年。

3.3.2 流量检测仪表的校准与标定

标准节流装置及靶式流量计一般不需要通过实验刻度,除此之外,其他的流量检测仪表都需要通过实验进行标定。

3.3.2.1 流量标准装置

用水作为标准介质的流量标准装置称为水流量标准装置,国内外使用最为广泛的水流量标准装置为稳定压源的静态标准水流量标准装置。这种标准装置凭借高位水箱或稳压容器获得稳定压源。用切换器切换液流流动方向,以便某时间间隔内流经管道横截面的流体从流动中分割出来流入计量容器,由此得到标准体积流量的量值。图 3-59 所示是一种典型的重力式静态容积法水流量标准装置。

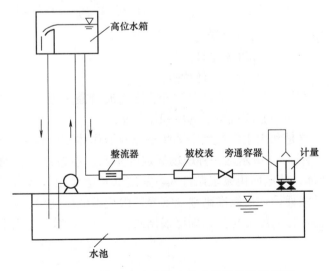

图 3-59 重力式静态容积法水流量标准装置简图

在系统开始时，首先用水泵向高位水箱上水，高位水箱内液面上升到高于溢流槽高度时，水会通过溢流管从溢流槽流入水池。从而保证试验管道中流体的总压稳定。开始工作时首先调整调节阀使水流达到所需的流量，待水流动达到完全稳定后，即可使用控制器将水导入计量容器，经过一段时间后再使用控制器将水导入旁通容器。记录控制器两次动作的时间间隔 Δt，并读出计量容器内流体的体积，便可由式（3-76）计算出体积流量标准值：

$$Q = \frac{\Delta V}{\Delta t} \tag{3-76}$$

式中 Q——流体流量，m^3/s；

　　　Δt——时间间隔，s；

　　　ΔV——计量容器内流体体积，m^3。

重力静态容积法水流量标准装置的精度一般可达 0.1%～0.2%或更高。

以气体为校准介质的流量标准装置称为气体流量标准装置。气体流量标准装置的量值除与气体体积、时间等参数有关外，还与气体的温度、压力等气体的物理性质有关，所以气体流量标准装置一般比液体流量标准装置复杂。气体流量标准装置的标定方法有PVTt法、气体钟罩计量器法等。

3.3.2.2 流量检测仪表的现场校准

虽然流量计在出厂时都进行了校准，但在实际使用中由于液体的性能不同使得与出厂标定存在一定的差别。另外，流量计在使用一段时间后也需要检修，或更换一些易损零件，因此需要现场对流量仪表进行校准标定。现场校准的方法有：

（1）流量比较法

流量比较法校准比较简单，它可以用同一类仪表来比较，也可用不同类型的仪表来比较。

流量计比较法只要在现场管道系统的适当位置安装一只标准流量计和一只被校流量计，在液体流动时读取二者的示值。确定二者的误差即可。

$$\delta = \frac{Q_2 - Q_1}{Q_1} \times 100\% \tag{3-77}$$

式中 δ——流量计误差；

　　　Q_1——标准流量计读数；

　　　Q_2——被校流量计读数。

在校准时，如能任意改变管道内流量最为理想，这样校准迅速，数据全面。

（2）利用现成容器的体积比较法

这是利用生产过程中某些现成容器作体积比较法来校准流量计。

图 3-60 所示是一种现场标定的实例。在校准时流量计的上游有一储存器，被测介质（液体）从地面由泵定期打入，从底部管道流出，经被校流量计后流出，储存器上装有一玻璃液面计，可以准确地观察容器内液面的变化量。在一段时间内读取流量计指示流量与容器液位高度变化量，即可根据式（3-78）计算出流量计的误差。

$$Q_1 = \frac{A \Delta h}{\Delta t} \tag{3-78}$$

式中 Q_1——实际流量，m^3/s；

A——储存器底面积,m^2;
Δh——储存期液面高度变化值,m;
Δt——间隔时间,s。

在校准时,要注意与容器连接的各管道系统,除了流过流量计的管道有液体流动外,其他管道必须关闭,否则会对测定结果产生影响。

3.3.2.3 电传转子流量计的调整与校准

流量计在使用一段时间后,由于各种原因会使差动仪的零位、检查点和刻度值发生变化,因此必须对流量计进行调整和校准。

(1) 零点的调整

管道中无流量,或浮子在最低位置时,当接通电源,差动仪的指针和记录笔应指在零位,否则应进行调整。

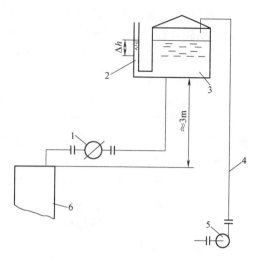

图 3-60 流量计现场标定实例
1—被校流量计;2—液位计;3—储存器;
4—管道;5—泵;6—出口

当零位出现微小变化时,可松动固定钢丝绳上的压板螺丝,移动记录笔架,或松动固定指针的螺丝,移动指针,使记录笔和指针均指在零位。如还达不到要求,应检查铁芯是否在差动变压器线圈的中间位置。用真空毫伏表测量发送器次级输出绕组电压,其电压应为零或符合该表出厂时的规定数值,否则调整发送器上的调整螺丝,直至符合要求为止。

指针与记录笔指示不相符时,可分别调整指针在指针轴上相对位置和记录笔上的调整螺丝,使二者指示相符。记录仪可调节指针在记录笔架上的位置,使其与记录笔一致。

(2) 检查点的调整

在差动仪运行中,为了检查指示是否正确,可按检查按钮,这时差动仪的指针和记录笔应指在标尺的70%处或检查标记处,如误差大于刻度上限1%时,必须进行调整。步骤如下:

1) 打开仪表表门,置检查开关于检查位置,转出主支架。
2) 拧松引杆固定螺钉。
3) 移动铁芯引杆,使指针停在"检查点"。
4) 拧紧引杆固定螺钉。

(3) 刻度的校准

现以 ECY 型显示仪表的电传转子流量计的刻度校准为例,其校准步骤如下:

1) 调整发送器线圈与铁芯的位置,用真空管毫伏表测量发送器内差动变压器输出信号为最小,这时差动仪指针应在60%处,如不在该处,则调整差动仪面板上的调零变压器的芯轴位置。当按下"检查"按钮时,调节差动仪动线圈下部的大螺帽,以调整线圈的位置使指针指在60%处,误差不大于±1%,直到按下"检查"按钮与放开"检查"按钮时指针都指在60%处为止。

2) 使发送器的铁芯处于零位,这时如指针不指在零位,则必须沿着差动仪内差动变压器上部杠杆滑槽,调节杠杆的长度,并多次重复步骤1),直至符合要求为止。

3）使发送器铁芯处于最大位置，指针应指在刻度上限，如果不对，可转动靠近平衡面凸轮的凸轮杠杆，以改变它对于轴的相对位置来调整。

4）上述调整还达不到要求时，可以更换凸轮或挫修凸轮的工作面。

5）上述几项需反复交错进行，直到完全符合为止。

(4) 仪表阻尼特性的调节

仪表在正常情况下，当被测流量突然变化时，差动仪指针最多摆动三次后就停在新的平衡位置。如果仪表指针接近平衡位置时出现多次摆动，就表明仪表欠阻尼，仪表放大器灵敏度太大；如仪表指针接近平衡状态时出现指针摆动缓慢，这表明过阻尼，仪表放大器灵敏度太小。这两种情况均需调整放大器的灵敏度。一般调整放大器上的灵敏度调节电位器即可。

3.3.2.4 电磁流量计的调整与校准

(1) 零位的调整

当管道内无流量时，显示仪表应指在零位，否则应按以下方法进行校正：

1）用真空管毫伏表接于仪表变送器的信号输出端，将变送器上干扰信号调节螺孔的螺钉旋出，用螺丝刀微调输入电位器，直至真空管毫伏表指示为最小，或与变送器出厂时的规定干扰电压相似。调好后，仍将密封螺钉旋紧，以保护变送器。

2）将变送器和显示仪表的外部连接线全部接好，接上电源，预热 15～30min，观察显示仪表的示值，如果指示不在零位，可调节显示仪表面板上的调零电位器，直到指示为零。

3）变送器的零位在安装好后已作调整，一般不再随便调整，当在运行中零位发生变化时，只要调节显示仪表上的调零电位器即可。

(2) 仪表刻度误差的校准与调整

电磁流量计的刻度误差校准是将水或其他被测液体通过变送器后注入标准容器，测得注满标准容器体积 V 和时间 t，再按下式求出流量的实际值。

$$Q=\frac{60V}{t}\ (\text{L/min}) \quad 或 \quad Q=\frac{3.6V}{t}\ (\text{m}^3/\text{h})$$

再以 Q 与仪表的指示值 Q_1 相比，按下式计算仪表的指示误差。

$$\Delta=\frac{Q_1-Q}{Q_2}\times 100\% \tag{3-79}$$

式中　Q——仪表实际值，m^3/s；

　　　Q_1——仪表指示值，m^3/s；

　　　Q_2——仪表的测量上限值，m^3/s；

　　　Δ——仪表的指示误差。

如果校准后发现仪表指示值超过仪表精度，可以改变信号发生器内用锰铜丝绕制的电阻值，使其指示误差达到要求。

(3) 变送器的调整

在一般情况下是不对变送器进行调整的，因为仪表在出厂前已进行过比较完善的调整，而在正常情况下工作，一般是不会发生什么问题的，故在日常工作中，仅对它做一些外观的检查和做一些必要的维护。

3.3.3 热流计的标定

热流计作为一种检测热流的仪表，其测量结果的准确性是它可否信赖的关键。热流计测头使用一段时间后，要进行标定。另外热流计测头在使用时，常常粘贴在被测物体的表面或埋设在被测物体内部，这都会影响被测物物体原有的传热状况。为了对这个影响有一个准确的估计，就要知道热流测头自身的热阻等性能，这需要在标定过程中加以确定。常用的标定方法有平板直接法、平板比较法和单向平板法三种。

3.3.3.1 平板直接法

平板直接法是采用测量绝热材料的保护热板式导热仪作为标定热流测头用的标准热流发生器。两个热流测头分别放在主热板两侧，再放上两块绝热缓冲块，外侧再用冷板夹紧。中心热板用稳定的直流电源加热，冷板是以恒温水套，如图 3-61 所示。

根据不同的工况确定中心加热器的加热功率和恒温水的温度，调整保护圈加热器的加热功率，使保护圈表面均热板的温度和中心均热板表面的温度一致，从而在热板和冷板之间建立起一个垂直于冷、热板面（也垂直于热流测头表面）的稳定的一维热流场。主加热器所发出的热流均匀垂直地通过热流测头，热流密度由式（3-80）求得：

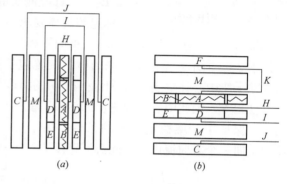

图 3-61 平板直接法
(a) 双平板；(b) 单平板

$$q = \frac{RI^2}{2A} \tag{3-80}$$

式中 q——计算热流密度，W/m^2；
A——中心热板的面积，m^2；
R——中心热板加热器电阻，Ω；
I——通过加热器的电流，A。

此时测出热流测头的输出电势 E，利用下式即可确定测头系数 C。

$$C = \frac{q}{E} \tag{3-81}$$

在标定时，应保证冷热板之间温差大于 10℃。进入稳定状态后，每隔 30min 连续测量测头和热缓冲板两侧温差、测头输出电势及热流密度。4 次测量结果的偏差小于 1%，且不是单方向变化时，标定结束。在相同温度下，每块测头应至少标定两次（第二次标定时，两块测头的位置应互换），取两次平均值作为该温度下测头标定系数 C。

3.3.3.2 平板比较法

如图 3-62 所示，平板比较法的标定装置包括热板、冷板和测量系统。

把待标定的热流计测头与经平板直接法标定过的测头作为标准的热流测头以及绝缘材料做成的缓冲块一起，放在表面温度保持稳定均匀的热板和冷板之间。热板和冷板用电加

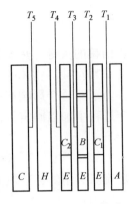

图 3-62 平板比较法

热或恒温水槽的形式控温。利用标准热流测定的系数 C_1、C_2 和输出电势 E_1、E_2，就可以算出热流密度 q，于是也就能确定热流测头系数。

$$C=\frac{q}{E}=\frac{C_1E_1+C_2E_2}{2E} \qquad (3-82)$$

式中 C——被标测头的系数，$W/(m^2 \cdot mV)$；
C_1、C_2——标准测头的系数，$W/(m^2 \cdot mV)$；
q——热流密度，W/m^2；
E——被标测头的输出电势，mV；
E_1、E_2——标准测头的输出电势，mV。

标定的具体要求与平板直接法相同。

3.3.3.3 单向平板法

如图 3-63 所示，单向平板法的标定装置包括热板、冷板和测量系统。单向平板法标定装置除了使中心计量热板 A 和保护板 B 的温度相等，还要使 A 底部的温度和背保护板下的温度相等，因此中心计量热板的热量不能向周围及底部损失，唯一可传递的方向是热流测头，保证了一维稳定热流的条件，由于热流只是向一个方向流出，因此热流密度为：

$$q=\frac{RI^2}{A} \qquad (3-83)$$

式中 q——计算热流密度，W/m^2；
R——中心热板加热器电阻，Ω；
I——通过加热器的电流，A；
A——中心热板的面积，m^2。

此时测出热流测头的输出电势 E，利用式（3-84）即可确定测头系数 C。

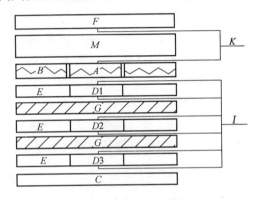

图 3-63 单向平板法

$$C=\frac{q}{E} \qquad (3-84)$$

3.4 热量测量仪表

3.4.1 热量表的工作原理及组成

传统的热量测量的方法是用流量计测量流体的流量，用温度计测量流体的进出温度，然后根据式（3-85）计算热量。

$$Q=\rho V c(t_g - t_h)/3600 \qquad (3-85)$$

式中 Q——供热量，W；
ρ——流体密度，kg/m^3；
V——流体的体积流量，m^3/h；

c——液体的比热容，J/(kg·℃)；
t_g——供水温度，℃；
t_h——回水温度，℃。

热量表的出现就很好地解决了传统检测方法的不足，热量表把流量表、温度计、数据处理系统三部分很好地结合在一起，其工作原理如图 3-64 所示，热量表工作时，在一定的时间内，其热量与进出水管的温差、流过热水的体积成正比。流过热水的体积通过流量计测出并通过变送器传给数据处理系统，进出水管温差通过安装在管道上的配对温度计测出并传给数据处理系统，数据处理系统根据流过流体的体积、温差进行时间积分，计算出热量的消耗并显示和记录。

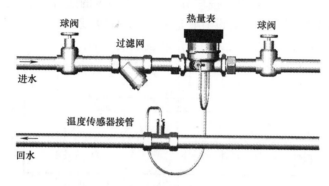

图 3-64 热量表工作原理示意图

3.4.2 热量表的类型

热量表按照结构形式可分为：机械式、超声波式、电磁式等。

机械式热量表的形式有整体式和组合式，如图 3-65 所示。

热量表的分类实际上是以流量计的类型不同而区分的，理论上可用于测量热水的流量计很多，但真正应用的主要有机械式和非机械式两类。机械式主要包括旋翼式和螺翼式；非机械式的有超声波式和电磁式等。

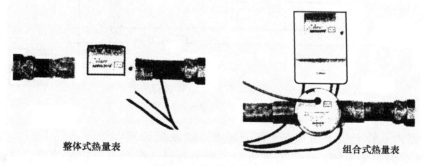

图 3-65 机械式热量表

3.4.2.1 机械式流量表

流量传感信号的传递不需要外部电源，不消耗电能；压力损失小，量程比大；安装维护方便；价格低廉。但是，必须适应 95℃ 以上工作需要，不可简单地用冷水表代之。

3.4.2.2 非机械式流量计

超声波流量计和电磁流量计都无机械转动元件,不易损坏,测量精度高,计量稳定可靠,但价格较高。

3.4.3 几种供热采暖系统热量测量

3.4.3.1 双管水平并联式采暖系统和单管水平串联跨越式采暖系统

随着住宅功能的提高和供热收费机制的改革,新建住宅可在主户外的楼梯间设管道井,室内管道设计成水平式。这样既便于按户计量,又便于按户控制,如图 3-66 和图 3-67 所示。

由图 3-66,图 3-67 可以看出,按户分环,一户一表的热计量方式,供热系统是设计成水平双管并联或单管串联形式且设有管道井。室内供热系统的投资相对要高一些,但这种分户计量符合我国国情,是今后大力推广和发展的方向。

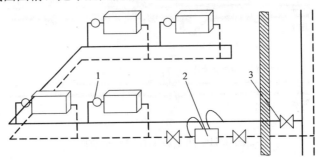

图 3-66 室内双管水平并联采暖系统
1—温控阀;2—热量表;3—锁闭阀

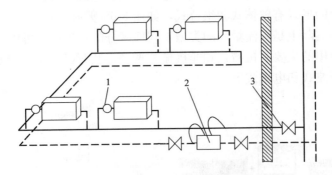

图 3-67 室内单管水平串联双管采暖系统
1—温控阀;2—热量表;3—锁闭阀

3.4.3.2 室内双管上供下回式安装热分配表采暖系统和室内单管上供下回式安装热分配表

传统的室内采暖系统,为了节省管材,避免双管系统因高层建筑的垂直失调,大多数为单管顺流系统,实行计量供热后,双管系统直接在散热器上加装温度控制阀和热分配表即可,而单管顺流系统需加装旁通管,改造为单管跨越式采暖系统。

由图 3-68,图 3-69 可以看出,热分配式的供热计量方法是在一栋楼或一个门栋入口安装一块热表,每个用户的散热器上安装热分配表的计量方法。我国老住宅大多采用这种

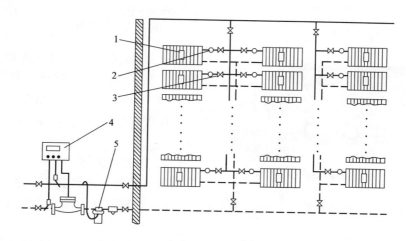

图 3-68 双管上供下回式装热量表采暖系统
1—热分配表；2—温控阀；3—锁闭阀；4—热能表；5—压差控制器

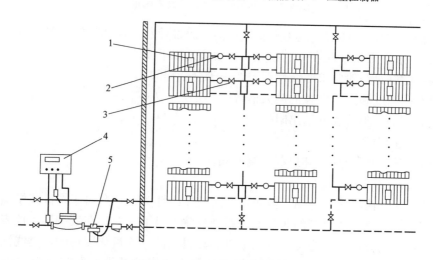

图 3-69 单管上供下回式装热量表采暖系统
1—热分配表；2—温控阀；3—锁闭阀；4—热能表；5—压差控制器

供热系统。

3.5 数据采集仪表

数据采集仪就是将在检测过程中传感器测量出的数据通过转换器储存到存贮元件的仪表。主要组成部分包括测量探头、转换器、导线、存贮元件、数据处理、显示器等。如图 3-70 是一台 64-256 路的数据采集器。

实现数字显示的基本过程是将连续变化的被测物理量（模拟量）通过 A/D 转换器先转换为与其成比例的断续变化的数字量，然后再进行数字编码、传输、存贮、显示或打印。一般来说，电量，特别是直流电压和频率易于实现数字化。因此，在使用中总是将各种被测参数先通过传感器（或变送器）转换为电信号，然后再送入数字仪表。

3.5.1 数字显示仪表

图 3-70 64-256 路铝制机箱采集器

数字显示仪表主要由前置放大器、A/D 转换器、非线性补偿、标度转换等几部分组成。其中 A/D 转换器、非线性补偿、标度转换的次序可以互换，其基本组成方案如图 3-71 所示。

3.5.1.1 前置放大器

被测参数经变送器变换后的信号一般只有毫伏数量级，而模/数转换器一般要求输入电压为伏级，所以必须采用放大器。

图 3-71 数字显示仪表的基本组成

由于前置放大器的性能直接影响整机指标，故设计制造性能良好的放大器是一个很重要的问题。一般用于数字仪表中的放大器必须满足以下要求：

1) 线性度好，一般要求非线性误差要小于全量程的 0.1%；
2) 具有高精度和高稳定性的放大倍数；
3) 具有高输入阻抗和低输出阻抗；
4) 抗干扰能力强；
5) 具有较快的反应速度和过载恢复时间。

3.5.1.2 非线性补偿

大多数感受件输出信号与输入被测量之间呈非线性关系。这对于指针式模拟显示仪表来说，只需将标尺刻度按对应的非线性关系划分就可以了。但是在数字显示仪表中，不可能用非线性刻度的方法，因为二、一、十进制数码是通过等量化取得的，是线性递增或递减的，所以要消除非线性误差，必须在仪表中加入非线性补偿。目前常用方法有非线性 A/D 转换法和数字式非线性补偿法。

3.5.1.3 标度变换

标度变换是指将数字仪表的显示值和被测原始物理量统一起来的过程。因为放大器输出的测量值与工程值之间往往存在一定的比例关系，因此，测量值乘上某常数后，才能转换成数字显示仪表所能直接显示的工程值，这个过程就是标度转换。

例如：采用 Cu100 作测温元件，温度每变化 1℃，其阻值变化 0.428Ω，测量值与被测值的关系不是一目了然，如有一恒定电流 2.34mA 通过这个电阻，则温度每变化 1℃，这个热电阻两端电压变化 1mV。这样测量值与被测物理量就统一起来了。

3.5.1.4 模数（A/D）转化器

A/D 转化器是数字显示仪表和计算机输入通道的重要组成部分。由于大规模集成电路技术的发展，A/D 转换器现多数已集成化。在 A/D 转换中必须有一定的量化单位使模拟量整量化，量化单位越小，整量化的误差就越小，数字量也就越接近模拟量本身的值。所以 A/D 转化器实际上是一个量化器。当其输入量为模拟信号 A，输出为数字信号 D

时，A/D 转化器的输出和输入关系为：

$$D = \frac{A}{R} \tag{3-86}$$

式中 A——模拟量；
D——数字量；
R——量化单位。

连续模拟量的范围很广，测量上有各种各样的物理量，常用电压—数字转换。电压—数字转换的方法有多种，按转换的过程可分为直接法和间接法。

直接法是直接由电压转换成数字量。只需要一套基准电压，使之与被转换电压进行比较，把电压转化为数字量，故又称为比较型 A/D 转换器，如逐位比较逼近型 A/D 转换器。

间接法是电压不直接转换成数字量，而是首先转换成一中间量，再由中间量转换成数字量。目前应用最多的是电压—时间间隔型 A/D 转换器和电压—频率型 A/D 转化器。

3.5.1.5 显示器

数字显示仪表要将测量和处理的结果直接用十进位制数的形式显示出来，所以许多集成显示器都包含二、一、十进制译码电路，将 A/D 转换器输出的二进制先转换成十进制，再通过驱动电路显示部分显示出十进制的测量结果。

数字显示器从原理上可分为发光二极管（LED）、液晶（LCD）和等离子显示器等。

数字显示器从尺寸上可分为小型、中型、大型和超大型 4 类。小型显示器用于电子手表一类的小型仪表中；中型显示器则用于常见的数字式仪表中；大型或超大型的数字显示器主要用于交通枢纽、文化场所等设施中。

3.5.2 巡测仪

随着建筑节能检测工作的广泛开展，热工检测的项目及数量相应增多，如果采用单一的检测仪表已经不能满足检测的需要。

数字巡回测量仪表（巡测仪）能够对多个热工测点进行巡回测量显示，实现仪表多用。数字巡测仪表的种类较多，有十几点到几十点的单一参数或多参数的小型数字巡测仪，也有几百点的大型巡测仪。各种巡测仪的基本组成是相同的，与单点数字显示仪表的不同之处就是在 A/D 转换器之前加了采样系统。采样系统包括采样脉冲源、采样控制电路、采样开关、采样保持器、点序显示等，如图 3-72 所示。自动采样时，采样控制电路在采样脉冲的作用下控制采样开关的动作，使相应的被测信号进入前置放大器；同时由点序显示电路显示点序。手动选点采样时，手动点序号，采样控制电路接收点序号控制采样开关，将被选参数送至 A/D 转换器。

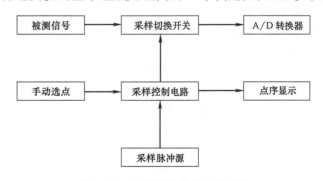

图 3-72 数字巡测仪的采样系统

常用数字巡测仪表见表3-21。

几种常见的巡检仪表　　　　表3-21

指标项目＼名称	WLR-C智能多点温度检测仪	WLR-C智能热水热量采集控制仪	温度与热流巡回自动检测仪	XMD混合可编程巡检仪
概述	本机可测量50路室内外温度、32路电势,可同时检测温度和热流,具有巡检、打印功能,需设冰瓶	本仪器为建筑物供热量和室温检测的专用仪表,可检测1路热量、流量及14路室温,可定时打印	本仪器可测量56路室内外温度,20路电势,冷端自动补偿,可同时检测温度和热流,具有巡检、打印功能	本仪表采用动态校零技术自动扣除温漂、时漂的影响。每路的量程、分度号等可分别设置,热偶、热阻混合可编程。可同时检测2～60点参数,随机有数据处理软件,配有RS232口
测量范围	−40～100℃ 0～±20mV	室温0～40℃ 水温0～100℃	−50～100℃ 0～±200mV	随输入信号与适配传感器不同而不同
误差	±0.2℃　±20mV	±0.2℃	±0.5℃　±0.1%	±0.5%FS±1字
分辨率	0.1℃		0.1℃　10μV	1℃
巡检点数	温度50路 电势32路	14	温度56路 电势20路	60路可任意设置
巡检周期	自定	自定	自定	自定
传感元件	铜-康铜热电偶、热流计	铂电阻	铜-康铜热电偶、热流计	热电阻(Pt100、Cu50、Cu100、Cu53、BA1、BA2);热电偶(E、K、T、EU-2);DC-mV、V、mA
选点方式	自动　手动	自动　手动	自动　手动	自动　手动
生产单位	哈尔滨建筑大学供热研究室	哈尔滨建筑大学供热研究室	中国计量科学研究院尼蒙公司	西安浐河自动化工程有限公司

参考文献

[1] 刘常满编著. 热工检测技术. 北京:中国计量出版社,2005
[2] 周作元,李荣先. 温度与流体参数测量基础. 北京:清华大学出版社,1986
[3] 赵国庆,陈永昌,夏国栋编. 热能与动力工程测试技术. 北京:化学工业出版社,2006
[4] 刘惠彬,刘玉刚编. 测试技术. 北京:北京航空航天大学出版社,1989
[5] 中国建筑业协会建筑节能专业委员会编著. 建筑节能技术. 北京:中国计划出版社,1996
[6] 黄长艺,严普强主编. 机械工程测试技术基础. 北京:机械工业出版社,1984
[7] 王智伟,杨振耀主编. 建筑环境与设备工程实验及测试技术. 北京:科学出版社,2004
[8] 甘肃省建设厅科教处主编. 建筑节能与新型墙材.
[9] 涂逢祥主编. 建筑节能. 北京:中国建筑工业出版社,2002
[10] 张东飞主编. 热工测量及仪表. 北京:中国电力出版社,2007
[11] 北京优采测控技术有限公司. http://www.addatech.net/indexa.htm

第 4 章 建筑材料导热性能检测

材料的导热系数（也称为热导率）是反映其导热性能的物理量，它不仅是评价材料热力学特性的依据，并且是材料在工程应用时的一个重要设计依据。建筑保温材料越来越广泛地应用于各种工程中，而这些材料具有一系列的热物理特性，在进行热工计算时，往往涉及到这些热特性，为使计算准确可靠，就必须正确地选择材料热物理指标，使其与材料实际使用情况相符，否则，计算所得到的结果与实际情况仍然会有很大的差异。材料的热物理特性受许多因素的影响，例如：材料的化学成分、密度、温度、湿度等，其中湿度对材料的影响很大，而在实际使用中，由于受气候、施工水分、生产和使用状况等各方面的影响，将会导致材料的保温性能下降。所以，在热工计算中必须考虑这个问题。为此，准确测定不同状态下材料的热物理特性有十分重要的意义。

目前检测材料导热系数的方法从大的方面来讲有两大类：稳态法和非稳态法，其中又有一些更细的方法，如图 4-1 所示。本章将介绍建筑材料导热系数常用的测试方法、实验装置和对试件的要求等内容。

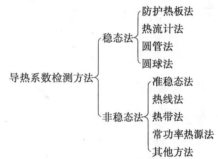

图 4-1 材料导热系数检测方法

4.1 防护热板法

防护热板法是运用一维稳态导热过程的基本原理来测定材料导热系数的方法，可以用来测定材料的导热系数及其与温度的关系。检测方法及装置、试样的要求按照《绝热材料稳态热阻及有关特性的测定 防护热板法》（GB/T 10294—2008）进行。

4.1.1 原理

防护热板法的检测设备是根据在一维稳态情况下通过平板的导热量 Q 和平板两面的温差 ΔT 成正比，和平板的厚度 δ 成反比，以及和导热系数 λ 成正比的关系来设计的。

在稳态条件下，防护热板装置的中心计量区域内，在具有平行表面的均匀板状试件中，建立类似于以两个平行匀温平板为界的无限大平板中存在的恒定热流。

为保证中心计量单元建立一维热流和准确测量热流密度，加热单元应分为在中心的计量单元和由隔缝分开的环绕计量单元的防护单元。并且需有足够的边缘绝热和外防护套，特别是在远高于或低于室温下运行的装置，必须设置外防护套。

我们知道，通过薄壁平板（壁厚壁长和壁宽的 1/10）的稳定导热量按式（4-1）计算：

$$Q = \frac{\lambda}{\delta} \cdot \Delta T \cdot A \tag{4-1}$$

式中　Q——通过薄壁平板的热量，W；
　　　λ——薄壁平板的导热系数，W/(m·K)；
　　　δ——薄壁平板的厚度，m；
　　　A——薄壁平板的面积，m²；
　　　ΔT——薄壁平板的热端和冷端温差，℃。

测试时，如果将平板两面温差 $\Delta T = (t_R - t_L)$、平板厚度 δ、垂直于热流方向的导热面积 A 和通过平板的热流量 Q 测定以后，就可以根据式（4-2）得出导热系数。

$$\lambda = \frac{Q \cdot \delta}{\Delta T \cdot A} \tag{4-2}$$

需要指出的是，上式所得的导热系数是在当时的平均温度下材料的导热系数值，此平均温度按式（4-3）计算。

$$\bar{t} = \frac{1}{2}(t_R + t_L) \tag{4-3}$$

式中　$\bar{t}$——测试材料导热系数的平均温度，℃；
　　　t_R——被测试件的热端温度，℃；
　　　t_L——被测试件的冷端温度，℃。

4.1.2　测量装置

根据上述原理可建造两种形式的防护热板装置：双试件式和单试件式。双试件装置中，在两个近似相同的试件中夹一个加热单元，试件的外侧各设置一个冷却单元。热流由加热单元分别经两侧试件传给两侧的冷却单元［见图4-2（a）］。单试件式装置中加热单元的一侧用绝热材料和背防护单元代替试件和冷却单元［见图4-2（b）］。绝热材料的两表面应控制温差为零，无热流通过。

防护热板法的测试装置如图4-2所示。

图中：加热单元 $\begin{cases} \text{计量单元} \begin{cases} A\text{—计量加热器} \\ B\text{—计量面板} \end{cases} \\ \text{防护单元} \begin{cases} C\text{—防护加热器} \\ D\text{—防护面板} \end{cases} \end{cases}$

冷却单元 $\begin{cases} E\text{—冷面加热器} \\ E_S\text{—冷却单元面板} \\ O\text{—绝热层} \\ Y\text{—冷却水套} \end{cases}$

U—防护外套

背防护单元 $\begin{cases} L\text{—背防护加热器} \\ M\text{—绝热层} \end{cases}$

I—被测试件
F—平衡检测温差热电偶
G—加热单元表面测温热电偶

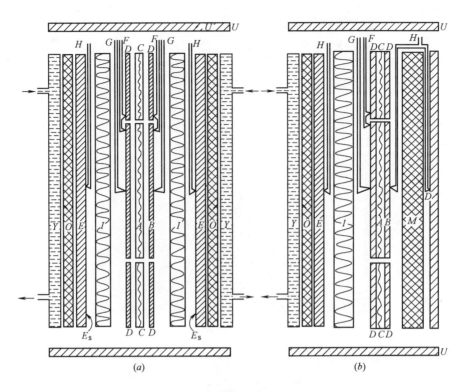

图 4-2 防护热板法装置一般特点
(a) 双试件装置；(b) 单试件装置

H—冷却单元表面测温热电偶

M—背防护单元温差热电偶

图 4-3 和图 4-5 是目前应用较广泛的利用防护热板法原理测试材料导热系数的两种典型的仪器。

图 4-3 所示的仪器为 DRP-1 型，使用圆形双试件（试件尺寸为 $\Phi 300mm$，厚度为 20mm），图 4-5 是该仪器核心部分加热器、冷却水套和试件外形。

图 4-4 所示的仪器为 DRP-4 型，使用正方形双试件（试件边长为 $300\times 300mm$，厚度为 $10\sim 40mm$），图 4-6 是该仪器核心部分加热器、冷却水套和检测所用试件形状。

4.1.3 装置的技术要求

4.1.3.1 加热单元

加热面板的表面温度必须为一均匀的等温面，在试件的两表面形成稳定的温度场。加热单元包括计量单元和防护单元两部分。计量单元由一个计量加热器和两块计量面板组成。防护单元由一个（或多个）防护加热器及两倍于防护加热器数量的防护面板组成。面板通常由高导热系数的金属制成，其表面不应与试件和环境有化学反应。工作表面应加工成平面，在所有工作条件下，平面度应优于 0.025%（见图 4-7）。在运行中面板的温度不均匀性应小于试件温差的 2%。双试件装置，在测定热阻大于 $0.1m^2 \cdot K/W$ 的试件时加热单元的两个表面板之间的温差应小于 $\pm 0.2K$。所有工作表面应处理到在工作温度下的总半球辐射率大于 0.8。

图 4-3 使用圆形双试件装置

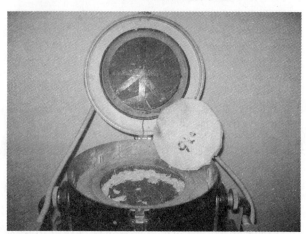

图 4-4 圆形试件仪器的加热器、冷却水套和试件

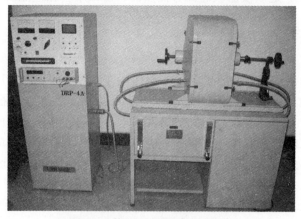

图 4-5 使用正方形双试件装置

图 4-6 加热器、冷却水套和试件

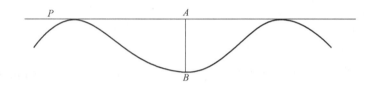

图 4-7 表面偏离真实平面示意图

（1）隔缝和计量面积

加热单元的计量单元和防护单元之间应有隔缝，隔缝在面板平面上所占的面积不应超过计量单元面积的 5%。

计量面积（试件由计量单元供给热流量的面积）与试件厚度有关。厚度趋近零时，计量面板面积趋近等于计量单元面积。厚试件的计量面积为隔缝中心线包围的面积，为避免复杂的修正，若试件的厚度大于隔缝宽度的 10 倍，应采用中心线包围的面积。

（2）隔缝两侧的温度不平衡

应采用适当的方法检测隔缝两侧的温度不平衡。通常采用多接点的热电堆，热电堆的接点应对金属板绝缘。在方形防护热板装置里，当仅用有限的温差热电偶时，建议检测平均温度不平衡的位置是沿隔缝距计量单元角的距离等于计量单元边长 1/4 的地方，应避开角部和轴线位置。当传感器装设在金属面板的沟槽里时，无论面对试件还是面对加热器，除非经细致实验和理论校核证实，测温传感器与金属面板间热阻的影响可忽略，都应避免用薄片来支承热电堆或类似的方法。温差热电偶应置于能记录沿隔缝边上存在的温度不平衡，而不是在计量单元和防护单元金属面板上某些任意点间存在的不平衡。建议隔缝边缘到传感器间的距离应小于计量单元边长的 5%。

实际上温度平衡具有一定的不确定性，因此隔缝热阻应该尽量高。计量单元和防护单元间的机械联结应尽量少，尽可能避免金属或连续的连接。所有电线应斜穿过隔缝，并且应该尽量用细的、低导热系数的导线，避免用铜导线。

4.1.3.2 冷却单元

冷却单元表面尺寸至少与加热单元的尺寸相同。冷却单元可以是连续的平板，但最好与加热单元类似。它应维持在恒定的低于加热单元的温度。板面温度的不均匀性应小于试件温差的 2%。可采用金属板中通过恒温流体或冷面电加热器和插入电加热器与冷却器之间绝热材料组成。或者两种方法结合起来使用。

4.1.3.3　边缘绝热和边缘热损失

加热单元和试件的边缘绝热不良是试件中热流场偏离一维热流场的根源。此外，加热单元和试件边缘上的热损失会在防护单元的面板内引起侧向温度梯度，因而产生附加热流场歪曲。应采用边缘绝热、控制周围环境温度、增加外防护套或线性温度梯度的防护套，或者这些方法结合使用以限制边缘热损失。

4.1.3.4　背防护单元

单试件装置中背防护单元由加热器和面板组成。背防护单元面向加热单元的表面的温度应与所对应的加热单元表面的温度相等。防止任何热流流过插入其间的绝热材料。绝热材料的厚度应限制，防止因侧向热损失在加热单元的计量单元中引起附加的热流造成误差。因防护单元表面与加热单元表面温度不平衡以及绝热材料侧向热损失引起的测量误差应小于±0.5%。

4.1.3.5　测量仪表

(1) 温度测量仪表

1) 温度不平衡检测：测量温度不平衡的传感器常用直径小于 0.3mm 的热电偶组成的热电堆。检测系统的灵敏度应保证因隔缝温度不平衡引起的热性质测定误差不大于±0.5%。

2) 装置内的温度：任何能够保证测量加热和冷却单元面板间温度差的准确度达到±1%的方法都可用来测量面板的温度。表面温度常用永久性埋设在面板沟槽内或放在试件接触表面下的温度传感器（热电偶）来测量。

在计量单元面板上设置的温度传感器的数量应大于 $10\sqrt{A}$ 或 2（取大者）。A 为计量单元的面积，以平方米计。推荐将一个传感器设置在计量面积的中心。冷却单元面板上设置温度传感器的数量与计量单元的相同，位置与计量单元相对应。

3) 试件的温差：由于试件与装置的面板之间的接触热阻影响，试件的温差用不同的方法确定。

① 表面平整、热阻大于 $0.5m^2 \cdot K/W$ 的非刚性试件，温差由永久性埋设在加热和冷却单元面板内的温度传感器（通常为热电偶）测量。

② 刚性试件则用适当的匀质薄片插入试件与面板之间。由薄片—刚性试件—薄片组成的复合试件的热阻方法①确定。薄片的热阻不应大于试件热阻的 1/10，并应在与测定时相同的平均温度、相同厚度和压力下单独测量薄片的热阻。总热阻与薄片热阻之差为刚性试件的热阻。

③ 直接测量刚性试件表面温度的方法是在试件表面或在试件表面的沟槽内装设热电偶。这种方法应使用很细的热电偶或薄片型热电偶。热电偶的数量应满足装置内温度测量的要求。此时试件的厚度应为垂直试件表面方向（热流方向）上热电偶的中心距离。

比较②和③两种方法得到的结果，有助于减小测量误差。

4) 温度传感器的形式和安装：安装在金属面板内的热电偶，其直径应小于 0.6mm，较小尺寸的装置，宜用直径不大于0.2mm的热电偶。低热阻试件表面的热电偶宜埋入试件表面内，否则必须用直径更细的热电偶。

所有热电偶必须用标定过的热偶线材制作，线材应满足GB/T 10294—2008附录B.1中专用级要求。如不满足，应对每支电偶单独标定后筛选。

因温度传感器周围热流的扭曲、传感器的漂移和其他特性引起的温差测量误差应小于±1%。使用其他温度传感器时，亦应满足上述要求。

(2) 厚度测量

测量试件厚度的准确度应优于±0.5%。

由于热膨胀和板的压力，试件的厚度可能变化。建议在实际的测定温度和压力下测量试件厚度。

(3) 电气测量系统

温度和温差测量仪表的灵敏度应不低于±0.2%，加热器功率测量的误差应小于±0.1%。

4.1.3.6 夹紧力

应配备可施加恒定压紧力的装置，以改善试件与板的热接触或在板间保持一个准确的间距。可采用恒力弹簧、杠杆静重系统等方法。测定绝热材料时，施加的压力一般不大于2.5kPa。测定可压缩的试件时，冷板的角（或边）与防护单元的角（或边）之间需垫入小截面的低导热系数的支柱以限制试件的压缩。

4.1.3.7 围护

当冷却单元的温度低于室温或平均温度显著高于室温时，防护热板装置应该放入封闭窗口中，以便控制箱内环境温度。当冷却单元的温度低于室温时，常设置制冷器控制箱内空气的露点温度，防止冷却单元表面结露。如需要在不同气体中测定，应具备控制气体及其压力的方法。

4.1.4 试件

4.1.4.1 试件尺寸

根据所使用装置的形式从每个样品中选取一或两块试件。当需要两块试件时，它们应该尽可能一样，最好是从同一试样上截取，厚度差别应小于2%。试件的尺寸要能够完全覆盖加热单元的表面。试件的厚度应是实际使用的厚度或大于能给出被测材料热性质的最小厚度。试件厚度应限制在不平衡热损失和边缘热损失误差之和小于0.5%。

试件的制备和状态调节应按照被测材料的产品标准进行，无材料标准时按下述方法调节。

4.1.4.2 试件制备。

(1) 固体材料。试件的表面应用适当方法加工平整，使试件与面板能紧密接触。刚性试件表面应制作得与面板一样平整，并且整个表面的不平行度应在试件厚度的±2%以内。

某些实验室将高热导率试件加工成与所用装置计量单元、防护单元尺寸相同的中心和环形两部分或将试件制成与中心计量单元尺寸相同，而隔缝和防护单元部分用合适的绝热材料代替。这些技术的理论误差应另行分析，在这种情况下，计算中所用的计量面积 A

应为：

$$A=A_{\mathrm{m}}+A_{\mathrm{g}}\times\frac{1}{2}\times\frac{\lambda_{\mathrm{g}}}{\lambda} \tag{4-4}$$

式中　　A_{m}——计量部分面积，m^2；

　　　　A_{g}——隔缝面积，m^2；

　　　　λ_{g}——面对隔缝部分材料的导热系数，W/(m·K)；

　　　　λ——试件的导热系数，W/(m·K)。

由膨胀系数大而质地硬的材料制作的试件，在承受温度梯度时会极度翘曲。这会引起附加热阻、产生误差或毁坏测试装置。测定这类材料需要特别设计的装置。

（2）松散材料。测定松散材料时，试件的厚度至少为松散材料中的颗粒直径的10倍。称取经状态调节过的试样，按材料产品标准的规定制成要求密度的试件。如果没有规定，则按下述方法之一制作。然后将试件很快放入装置中或留在标准实验室气氛中达到平衡。

方法一：当装置在垂直位置运行时采用本方法。

在加热面板和各冷却面板间设立要求的间隔柱，组装好防护热板组件。在周围或防护单元与冷却面板的边缘之间用适合封闭样品的低导热系数材料围绕，以形成一个（两个）顶部开口的盒子（加热单元两侧各一个）。把称重过的调节好的材料分成4（8）个相等部分，每个试件4份。依次将每份材料放入试件的空间中。在此空间内振动、装填、压实，直到占据它相应的1/4空间，制成密度均匀的试件。

方法二：当装置在水平位置运行时采用本方法。

用一（两）个外部尺寸与加热单元相同的由低导热系数材料做成的薄壁盒子，盒子的深度等于待测试件的深度。用不超过50μm的塑料薄片和不反射的薄片（石棉纸或其他适当的均匀薄片材料）制作盒子开口面的盖子和底板，以粘贴或其他方法把底板固定到盒子的壁上。把具有一面盖子的盒子水平放在平整表面上，盒子内放入试件。注意使（两个）试件具有（相等并且）均匀的密度。然后盖上另一个盖板，形成封闭的试件。在放置可压缩的材料时，抖松材料使盖子稍凸起，这样能在要求的密度下使盖子与装置的板有良好的接触。从试件方向看，在工作温度下盖子和底板表面的半球辐射系数应大于0.8。如盖子和底板有可观的热阻，可用在试件的温差中所述方法测定纯试件的热阻。

某些材料在试件准备过程中的材料损失，可能要求在测定前重称试件，这种情况下，测定后确定盒子和盖子的质量以计算测定时材料的密度。

4.1.4.3　试件状态调节

测定试件质量后，必须把试件放在干燥器或通风烘箱里，以材料产品标准中规定的温度或对材料适宜的温度将试件调节到恒定的质量。热敏感材料（如EPS板）不应暴露在能改变试件性质的温度下，当试件在给定的温度范围内使用时，应在这个温度范围的上限、空气流动并控制的环境下调节到恒定的质量。

当测量传热性质所需时间比试件从实验室的空气中吸收显著水分所需要的时间短时（如混凝土试件），建议在干燥结束时，把试件快速放入装置中以防止吸收水分。反之（例如低密度的纤维材料或泡沫塑料试件），建议把试件留在标准的实验室空气（296±1K，50%±10%RH）中继续调节，直至与室内空气平衡。中间情况（例如高密度的纤维材料）的调节过程取决于操作者的经验。

4.1.5 测定

（1）测量质量

用合适的仪器测定试件质量，准确到±0.5%，称量后立即将试件放入装置中进行测定。

（2）测量厚度

刚性材料试件（如混凝土试件）厚度的测定可在放入装置前进行；容易发生变形的软体材料试件（如泡沫塑料）厚度由加热单元和冷却单元位置确定，或记下夹紧力，在装置外重现测定时试件上所受压力后测定试件的厚度。

（3）密度测定

由前面测定的试件质量、厚度及边长等数据计算确定试件的密度。有些材料（如低密度纤维材料）测量以计量面积为界的试件密度可能更精确，这样可得到较正确的热性质与材料密度之间的关系。

（4）温差选择

传热过程与试件的温差有关，应按照测定目的选择温差：
1) 按照材料产品标准中的要求；
2) 按被测定试件或样品的使用条件；
3) 确定温度与热性质之间的关系时，温差要尽可能小 5~10K；
4) 当要求试件内的传质减到最小时，按测定温差所需的准确度选择最低温差。

4.1.6 环境条件

4.1.6.1 在空气中测定

调节环绕防护热板组件的空气的相对湿度，使其露点温度至少比冷却单元温度低 5K。当把试件封入气密性袋内避免试件吸湿时，封袋与试件冷面接触的部分不应出现凝结水。

4.1.6.2 在其他气体或真空中测定

如在低温下测定，装有试件的装置应该在冷却之前用干气体吹除空气；温度在 77~230K 之间时，用干气体作为填充气体，并将装置放入一密封箱中；冷却单元温度低于 125K 时使用氦气，应小心调节氦气压力以避免凝结；温度在 21~77K 之间时，通常用氦气，有时使用氢气。

4.1.7 热流量的测定

测量施加于计量面积的平均电功率，精确到±0.2%。

输入功率的随机波动、变动引起的热板表面温度波动或变动，应小于热板和冷板间温差的±0.3%。

调节并维持防护部分的输入功率，现在的测量仪器基本上采用自动控制，以得到符合要求的计量单元与防护单元之间的温度不平衡程度。

4.1.8 冷面控制

当使用双试件装置时,调节冷却面板温度使两个试件的温差相同(差异小于±2%)。采用水循环冷却的测量装置,调节流量计来控制。

4.1.9 温差检测

测量加热面板和冷却面板的温度或试件表面温度,以及计量与防护部分的温度不平衡程度。由试件温差测量的三种方法之一确定试件的温差。

4.1.10 结果计算

4.1.10.1 密度

按式(4-5)计算测定时试件的密度 ρ。

$$\rho = m/V \tag{4-5}$$

式中 ρ——测定时干试件的密度,kg/m^3;
m——干燥后试件的质量,kg;
V——干燥后试件所占的体积,m^3。

4.1.10.2 传热性质

热阻按式(4-6)计算。

$$R = \frac{A(T_1-T_2)}{Q} \tag{4-6}$$

导热系数按式(4-7)计算:

$$\lambda = \frac{Q \cdot d}{A(T_1-T_2)} \tag{4-7}$$

式中 R——试件的热阻,$m^2 \cdot K/W$;
Q——加热单元计量部分的平均热流量,其值等于平均发热功率,W;
T_1——试件热面温度平均值,K;
T_2——试件冷面温度平均值,K;
d——试件测定时的平均厚度,m。
A——计量面积,m^2;

4.1.11 测试报告

测试报告应包括以下内容:
1) 材料的名称、标志和物理性能;
2) 试件的制备过程和方法;
3) 试件的厚度,应注明由热、冷单元位置,确定或测量试件的实际厚度;
4) 状态调节的方法和温度;
5) 调节后材料的密度;
6) 测定时试件的平均温差及确定温差的方法;
7) 测定时的平均温度和环境温度;

8) 试件的导热系数;
9) 测试日期和时间。

4.1.12 检测实例

下面是用 DRP-1 型导热系数仪检测一组复合硅酸铝板导热系数的实际操作步骤、数据记录、结果计算的过程。

1) 试件名称：复合硅酸铝板。
2) 试件规格：ϕ200mm×20mm，圆形双试件。
3) 将裁取好的试件放入烘干箱内，在 105±5℃的条件下烘干至恒质量。
4) 尺寸测量

① 用游标卡尺测量厚度

测量厚度时两块试件分别沿四周测 8 个点。

试件一：19.8mm、19.9mm、19.7mm、19.8mm、20.1mm、20.0mm、19.9mm、19.8mm

用算术平均法得到试件一的平均厚度：

$$d_1 = \frac{19.8+19.9+19.7+19.8+20.1+20.0+19.9+19.8}{8} = 19.875\text{mm}$$

试件二：19.9mm、20.0mm、19.9mm、19.8mm、20.0mm、19.7mm、20.0mm、19.8mm

同样用算术平均法得到试件二的平均厚度：

$$d_2 = \frac{19.9+20.0+19.9+19.8+20.0+19.7+20.0+19.8}{8} = 19.890\text{mm}$$

因此，两块试件厚度的平均值为：

$$\bar{d} = \frac{d_1+d_2}{2} = 19.88\text{mm}。$$

② 用游标卡尺测量试件直径

在相互垂直的方向分别测量试件的直径，取算术平均值作为试件的直径。

测得试件一的直径为 $D_1=200$mm，试件二的直径为 $D_2=200$mm。

③ 用天平测量两块试件质量分别为：试件一的质量 $m_1=24.4$g；试件二的质量 $m_2=24.2$g。

5) 室内环境温度：17℃。
6) 试件安装

将两个平板试件仔细地安装在主加热器的上下面，试件表面应与铜板严密接触，不应有空隙存在。在试件、加热器和水套等安装入位后，应施加一定压力，以使它们都能紧密接触。

7) 在冰瓶中加冰末与水的混合物，占冰瓶 2/3 高度。
8) 测量。接通加热器电源，并调节到合适的电压，开始加温，同时开启温度跟踪控制器。在加温过程中，可通过各测温点的测量来控制和了解加热情况。开始时，可先不启动冷水泵，待试件的热面温度达到一定值后，再启动水泵，向上下水套通入冷却水。试验经过一段时间后，试件的热面温度和冷面温度开始趋于稳定。在这过程中可以适当调节主加热器电源、辅加热器电源的电压,使其更快或更利于达到稳定状态。待温度基本稳定后,就可以每隔一段时间进行一次电压 V 和电流 I 读数记录和温度测量,从而得到稳定的测试结果。当两次记录的数据中小数点后第三位数字变化不超过 2 时,实验已经达到稳定,可以结束实验。

测试结束后,先切断加热器电源,并关闭跟踪器,经过 10min 左右,再关闭水泵。

9) 数据记录见表 4-1。

测试数据表　　　　　　　　表 4-1

时间 项目	V_1 (mV)	V_2 (mV)	V_3 (mV)	V_4 (mV)	$I\times 10$ (A)
10:00	3.5379	3.5330	2.1476	2.1241	3.7894
11:00	3.3683	3.3620	2.1135	2.0886	3.5023
12:00	3.3705	3.3657	2.1185	2.0964	3.6131
13:00	3.4076	3.4025	2.1438	2.1221	3.6135
14:00	3.4052	3.4014	2.1418	2.1209	3.6103
15:00	3.4037	3.3983	2.1392	2.1173	3.5850
16:00	3.3944	3.3895	2.1355	2.1132	3.5850
17:00	3.3916	3.3867	2.1363	2.1146	3.5843
18:00	3.4000	3.3950	2.1354	2.1234	3.5848
19:00	3.3922	3.3880	2.1342	2.1184	3.5757
20:00	3.3949	3.3898	2.1456	2.1235	3.5764
21:00	3.3926	3.3873	2.1436	2.1213	3.5774

10) 计算。用最后一次记录的数据进行试件导热系数的计算。首先查仪器测温热电偶的型号,找到相应的热电势与温度对应关系的分度表,用表 4-1 中热电偶电动势 V_1、V_2、V_3、V_4,查附表 E 得到对应的温度值。

$t_1=80.79℃$,$t_2=80.67℃$,$t_3=52.51℃$,$t_4=51.98℃$;

再计算出试件热面的平均温度 $\bar{t}_{热}$ 和冷面的平均温度 $\bar{t}_{冷}$。

$$\bar{t}_{热}=\frac{t_1+t_2}{2}=80.73℃,\quad \bar{t}_{热}\frac{t_3+t_4}{2}=52.24℃;$$

然后用 $\bar{t}_{热}$ 和 $\bar{t}_{冷}$ 进一步计算出试件的平均温度 $\bar{t}$ 和热面与冷面的温差。

$$\bar{t}=\frac{\bar{t}_{热}+\bar{t}_{冷}}{2}=66.49℃,\quad \Delta t=\bar{t}_{热}-\bar{t}_{冷}=28.48℃。$$

试件的密度计算过程如下:

$$\rho_1=\frac{m_1}{\pi\left(\frac{D_1}{2}\right)^2 d_1}=\frac{24.4\times 10^{-3}}{3.14\times 0.1^2\times 19.875\times 10^{-3}}=39.10\text{kg/m}^3$$

$$\rho_2 = \frac{m_2}{\pi\left(\frac{D_2}{2}\right)^2 d_2} = \frac{24.2\times10^{-3}}{3.14\times0.1^2\times19.890\times10^{-3}} = 38.75\text{kg/m}^3$$

试件的平均密度为 $\bar{\rho} = 38.92\text{kg/m}^3$

则其导热系数为：

$$\lambda = \frac{1.03\times I^2 \times \bar{d} \times 10^3}{\Delta t}\times[1+\alpha\times(\bar{t}_\text{热}-20)] = 0.092\text{W/(m·K)}$$

式中　α——仪器主加热器炉丝电阻温度系数，取 1.75×10^{-5}。

注意事项：

① 恒温水浴槽内应注入蒸馏水，加热器内不得进水，否则会损坏冷却及加热设备；

② 测试过程中室温不要有较大的波动，否则对热传导过程中的温度控制将产生较大的影响；

③ 仪器可连续使用，但应有适当的时间间隔，确保试件恢复正常温度状态。

4.2　热流计法

热流计法的检测方法及装置、试样的要求按照《绝热材料稳态热阻及有关特性的测定—热流计法》（GB/T 10295—2008）进行。

4.2.1　原理

当热板和冷板在恒定温度的稳定状态下，热流计装置在热流传感器中心测量部分和试件中心部分建立类似于无限大平壁中存在的单向稳定热流。假定测量时具有稳定的热流密度为 q、平均温度 T_m 和温差 ΔT。用标准试件测得的热流量为 Q_s、被测试件热流量为 Q_u，则标准试件热阻 R_s 和被测试件热阻 R_u 的比值为：

$$\frac{R_u}{R_s} = \frac{Q_s}{Q_u} \tag{4-8}$$

如果满足确定导热系数的条件，且试件厚度 d 为已知，可算出试件的导热系数。

由于侧向热损，不可能在试件和热流传感器的整个面积上建立一维热流。因此在测试时要特别注意通过试件热流传感器边缘的热损失。边缘热损失与试件的材料和尺寸以及装置的构造有关。因此，要注意标准试件与被测试件的热性能和几何尺寸（厚度）的差别以及防护热板装置测定标准试件与用标准试件标定热流计装置时温度边界条件的差别对标定的影响。

4.2.2　测试装置

热流计装置的典型布置如图 4-8 所示。装置由加热单元、一个（或两个）热流传感器、一块（或两块）试件和冷却单元组成。图 4-8（a）为单试件不对称布置，热流传感器可以面对任一单元放置；图 4-8（b）为单试件双热流传感器对称布置；图 4-8（c）为双试件对称布置，其中两块试件应该基本相同，由同一样品制备；亦可在加热单元的另一侧面另加热流传感器和冷却单元构成双向装置（见图 4-8（d）和图 4-8（e））。

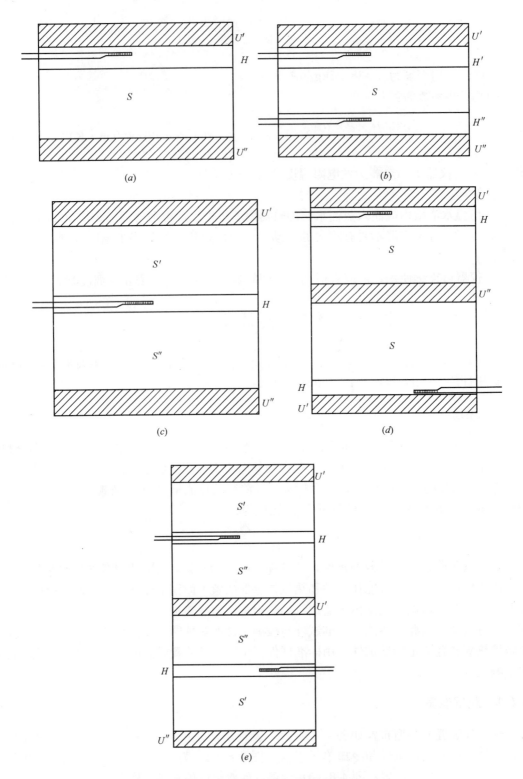

图 4-8 热流计装置的典型布置
(a) 单试件不对称装置；(b) 单试件双热流传感器对称装置；
(c) 双试件对称装置；(d) 双向装置；(e) 双向装置

图中 S，S'，S''—试件；U'，U''—冷却和加热器；H'，H''—热流传感器。

加热单元和冷却单元以及热流传感器的工作表面（与试件接触的表面）的平面度应优于0.025%，并处理到在工作温度下的总半球辐射率大于0.8。

4.2.2.1 加热和冷却单元

加热和冷却单元的工作表面上温度不均匀性应小于试件温差的1%。如果热流传感器直接与加热或冷却单元工作表面接触，并且热流传感器对沿表面的温差敏感，则温度均匀性要求更高，应保证热流密度测量误差小于0.5%，可用在两块金属板中放置均匀比功率的电热丝或在板中能以恒温流体来达到，也可二者结合使用。冷却单元等温面尺寸至少和加热单元的工作表面一样大，冷却单元可以和加热单元相同。

测定时工作表面温度的波动或漂移不应超过试件温差的0.5%。热流传感器由于表面温度波动引起的输出波动应小于±2%，必要时可在热流传感器与加热或冷却单元的工作表面间插入绝热材料作阻尼。

4.2.2.2 热流传感器

热流传感器是利用在具有确定热阻的板材上产生温差来测量通过它本身的热流密度的装置。

热流传感器由芯板、表面温差检测器、表面温度传感器和起保护及热阻尼作用的盖板组成。可利用金属板（箔）作均温板以改善或简化测量。但是不应设置在会使热流传感器的输出受影响的地方。

芯板应使用不吸湿的、热匀质的、各向同性的、长期稳定和硬的（可压缩性较小的）材料制作。在使用温度下以及正常的装卸后，材料性质不应发生有影响其特性的变化。软木复合物、硬橡胶、塑料、陶瓷、酚醛层压板和环氧或硅脂填充的玻璃纤维织品等可用于制作芯板。芯板的两个表面应平行，以保证热流均匀垂直于表面。

（1）热电堆

热电堆应采用灵敏和稳定的温差检测器测量芯板上的微小温差。常用多接点的热电堆，其类型如图4-9所示。热电堆的热电势e与流过芯板的热流密度q有关，$q = f \cdot e$，其中f称为标定常数。它与温度有关，在一定程度上还与热流密度有关。热电堆的导线直径为0.2mm。建议用产生热电势高，导热系数低的热电元件。

如果热流不是垂直通过热流传感器的主表面，热流传感器的主表面上就有温度梯度。应避免用图4-9所示的热接点布置，它对沿垂直和平行于热流传感器主表面的温差都很敏感。

必须采取措施防止输出导线的热流对输出的影响。

当热流传感器输出小于$200\mu V$时，必须采取特殊技术，消除导线、测量线路和热流传感器本体中附加热电势对测量的影响。

温差检测器应均匀分布在热流传感器最

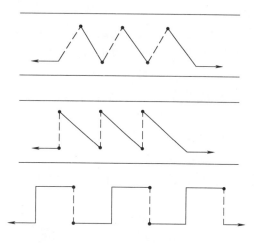

图4-9 热电堆示意图

中心区域，其面积为整个表面积的10%～40%。或者集中布置在不小于10%的区域内，并且这个区域在热流传感器中心的40%范围内。

(2) 表面板

热流传感器的两个表面应予以覆盖。表面板的厚度在满足防止温差检测器导线分流的前提下，应尽量薄。正确设计的热流传感器，在试件的导热系数大幅度变化时，其灵敏度应与试件的导热系数无关。表面板亦可起阻尼作用减少温度波动。表面板应采用与芯板类似的材料，用黏合或易熔材料等方法黏合到芯板上。

(3) 表面温度传感器

应测量热流传感器靠试件一侧表面的平均温度。$80\mu m$ 的铜箔能平均热流传感器计量区域的表面温度，箔片应该超出该区域大约等于热流传感器的厚度。箔片能够作为铜-康铜热电偶的一部分或者用于安装铂热电阻。热电偶的直径应不大于0.2mm，康铜丝焊在箔片中心，而铜线焊在靠近边缘的某一点。应清除热电偶丝焊接的焊锡球，保证表面平整。

4.2.2.3 其他测量装置

(1) 温度

装置的温度：测量加热和冷却单元（或热流传感器）工作表面间的温度差应准确到 $\pm 1\%$。

加热和冷却单元工作表面的温度可用永久性安装在槽内或直接装在工作表面之下的热电偶测量。当采用双试件对称测量时，置于加热和冷却单元的工作表面上的温度传感器可用差动连接。此时温度传感器必须与板电气绝缘，建议绝缘电阻应大于 $1M\Omega$。

每一表面上温度传感器的数量应不小于 $10\sqrt{A}$ 或2个（取大者）。A 为计量单元的面积，以平方米计。如热电偶经常更换或经常标定，对于面积小于 $0.04m^2$ 的板，每个面上可只用一个热电偶。新建立的装置至少需要两支热电偶。

(2) 试件上的温差

1) 热阻大于 $0.5m^2 \cdot K/W$，且表面能很好贴合到工作表面的软质试件，通常采用固定在加热、冷却单元或热流传感器表面上的温度传感器进行测量。

2) 硬质试件由于受工作表面与试件之间的接触热阻的影响，需采用特殊的方法；已证实可用于硬试件的一种方法是在试件和工作表面之间插入适当的均匀材料的薄片，然后用装在试件表面上或埋入试件表面的热电偶来测定试件温差，均匀布置的热电偶数量参见装置的温度测量。此法也可与试件和工作表面间插入低热阻材料的薄片结合使用。

(3) 温度传感器

使用热电偶作温度传感器时，装在加热和冷却单元表面上的热电偶直径应不大于0.6mm，小尺寸装置不大于0.2mm。装在试件表面或埋入试件表面的热电偶直径应小于0.2mm。热电偶应采用经过标定的偶线制成。

采用其他温度传感器（如铂热电阻），必须具有相当的准确度、灵敏度和稳定性。由于温度传感器周围的热流混乱、温度传感器的漂移等引起的温差测量的总误差应小于 $\pm 1\%$。

(4) 电气测量系统

装置的整个测量系统（包括计算电路）应满足下列要求：

1) 灵敏度、线性、准确度和输入阻抗应满足测量试件温差小于 $\pm 0.5\%$，测量热电堆热电势的误差小于±0.6%。

2）灵敏度高于温差检测器最小输出的0.15%。

3）在温差检测器预期输出范围内，非线性误差小于±0.1%。

4）由于输入阻抗引起的计数误差应小于±0.1%，一般大于1MΩ可满足要求。

5）稳定性应满足在两次标定之间或30天内（取大者）计数变化小于±0.2%。

6）在温差和热电堆输出中，噪声电压的有效值应小于±0.1%。

（5）厚度测量

测量厚度的误差应小于±0.5%。建议在装置中，在测试的温度和压力条件下测量试件的厚度。使用电子式传感器时，必须定期检查，检查间隔应小于一年。

（6）机械装置

框架应能在一个或几个方向固定装置。框架上应设置施加可重复的恒定压紧力的机构，以保证良好的热接触或者在冷、热板表面间保证准确的间距。稳定的压紧力可用恒力弹簧、杠杆系统或恒重产生，对试件施加的压力一般不大于2.5kPa。测定易压缩材料时，必须在加热和冷却单元的角或边缘上使用小截面的低导热系数的支柱限制试件的压缩。

（7）边缘绝热和边缘热损失

热流计装置应该用边缘绝热材料、控制周围空气温度或者同时使用两种方法来限制边缘损失的热量。尤其在测定平均温度与试验室空气温度有显著差异时，应该用外壳包围热流计装置，保持箱内温度等于试件的平均温度。

边缘热损失：所有布置形式的边缘热损失灵敏度与热流传感器对沿表面温差的灵敏度有关。因此，只有用实验才能检查边缘热损失对测量热流密度的影响。单试件双热流传感器对称布置的装置可通过比较两个热流传感器的计数来估计边缘热损失的误差。边缘热损失的误差应小于±0.5%。

为得到较小的边缘热损失误差，通过边缘的热流量应小于通过试件热流量的20%。

4.2.3 测定过程

4.2.3.1 试件

（1）试件尺寸

根据装置的类型从每个样品中选择一或两块试件，当需要两块试件时，两块试件的厚度差应小于2%。

试件的尺寸应能完全覆盖加热和冷却单元及热流传感器的工作表面，并且应具有实际使用的厚度，或者大于可确定被测材料热性质的试件的最小厚度。

（2）试件的制备

试件表面应该用适当的方法加工平整，使试件和工作表面之间能够紧密接触。对于硬质材料，试件的表面应该做得和与其接触的工作表面一样平整，并且在整个表面上不平等度应在试件厚度的±2%之内。

当试件用硬质材料制成，并且（或者）热阻小于$0.1 m^2 \cdot K/W$时，应采用在试件上的热电偶测量试件的温差，试件的厚度应该取两侧热电偶中心之间垂直于试件表面的平均距离。

(3) 试件状态调节

在测定试件的质量之后，必须按被测材料的产品标准中规定或在对试件合适的温度下，把试件放在干燥器中或者通风烘箱中调节到恒定的质量。热敏感材料不应暴露在会改变试件性质的温度下。如试件在给定的温度范围内使用，则应在这个温度范围的上限、空气流动控制的环境下，调节到恒定的质量。

如测量热性质所需要的时间比试件从实验室的空气中吸收显著水分所需要的时间短时（如混凝土试件），建议在干燥结束时，很快就把试件放入装置中以防止吸收水分。反之（例如低密度的纤维材料或泡沫塑料），建议把试件留在标准的实验室空气中继续调节，与室内空气平衡。中间情况（例如高密度的纤维材料）的调节过程取决于操作者的经验。

把试件调节到恒定质量之后，试件应冷却并贮存于封闭的干燥器或者封闭的部分抽真空的聚乙烯袋中，在试验前，试件应取出称重并立即放入装置中。

为了防止在测定时试件吸湿，可将试件封闭在防水封套中。如封套的热阻不可忽略，则封套的热阻必须单独测定。

4.2.3.2 测定过程

(1) 质量测量

用合适的仪器测量试件的质量，误差不超过±0.5%。测定后，应立即把试件放入装置内。

(2) 厚度测定

试件测定时的厚度是指测定时测得的试件的厚度或为板和热流传感器间隙的尺寸，或者在装置之外利用能重现在测试时对试件施加压力的装置进行测量的厚度。

某些材料（例如低密度纤维材料），测量由计量区域所包围的部分试件的密度可能比测量整个试件的密度更准确，这样可得到较正确的密度和测量的热性质之间的关系。在可能时，测定时要监视厚度。

(3) 温差的选择

传热过程与试件上的温差有关，应按照测定的目的选择温差：

1) 按材料产品标准的要求；
2) 按所测试件或样品的使用条件；
3) 在测定温度和热性质关系时，温差要应尽可能低 5~10℃；
4) 当要求试件中的传质现象最小时，按温差测量所需要的准确度选择最低的温差。

(4) 环境条件

根据装置的类型和测定温度，按要求施加边缘绝热和（或）环境的特殊条件。

周围环境温度控制系统中常设置制冷器，以维持封闭空气的露点温度至少比冷却单元温度低 5K，防止冷凝和试件吸湿。

(5) 热流和温度测量

观察热流传感器平均温度和输出电势、试件平均温度以及温差来检查热平衡状态。

热流计装置达到热平衡所需要的时间与试样的密度、比热、厚度和热阻的乘积以及装置的结构密切相关。许多测定的计数间隔可能只需要上述乘积的 1/10，推荐用实验对比确定。在缺少类似试件在相同仪器上测定的经验时，以等于上述乘积或 300s（取大者）的时间间隔进行观察，直到 5 次计数所得到的热阻值相差在±1%之内，并且不在一个方向上单调变化为止。

在达到平衡以后,测量试件热、冷面的温度。

在完成上述的观察后,立即测量试件的质量。当试件厚度不是由板的间隙确定时,建议在试验结束时重复测量厚度。

4.2.4 结果计算

4.2.4.1 密度

按式(4-9)计算测定时试件的密度 ρ:

$$\rho = m/V \tag{4-9}$$

式中 ρ——测定时干试件的密度,kg/m³;
m——干燥后试件的质量,kg;
V——干燥后试件所占的体积,m³。

4.2.4.2 热性质

(1) 单试件装置

1) 不对称布置

热阻 R 按式(4-10)计算:

$$R = \frac{\Delta T}{f \cdot e} \tag{4-10}$$

导热系数 λ 按式(4-11)计算:

$$\lambda = f \cdot e \times \frac{d}{\Delta T} \tag{4-11}$$

式中 ΔT——试件热面和冷面温度差,K 或 ℃;
f——热流传感器的标定系数,W/(m²·V);
e——热流传感器的输出,V;
d——试件的平均厚度,m。

2) 双热流传感器对称布置

热阻 R 按式(4-12)计算:

$$R = \frac{\Delta T}{0.5(f_1 \cdot e_1 + f_2 \cdot e_2)} \tag{4-12}$$

导热系数 λ 按式(4-13)计算:

$$\lambda = 0.5(f_1 \cdot e_1 + f_2 \cdot e_2) \times \frac{d}{\Delta T} \tag{4-13}$$

式中 f_1——第一个热流传感器的标定系数,W/(m²·V);
e_1——第一个热流传感器的输出,V;
f_2——第二个热流传感器的标定系数,W/(m²·V);
e_2——第二个热流传感器的输出,V。

(2) 双试件布置

总热阻 R_t 按式(4-14)计算:

$$R_t = \frac{1}{f \cdot e}(\Delta T' + \Delta T'') \tag{4-14}$$

平均导热系数 λ_{avg} 按式 (4-15) 计算：

$$\lambda_{\text{avg}} = \frac{f \cdot e}{2}\left(\frac{d'}{\Delta T'} + \frac{d''}{\Delta T''}\right) \tag{4-15}$$

式中角标表示两块试件（'表示第一块试件，"表示第二块试件）。

4.2.5 测试报告

测试报告应包括以下内容：
1) 材料的名称、标志和物理性能。
2) 试件的制备过程和方法。
3) 测定时试件的厚度，在双试件布置中为两块试件的总厚度。并注明厚度是强制由热、冷单元位置确定或测量试件的实际厚度。
4) 状态调节的方法和温度。
5) 调节后材料的密度。
6) 测定时试件的平均温差及确定温差的方法。
7) 测定时的平均温度。
8) 热流密度。
9) 试件的导热系数。
10) 所用热流计装置的类型（一块或两块试件）、取向（垂直、水平或任何其他方向，单试件装置的试件不是垂直方向时，应说明试件热侧的位置）、热流传感器数量及位置、减少边缘热损失的方法和在测定时板周围的环境温度。
11) 插入试件与装置面板之间的薄片材料或所用的防水封套及其热阻。
12) 测试日期和时间。

4.3 圆 管 法

圆管法是根据长圆筒壁一维稳态导热原理直接测定单层或多层圆管绝热结构导热系数的一种方法。要求被测材料应该可以卷曲成管状，并能包裹于加热圆管外侧，由于该方法的原理是基于一维稳态导热模型，故在测试过程中应尽可能在试样中维持一维稳态温度场，以确保能获得准确的导热系数。为了减少由于端部热损失产生的非一维效应，根据圆管法的要求，常用的圆管式导热仪大多采用辅助加热器，即在测试段两端设置辅助加热器，以保证在允许的范围内轴向温度梯度相对于径向温度梯度的大小，从而使测量段具有良好的一维温度场特性，其结构如图4-10所示。

适用于通常高于周围环境温度的圆管绝热层（包括纵、横接缝、防潮层及覆皮等）稳态热传递特性的测定。

圆管法的检测方法及装置、试样要求按照《绝热层稳态传热性质的测定 圆管法》GB/T 10296—2008 进行。

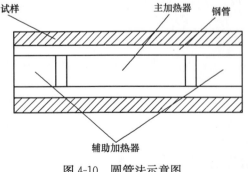

图 4-10 圆管法示意图

4.3.1 适用条件

本方法允许测定管在试件或测定管材料的最高使用温度下运行。测定温度的下限受试件外表温度和为达到特定的测量精度所需温差的约束。通常测定装置是在 15～35℃控制的静止空气中运行,但可伸延到其他环境温度、流速和其他气体中。试件外表温度可以靠加热或冷却的外壳或者使用一层附加绝热层来达到某一温度值。

4.3.2 测定装置

测定装置如图 4-11 所示。在计量段两端头处,依靠隔缝分开分别加热的防护段使其轴向热流减到最小。测定装置由被分段加热的测定管和控制、测量测定管各段温度、试件外表面温度、环境温度及耗于计量段加热功率的仪器等组成。

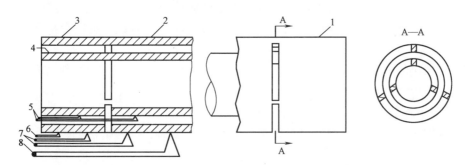

图 4-11 防护端头型装置图
1—测定管右防护段;2—测定管计量段;3—测定管左防护段;4—加热管左防护段;
5—跨过加热管隔缝的控制热电偶;6—防护端测量热电偶;7—跨过测定管
隔缝的控制热电偶;8—测定管计量段测量热电偶之一

4.3.2.1 外形尺寸

本方法应用于具有圆管形截面,或可以卷曲成管状的材料的测定管,其外径为公称管径之一。对管子外形尺寸没有限制,但计量段应有足够长度,确保经端头的轴向热损失与测得的总热流相比是足够的小,以达到所期望的精度。对于一个外径为 88.9mm 的防护端头型装置,0.6m 的计量段长度与约 1m 的试件总长可以满足要求。

通常对于一种制品或材料,应至少在接近有关范围内的两种管径上进行测定,测得的导热系数如相差很大,可在不同管子尺寸,但在相同绝热层厚及相同温度下测得的同一热传递特性不同值之间内插。

4.3.2.2 隔缝

防护端头型装置在测定管和内加热管上用隔缝使计量段和防护段间的热交换减到最小。但隔缝宽度不超过 4mm,其间用绝热材料填满。每个隔缝内部应有隔板阻挡计量段与防护段的热交换。

测定管和加热管表面每个隔缝两侧不超过 25mm 处应安装温差热电偶或热电堆。在任何跨越隔缝的高导热支撑部件上也应在对应部位安装示差热电偶。

4.3.2.3 方位及热电偶布置

本方法一般应用于具有水平轴的测定管装置。

测定管计量段表面温度应至少由 4 支热电偶测其平均值，当计量段较长时，每 150mm 管长至少一支。它们被纵向设置在计量段等长度段的中心，并应以螺旋线形沿管周等间距角整圈数布置，间距角为 45°～90°。

4.3.2.4　温度传感器

本方法一般用热电偶作为温度传感器。热电偶应单独标定或取自经过标定的同一等级热电偶线材。测金属表面温度时，热电偶线直径不得大于 0.63mm，测非金属表面温度时不得大于 0.4mm。用几支热电偶并联测定平均温度时，各热电偶结点间应电绝缘，各支热电偶电阻应相等。

4.3.2.5　温度测定系统

温度测定系统应具有的准确度要足以把确定温差的误差限制在可接受的范围内。例如：假定试件径向温差为 20K，而温差测量误差允许范围不超过 1％，则温差测定必须准确到 0.2K 以内；温度是个别测定时，假如误差是随机的，则温度的测定必须准确到 0.14K 以内。显然，温差较大时，温度和温差测定允许的绝对误差可以大得多。

4.3.2.6　电源

计量段加热的电源应很好地整定，可以是直流也可以是交流。防护段加热器的电源如不用温控仪也应加以整定。

4.3.2.7　功率测量

计量段加热器的平均功率测量准确度应不低于±0.5％。必须注意使测得的功率仅是消耗于计量段加热用。

4.3.2.8　环境温度控制和测量

有温度控制的封闭室，在测定管和环境空气之间的温差不超过 200℃时，环境温度变化应维持在±1℃以内；温差在 200℃以上时，维持在±2℃以内，并能保持在适用条件中规定范围内的任何温度上。

环境气体温度传感器的设计和安置应不会直接受测定管或其他热源的影响。可以用实验确定合适的位置，需要时应加辐射屏蔽。不允许将其直接置于装置上部。

4.3.2.9　外套或外加绝热层

用受温度控制的外套或外加绝热层将试件围起，都可用于改变试件外表面温度。在任何一种情况下，试件外表面温度测量热电偶应在外套或外加绝热层放置以前装好。外套或外加绝热层面对试件的内表面，其发射率应大于 0.8。

4.3.3　试件

试件可以是刚性、半刚性、可曲折的（毡类）或有适当包含的松散材料，不论是否是均质的或是否是各向同性的，可包括切缝、接头、其他覆皮、金属元件或外套。试件应在其全长内，尺寸和形状均匀（试件本身固有的不均匀性，如接缝的错位或其他特意布置的不规则处除外）。一般试件外形是圆的，与孔径同心。

4.3.3.1　预处理

一般试件应在测定之前予以干燥或按产品规定条件处理至稳定状态。正常情况下在 102～120℃的温度下干燥到恒重。热敏感材料不应暴露在会改变试件性质的温度下。如试件在给定的温度范围内使用，则应在这个温度范围的上限、空气流动控制的环境下，调节到恒定的质量。

4.3.3.2 安装

试件应按测定要求固定安装在测定管上。封粘剂、捆扎带等的使用应考虑到测定要求。

4.3.3.3 外形尺寸

试件装配于测定管上后，测量其外形尺寸的平均值，测量误差小于±0.5%。用一把软钢皮尺测得周长，计算求得直径 d_2。

计量段全长至少分为4等份，在每一等份的中点测量。每个防护段中心也应进行附加测量。

以上测定应避开接缝、箍带等不规则处。每一测定值与计量段的平均值之差超过±5%时，试件就应废弃。

4.3.3.4 试件外表面温度

测定试件外表面平均温度 T_2 的热电偶，应按下述规定附在绝热层表面上。

4.3.3.5 传感器位置

计量段应至少分成4等份，表面热电偶应轴向置于每一段的中心。大型装置要求较多的热电偶。热电偶测点形成具有整圈数的螺旋线形，相邻位置之间角距为45°~90°，应尽可能避开接头或其他不规则物一个试件厚度的距离。如需要，可用外加热电偶记录该处表面温度及位置。

4.3.3.6 固定传感器

热电偶应系牢在试件表面上，从结点起有一定长度（对非金属表面不少于100mm，金属表面不少于10mm）热电偶线与试件表面紧密热接触，但不改变邻近表面的辐射发射率。对于表面温度不均匀的试件，应使用与热电偶结点系牢的小金属箔片（约20mm×20mm）。这类金属箔片的表面发射率近似于试件表面的发射率。

4.3.4 测定过程

4.3.4.1 尺寸测量

测定并记录计量段长度、试件外周长和其他描述外形或另外要求所需的尺寸。在本方法里常用的尺寸应是在10~35℃的环境温度下测得的。若需要在测定温度下的实际尺寸，应在测定温度下直接测量。

4.3.4.2 计量长度

本方法规定计量长度为计量段两头隔缝中心线之间的距离。

4.3.4.3 直径

试件的外径应按前文外形尺寸方法测量。

4.3.4.4 测定管温度

如要在测定管温度范围内进行测定，至少应在该温度范围上、下限和中值附近做3次测定。如只需某一个温度时的数据，可在该温度下进行测定；或在略高于和略低于所需温度下进行测定结果，用内插法求得所需值。

4.3.4.5 防护平衡

调节每个防护段的温度，使测定管表面隔缝的温差趋近于零，或不使计量段测得热流增加误差超过±1%。为减少隔缝温差引起的测定结果的误差，可用内插法消除或控制隔缝温差不超过试件温差的±0.5%。

4.3.4.6 测量周期和稳定态

至少每隔半小时测读一次，直至连续三次测得的试件径向温差与其平均值偏差小于1%，并且不显出单方面趋势，可以认为装置达到稳态。

4.3.4.7 所需数据

1) 装置达到稳态后，记录连续 3 个周期的数据；
2) 测定管计量段的平均温度（即管表面温度）T_0；
3) 计量段至防护段的不平衡温差；
4) 试件外表面（即绝热层外表面）的平均温度 T_2；
5) 平均环境温度 T_a 和气体速度；
6) 计量加热器的平均电功率。

4.3.5 结果计算

4.3.5.1 线传热率按式（4-16）计算：

$$T_{rL} = \frac{q_L}{T_0 - T_a} = \frac{Q/L}{T_0 - T_a} \tag{4-16}$$

式中 T_{rL}——线传热率，W/(m·K)；
　　Q——热流量，W；
　　q_L——线热流密度，W/m；
　　L——计量段长度，m；
　　T_a——环境气体温度，K；
　　T_0——测定管计量段的平均温度（即管表面温度），K。

4.3.5.2 线热阻按式（4-17）计算：

$$R_L = \frac{T_0 - T_2}{q_L} \tag{4-17}$$

式中 R_L——线热阻，(m·K)/W；
　　T_2——试件外表面（即绝热层外表面）的平均温度，K。

4.3.5.3 线导热系数按式（4-18）计算：

$$C_L = \frac{1}{R_L} = \frac{Q/L}{T_0 - T_2} \tag{4-18}$$

式中 C_L——线导热系数，W/(m·K)。

4.3.5.4 表面传热系数按式（4-19）计算：

$$h_2 = \frac{Q}{\pi d_2 \cdot L(T_2 - T_a)} \tag{4-19}$$

式中 h_2——表面传热系数，W/(m²·K)。

4.3.5.5 圆管绝热层导热系数按式（4-20）计算：

$$\lambda_p = \frac{Q \ln(d_2/d_0)}{2\pi \cdot L(T_0 - T_2)} \tag{4-20}$$

式中 λ_p——圆管绝热层导热系数，W/(m·K)。

4.3.6 测试报告

测试报告应包括以下内容：
1) 材料的名称、公称尺寸、形状和密度。
2) 试件的预处理或干燥方法。
3) 计量段的平均温度。
4) 试件外表面的平均温度。
5) 环境条件。包括平均温度和强制流动时的风速和方向、控制外表面温度的方法。
6) 计量段平均输入功率。
7) 测试日期和时间。

4.4 圆 球 法

圆球法测定绝热材料稳态传热性质时，内球发出的热流径向通过试样传到外球，没有防护热板法测定中的侧向热损和背向热损（指单试件法），理论误差小，测定装置的构造和操作都较简单。因此，圆球法是测定颗粒状绝热材料传热性质的较好方法。颗粒状绝热材料是典型的多孔性材料，其传热性质的特点是除固体传导传热外，还存在气体传导、辐射和对流传热。因此，测定结果为被测材料的综合传热性质，称为表观导热系数。

使用测定结果时必须充分考虑上述因素。

本方法只适用于测定干燥材料。试样表观导热系数的测定范围为 0.02～1.0W/(m·K)。

由于本方法的测定结果为给定平均温度和温差下试样的表观导热系数，当表观导热系数与测定温差无关时，测定结果为试件的平均可测导热系数；当试件的径向尺寸（外、内球半径之差）大于确定被测材料导热系数所需的最小厚度，且测定结果与测定温差无关时，测定结果为材料的导热系数。

4.4.1 原理

圆球传热装置由同心设置的发热内球和冷却外球组成，其构造示意图如图4-12所示。

内、外球温度稳定时，内球发出的热流量 Q 径向通过试件传到外球，测定内球发热功率、内球外表面与外球内表面的温度和球体的几何尺寸，计算被测材料的表观导热系数。计算公式为：

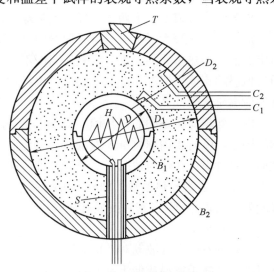

图4-12 圆球装置示意图
B_1—内球；B_2—外球；C_1—内球测温热电偶；
C_2—外球测温热电偶；H—发热器；S—支撑管；
T—加料口盖；D_1—外球外径；D_2—外球内径

$$\lambda_a = \frac{Q}{T_1 - T_2} \times \frac{D_2 - D_1}{D_2 \times D_1} \times \frac{1}{2\pi} \tag{4-21}$$

式中 λ_a——被测材料的表观导热系数，W/(m·K)；

Q——内球发出的热流量，数值上等于施加在内球发热器的电功率，W；

D_1——内球外径，m；

D_2——外球内径，m；

T_1——内球外表面温度，K；

T_2——外球内表面温度，K。

4.4.2 装置

(1) 装置的尺寸

装置的尺寸随测定材料的颗粒尺寸而定。外球内径与内球外径之差的一半 $[(D_2-D_1)/2]$ 应至少为试件颗粒直径的 10 倍。外球内径和内球外径的比值建议在 1.4～2.5 之间。

(2) 加热单元——内球

内球体为空心厚壁球，由高导热系数的金属材料制成。球面在工作温度下不应与试件和环境有化学反应。圆球的外表面应加工到圆度小于外径的±0.2%。在运行中内球表面的温度不均匀性应小于内、外球温度差的±2%。所有工作表面应处理，使在工作温度下的总半球辐射率大于 0.8。内球的空腔内装有电加热器。加热器用绝缘支架制成球形，加热器引线在内球出口处应接成四线制，以便准确测定内球发热功率。引线应避免使用铜线，防止因引线散热而造成显著误差。适当选择电流和电压导线的材料和直径，由电流导线的发热量补偿电压导线的传热损失，可使导线传热引起的误差减至最小。

(3) 冷却单元——外球

外球体应分成上、下两个半球。上半球的顶部应设有加料孔，加料孔应配有密闭的盖子。加料孔面积较大时，盖子应采取专门措施防止其温度偏离外球温度。外球体应控制在恒定的低于加热单元的温度。内表面温度不均匀性应小于测定温差的 2%。金属球体可用通过恒温的流体来恒温。温度较高时，也可用电加热器进行控温或二者并用。内表面的半球发射率应大于 0.8。

内、外球应保持同心，其偏心距离应小于内球外径的 2.5%。可采用支撑管保持内外球的同心，以防止内球自重压迫试件造成变形。支撑管应用低导热系数的材料制作，其横截面应尽量小。在任何情况下，由支撑管传递的热量应小于内球发热量的 5%。并应按式 (4-21) 计算表观导热系数。如外球温度低于环境空气的露点，外球上、下半球及盖子的接缝处应设置"O"形密封圈或其他密封措施，防止试件吸潮。

(4) 防护罩

为减少室内空气波动对外球温度的影响，圆球部分应用防护罩与室内空气隔离。当外球温度显著高于室温或低于室温时，防护罩内宜设置保温层。

(5) 测定仪表

1) 温度测定传感器。内、外球温度用埋设在内、外球球体内或球面沟槽中的热电偶测定。热电偶线的直径应小于 0.3mm。所有热电偶丝误差极限应满足附录 B 中专用级的要求。否则，应单独校正筛选，并制定热电对照表。应避免使用铜-康铜热电偶。内球埋设热电偶的数量不少于 4 个，上、下半球各两个。热电偶位置应避开支撑管和上、下半球接缝等温度场可能被扭曲的部位。外球埋设的热电偶数量与内球相同。内、外球热电偶亦可接成温差式，直接测量内、外球的温度差。此时热电偶必须与内、外球体电气绝缘。

2) 温度测定仪表。温度和温差测定仪表的灵敏度和准确度应优于温差的±0.2%或±0.1℃（取大者）。

3) 功率测定仪表。内球加热功率测定仪表的灵敏度和准确度应优于±0.1%。

(6) 温度控制系统

内球加热方式可以为恒热流法或恒温度法。采用恒热流法时，供热电压的波动应小于±0.1%，每 2h 的漂移应小于±0.1%。采用恒温度法时内球外表面温度波动和漂移引起的测试误差应小于±0.3%。加热功率的波动应小于±0.3%。恒温度法可显著缩短测试时间。

外球的温度控制系统应控制外球内表面温度的波动和漂移小于温差的 0.3%。

4.4.3 试件准备

1) 试样应按被测材料的产品标准所规定的方法抽样，并缩小到所需数量。
2) 均匀粒径材料的粒径应小于试料层厚度的 1/10。混合级配材料，大颗粒材料的含量少于 10% 时，最大颗粒的直径可放宽到试料层厚度的 1/5。
3) 试样应在 105±5℃通风烘箱中调节到恒量（4h 质量变化小于 0.5%）。烘干的试样应放入干燥器中冷却后备用。
4) 按被测材料的产品标准所规定的方法测定试样的堆积密度。
5) 试样准备过程中应防止试样表面被污染，尤其是较高导热系数的试样。

4.4.4 测定步骤

4.4.4.1 试件安装

按装置的试料腔容积和测定时密度计算试件应装填的质量。测定时密度一般为松散密度的 1.1 倍。称取试样并分为两份。先打开上半球装填下半球，装填量为试件质量的 1/2。然后安装上半球，从球顶加料孔装入另一份试件。试件应填满腔体，特别注意顶部不应有空隙。称量试件装料前的质量和装料后的剩余质量，确定试件的质量。其准确度应优于±0.5%。

4.4.4.2 温差选择

颗粒材料的传热性质与温差有关，按下述条件之一选择测定温差。

1) 材料产品标准中要求；
2) 被测试件的使用条件；
3) 在确定未知的温度与传热性质之间关系时，尽可能低 10~20K；
4) 当要求试件内传质现象减到最小时，按测定温差所需的准确度选择最低的温差。

注：圆球装置测定时，试件不同半径处的温度梯度不同，内球外表面处的温度梯度为 $\dfrac{\Delta T}{R_2-R_1} \times$

$\frac{R_2}{R_1}$，外球内表面处的温度梯度为 $\frac{\Delta T}{R_2-R_1} \times \frac{R_1}{R_2}(R_1)$ 而平均温度梯度为 $\Delta T/(R_2-R_1)$（R_1 为内球的外半径，R_2 为外球的内半径）。如试件的表观导热系数与温度不是线性关系，选择测定温差时，应考虑实际温度梯度的范围，防止出现显著的误差。

4.4.4.3 外球内表面温度控制

调节上、下半球的液体流量或电功率，控制上、下两个半球的温度，使上、下两半球温度之差不超过测定温差的 $\pm 1\%$。

4.4.4.4 热流量的测定

内球发热的热流量在数值上等于施加在内球发热器上的电功率。

测定施加于内球发热器的平均功率，精确到 $\pm 0.2\%$。

4.4.5 结果计算

4.4.5.1 装填密度

根据称量、装入试料腔内试件的质量和试料腔的体积，可计算出试件的装填密度。

$$\rho = \frac{m}{\frac{\pi}{6}(D_2^3 - D_1^3)} \tag{4-22}$$

式中　ρ——试件的装填密度，kg/m^3；
　　　　m——试件的质量，kg。

4.4.5.2 计算传热性质

试件的表观导热系数按式（4-23）计算：

$$\lambda_a' = \frac{Q(D_2 - D_1)}{2\pi(T_1 - T_2)D_2 D_1} - \frac{\lambda' F'}{2\pi L} \times \frac{D_2 - D_1}{D_2 \cdot D_1} \tag{4-23}$$

式中　λ_a'——试件的表观导热系数，$W/(m \cdot K)$；
　　　　λ'——支撑管材料的导热系数，$W/(m \cdot K)$；
　　　　F'——支撑管横截面面积，m^2；
　　　　L——支撑管的长度，一般情况其数值 $L=(D_2-D_1)/2$，m。

4.4.5.3 平均温度

利用测定的平均值计算测定时的平均温度 $\overline{T}$。

$$\overline{T} = \frac{T_1 + T_2}{2} - \frac{T_1 - T_2}{2} \left\{ \frac{\left[\left(\frac{D_2}{D_1}\right)^2 - 1\right] \times \left(\frac{D_2}{D_1} - 1\right)}{(D_2/D_1)^3 - 1} \right\} \tag{4-24}$$

4.4.6 测试报告

测定结果的报告应包括下列各项：
1) 材料名称、标志以及物理性质说明（如颗粒级配等）；
2) 状态调节的方法和温度；
3) 测定时试件的密度；
4) 测定时的平均温度和温差；

5) 日期和测定持续时间；
6) 装置的尺寸；
7) 必要时给出热性质的值为纵坐标，相应的测试平均温度为横坐标的图或表；
8) 给出所测热性质数值的最大预计误差。

4.5 非稳态法概述

稳态导热系数的测定方法需要较长的稳定时间，只能测定干燥材料的导热系数。对于工程上实际应用的含有一定水分的材料的导热系数则无法测定。基于不稳定态原理的准稳态导热系数测定方法，由于测定所需时间短，可以弥补上述稳态法的不足且可同时测出材料的导热系数、导温系数、比热，所以在材料热性质测定中得到广泛的应用。

不稳定导热的过程实质上就是加热或冷却的过程。非稳态法测定隔热材料的导热系数是建立在不稳定导热理论基础上的。4.6～4.8节将介绍非稳态法检测材料的导热系数。

4.6 准稳态法

4.6.1 原理

准稳态法是根据第二类边界条件，无限大平板的导热问题来设计的。设平板厚度为 2δ，初始温度为 T_0，平板两面受恒定的热流密度 q_c 均匀加热（如图 4-13 所示）。

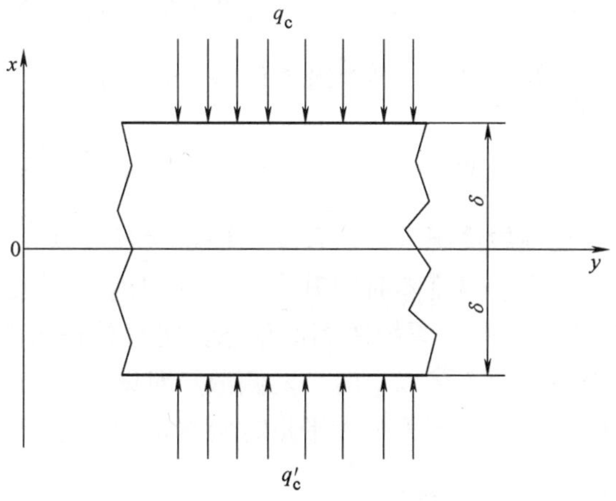

根据导热微分方程式、初始条件和第二类边界条件，对于任一瞬间沿平板厚度方向的温度分布 $T(x,\tau)$ 可由方程组（4-25）解得。

$$\begin{cases} \dfrac{\partial T(x,\tau)}{\partial \tau} = a \dfrac{\partial^2 T(x,\tau)}{\partial x^2} \\ T(x,0) = T_0 \\ \dfrac{\partial T(\delta,\tau)}{\partial x} + \dfrac{q_c}{\lambda} = 0 \\ \dfrac{\partial T(0,\tau)}{\partial x} = 0 \end{cases} \quad (4\text{-}25)$$

图 4-13 准稳态法示意图

方程组的解为：

$$T(x,\tau) - T_0 = \frac{q_c}{\lambda}\left[\frac{a\tau}{\delta} - \frac{\delta^2 - 3x^2}{6\delta} + \delta\sum_{n=1}^{\infty}(-1)^{n+1}\frac{2}{\mu_n^2}\cos\left(\mu_n\frac{x}{\delta}\right)\exp(-\mu_n^2 F_0)\right]$$

(4-26)

式中　τ——时间，s；
　　　λ——平板的导热系数，W/(m·K)；
　　　a——平板的导温系数，m²/s；

T_0——初始温度，K；

q_c——沿 X 方向从端面向平板加热的恒定热流密度，W/m^2；

$F_0 = \dfrac{\alpha\tau}{\delta^2}$——傅立叶准则；

$\mu_n = \beta_n\delta$，$n = 1, 2, 3\cdots$。

随着时间 τ 的延长，F_0 变大，式（4-26）中级数和项愈小。当 $F_0 > 0.5$ 时，级数和项变得很小，可以忽略，则式（4-26）变成：

$$T(x,\tau) - T_0 = \frac{q_c\delta}{\lambda}\left(\frac{\alpha\tau}{\delta^2} + \frac{X^2}{2\delta^2} - \frac{1}{6}\right) \tag{4-27}$$

由此可见，当 $F_0 > 0.5$ 后，平板各处温度和时间呈线性关系，温度随时间变化的速率是常数，并且到处相同，这种状态即为准稳态。

在准稳态时，平板中心面 $X = 0$ 处的温度为：

$$T(0,\tau) - T_0 = \frac{q_c\delta}{\lambda}\left(\frac{\alpha\tau}{\delta^2} - \frac{1}{6}\right) \tag{4-28}$$

平板加热面 $X = \delta$ 处的温度为：

$$T(0,\tau) - T_0 = \frac{q_c\delta}{\lambda}\left(\frac{\alpha\tau}{\delta^2} + \frac{1}{3}\right) \tag{4-29}$$

此两面的温差为：

$$\Delta T = T(\delta,\tau) - T(0,\tau) = \frac{1}{2}\frac{q_c \cdot \delta}{\lambda} \tag{4-30}$$

已知 q_c 和 δ，再测出 ΔT，就可以由式（4-30）求出导热系数：

$$\lambda = \frac{q_c \cdot \delta}{2\Delta T} \tag{4-31}$$

在理想情况下，这种动态稳定状态可以一直保持。但实际上，无限大平板是无法实现的，且由于温度随时间升高，绝热层的热损失及四周散热逐渐显著而使试样两端温度差 ΔT 发生变化，系统脱离准稳态。实验总是用有限尺寸的试件，一般可认为试件的横向尺寸为厚度的 6 倍以上时，两侧散热对试件中心的温度影响可以忽略不计。试件两端面中心处的温差就等于无限大平板时两端正的温差。

4.6.2 测试装置

图 4-14 是准稳态法热物性测定仪、计算机和实验控制软件的示意图。

准稳态法热物性测定仪内的试样由 4 块厚度均为 δ、面积均为 F 的被测试试件重叠在一起组成。在第一块与第二块试件之间夹着一个薄型的片状电加热器；在第三块和第四块试件之间也夹着一个相同的电加热器；在第二块与第三块试件交界面中心和一个电加热器中心各安置一对热电偶；这 4 块重叠在一起试件的顶面和底面各加上一块具有良好保温特性的绝热层。然后用机械的方法均匀地把它们压紧。电加热器由直流稳压电源供电，加热功率由计算机检测。两对热电偶所测量到的温度由计算机进行采集处理，并绘出试件中心面和加热面的温度变化曲线。

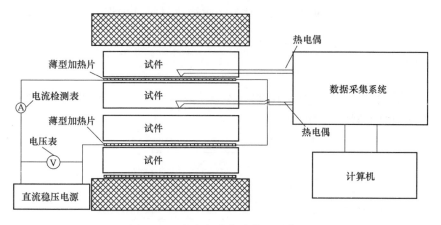

图 4-14 准稳态法实验装置系统图

4.7 热线法（非金属固体材料）

本节主要讨论适用于《非金属固体材料导热系数的测定热线法》（GB/T 10297—1998）规定的导热系数小于 2W/(m·K) 的各向同性均质材料导热系数的测定方法，耐火材料导热系数的测定方法参见《耐火材料　导热系数试验方法（热线法）》（GB/T 5990—2006）。

4.7.1 原理

热线法是在试样中插入一根热线。测试时，在热线上施加一个恒定的加热功率，使其温度上升。测量热线本身或平行于热线的一定距离上的温度随时间上升的关系。由于被测材料的导热性能决定这一关系，由此可得到材料的导热系数。非稳态热线法测定导热系数的数学模型为：

$$\lambda = \frac{q d\ln\tau}{4\pi d \bar{\theta}_w(\tau)} \tag{4-32}$$

式中　λ——待测试样导热系数，W/(m·K)；
　　　q——单位长度电阻丝的发热功率，W；
　　　$\bar{\theta}_w$——测得的电阻丝温升的总体平均值；
　　　τ——测定时间，s。

测量热线温升的方法一般有 3 种。其中，交叉线法是用焊接在热线上的热电偶直接测热线的温升；平行线法是测量与热线隔着一定距离的一定位置上的温升；热阻法是利用热线（多为铂丝）电阻与温度之间的关系得出热线本身的温升。热线法适用于测量不同形状的各向同性的固体材料和液体。

热线法是测定材料导热系数的一种非稳态方法。其原理是在均温的各向同性均质试样中放置一根电阻丝，即所谓的"热线"，当热线以恒定功率放热时，热线和其附近试样的温度将会随着时间升高。根据其温度随时间变化的关系，可确定试样的导热系数。由于热线与试样的热容量不同，以恒定功率对热线加热时，热线不是以恒定功率放热，其放热功率亦不等于加热功率，造成测量误差。对于轻质绝热材料这项误差不能忽视，可按假定热线性升温的简化方法进行修正。

4.7.2 测定装置

常用的热线法测定装置如图 4-15 和图 4-16 所示。A、B 点距试样边缘的距离应不小于 5mm，距测温热电偶应不小于 60mm。

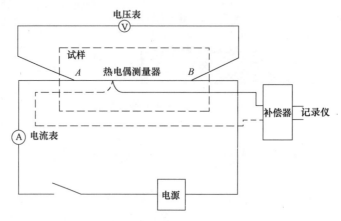

图 4-15　带补偿器的测定电路示意图

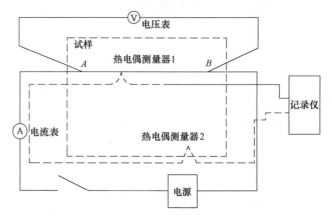

图 4-16　带差接热电偶的测定电路示意图

4.7.2.1　电源
稳定的直流（或交流）稳流（或稳压）电源，其输出值的变化应小于 0.5%。

4.7.2.2　功率测量仪表
测量加热功率的准确度应优于 ±0.5%。

4.7.2.3　测温仪表
测量热线温升仪表的分辨率不应低于 0.02℃（对于 K 型热电偶相当于 1μV），其时间常数应小于 2s。

4.7.2.4　测量探头
测量探头由热线和焊在其上的热电偶组成（见图 4-17）。为消除加热电流对热电偶输出的干扰，热电偶用单根"＋"（或"－"）极线与热线焊接，热电偶接点与热线之间的距离约为 0.3～0.5mm。

热线由低电阻温度系数的合金材料制成，其直径不得大于 0.35mm。热线在测量过程中，其电阻值随温度的变化不应大于 0.5%。

热电偶丝的直径尽可能小，不得大于热线直径。热电偶丝与热线之间的夹角 α 不大于 45°，引出线走向与热线保持平行。热电偶制成后，需经退火处理，否则需重新标定其热电势与温度的关系。

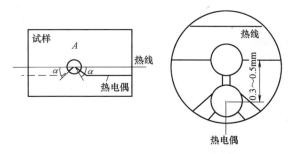

图 4-17 测量探头及布置示意图

电压引出线应采用与热线相同的材料，其直径应尽可能小。

4.7.2.5 热电偶冷端温度补偿器

补偿器的漂移不得大于 $1\mu V/(K \cdot min)$。在无补偿器的情况下，可借助热电偶 2 同热电偶 1 的差接起补偿器的作用。

4.7.3 试样的制备和尺寸

试样为两块尺寸不小于 40mm×80mm×114mm 的互相叠合的长方体或为两块横断面直径不小于 80mm，长度不小于 114mm 的半圆柱体叠合成为的圆柱体（见图 4-18）。

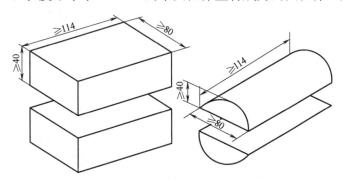

图 4-18 试样尺寸示意图

试样互相叠合的平面应平整，其不平度应小于 0.2%，且不大于 0.3mm。以保证热线与试样及试样的两平面贴合良好。

对于致密、坚硬的试样，需在其叠合面上铣出沟槽，用来安放测量探头。沟槽的宽度与深度必须与测量探头的热线和热电偶丝直径相适应。用从被测量试样上取下的细粉末加少量的水调成胶粘剂，将测量探头嵌粘在沟槽内，以保证良好的热接触。粘好测量探头的试样，需经干燥后，方能测试。

有面层或表皮层的材料，应取芯料进行测量。

4.7.4 粉末状和颗粒材料

对粉末状和颗粒材料的测定，使用两个内部尺寸不小于 80mm×114mm×40mm 的盒子（见图 4-19）。其下层是一个带底的盒子，将待测材料装填到盒中，并与其上边沿平

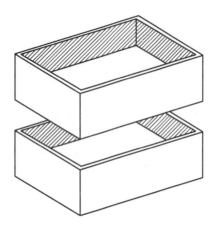

图 4-19 试样盒示意图

齐，然后将测量探头放在试样上。上层的盒子与下层的内部尺寸相同，但无底。将上层盒子放置在下层盒子上，将待测材料装填至与其上边沿平齐。用与盒子相同材料的盖板盖上盒子，但不允许盖板对试样施加压力。

通常粉末状或颗粒材料要松散填充。需要在不同密度下测量时，允许以一定的加压或振动的方式使粉末或颗粒状材料达到要求的密度。上、下两个盒子中的试样装填密度应各处均匀一致。测定和记录试样的装填密度和松散密度。

欲测定干燥状态的导热系数，应将试件在烘箱中烘至恒重，然后用塑料袋密封放入干燥器内降至室温。待试件中内外温度均匀一致后，迅速取出，安装测定探头，在 2h 内完成测定工作。

4.7.5 测定过程

4.7.5.1 环境控制

在室温下测定时，用隔热罩将试样与周围空间隔离，减少周围空气温度变化对试件的影响。在高于或低于室温条件下测定时，试样与测量探头的组合体应放在加热炉或低温箱中。

加热炉（或低温箱）应进行恒温控制。恒温控制的感温元件应安放在发热元件的近旁。

试样应放置在加热炉（或低温箱）中的均温带内。

应防止加热炉发热元件对试样的直接热辐射。

置于低温箱内的试样及测量探头的表面不得有结霜现象。

4.7.5.2 测量

将试样与测量探头的组合体置于加热炉（低温箱）内，把加热炉（低温箱）内温度调至测定温度。接通热线加热电源，同时开始记录热线温升。测定过程中，热线的总温升宜控制在 20℃ 左右，最高不应超过 50℃。如热线的总温升超过 50℃，则必须考虑热线电阻变化对测定的影响。测定含湿材料时，热线的总温升不得大于 15℃。当焊在热线中部的热电偶输出随时间的变化小于每 5min 变化 0.1℃，且试样表面的温度与焊在热丝上的热电偶的指示温度的差值在热线最大温升的 1‰ 以内时，即认为试样达到了测定温度。

测量热线的加热功率（电流 I 和电压 V）。

加热时间达预定测量时间（一般为 5min 左右）时，切断加热电源。

每一测量温度下，应重装测定探头测定 3 次。

4.8 其他测试方法

4.8.1 热带法

热带法的测量原理类似于热线法。取两块尺寸相同的方形待测样品，在两者间夹入一条很薄的金属片（即热带），在热带上施加恒定的加热功率，作为恒定热源，如图 4-20 所示。热带的温度变化可以通过测量热带电阻的变化获得,也可以直接用热电偶测得。热带法测量物质导热系数的数学模型与热线法相类似,故在获得温度响应曲线后可以得出待测物的导热系数。

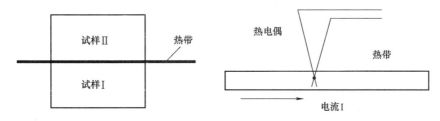

图 4-20　热带法示意图

该法与热线法相比,其薄带状的电加热体能更好地与被测固体材料接触,故热带法比热线法更适合于测量固体材料的热物性。用该法对一些非导电固体材料和松散材料进行测试后,得出该法测定的结果有较好的重复性和准确性,其实验装置能达到的实际精度为±5%。热带法可用于测量液体、松散材料、多孔介质及非金属材料。在热带表面覆盖很薄的导热绝缘层后,还可以测量金属材料,适用范围广泛,测量精度高,方便实用。

4.8.2　常功率热源法

常功率平面热源法是 20 世纪 70 年代我国独立开发的测定材料导热系数的非稳态方法。其基本原理是根据一种以不稳定导热理论拟定的测试方法,其过程属于第二类边界条件,半无限大物体常热流通量作用下的分析解和它在工程实际中的应用。其导温系数和导热系数的解为:

$$\alpha = \frac{x_1^2}{4 Y_{x_1}^2 \tau_{x_1}} \tag{4-33}$$

$$\lambda = \frac{2 Q_e}{\theta_0 \tau_0} \sqrt{\alpha \tau_0} \frac{1}{\sqrt{\pi}} \tag{4-34}$$

式中　α——被测试样的导温系数,m^2/s;

λ——被测试样的导热系数,W/(m·K);

x_1——试样厚度,m;

Q_e——加热器发热面发出的热源强度,W;

τ_{x_1}——当被测试样下表面过余温度达到 θ_{x_1},τ_x 时所需要的时间,s;

τ_0——当被测试样下表面过余温度达到 θ_0,τ_0 时所需要的时间,s;

$\theta_0 \tau_0$——当被测试样下表面对应于 τ_0 时刻的过余温度,K;

Y_{x_1}——高斯误差补函数的一次积分中的变量值。

其装置结构如图 4-21 所示,平面加热器用恒定功率加热,以维持恒定的热流量,在试验时间足够短的条件下,试样可以看作是半无限大物体。根据不稳定导热过程的基本理论,当半无限大均质物体表面被常功率热流 q 加热时,求解其导热微分方程和定值条件组成方程组可得。

$$\theta_{x\tau} = \frac{2q}{\lambda} \sqrt{a\tau} \,\mathrm{ierfc}\left(\frac{x}{2\sqrt{a\tau}}\right) \tag{4-35}$$

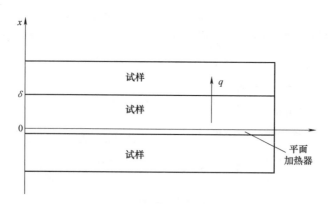

图 4-21 平面热源结构原理图

式中 $\mathrm{ierfc}\left(\dfrac{x}{2\sqrt{a\tau}}\right)$——高斯补误差函数的一次积值；

a——热扩散率（导温系数），m^2/s；

τ——测定时间，s。

由边界条件可得 τ_1 时 $x=0$ 处的温度分布方程和 $x=\delta$ 处的温度分布方程，将两式联立可得：

$$\mathrm{ierfc}\left(\dfrac{\delta}{2\sqrt{a\tau_2}}\right)=\dfrac{\theta_{\delta\tau_2}}{\theta_{\delta\tau_1}}\dfrac{1}{\sqrt{\pi}}\sqrt{\dfrac{\tau_1}{\tau_2}} \tag{4-36}$$

在测得 τ_1 时的 $\theta_{\delta\tau_1}$ 和 τ_2 时的 $\theta_{\delta\tau_2}$ 后，可求得扩散率 a。根据热扩散率 $a=\rho c_\mathrm{p}/\lambda$ 的定义，即可求得导热数。该法的不足之处是忽略了试样的侧面散热损失，没有考虑加热器热容量对测定结果的影响。在考虑热容量影响后，对平面热源法做了改进，用改进后的方法对聚苯乙烯泡沫塑料测定后发现，加热器热容量越大，试样的温升越小，所测得的导热系数也相对前者较小。

4.8.3 非稳态平面热源法

非稳态平面热源法（包括热脉冲法和阶跃平面热源法）可以测量均质固体材料、非均质材料以及多孔材料，只需测量试样内某一点的温度变化就可同时得到材料的导热系数和导温系数以及比热容等多个热物性参数。

4.8.3.1 热脉冲法

下面介绍用热脉冲法测量轻集料混凝土导热系数的测试装置及测试方法，测试装置如图 4-22 所示。

（1）仪器设备

1）加热器。厚度不大于 0.4mm，具有弹性，其面热容量应小于 $0.42\mathrm{kJ/(m^2\cdot ℃)}$。加热器应选用康铜、锰铜等电阻温度系数小的材料作加热丝，间距宜小于 2mm。加热器整个面积发出的热量应均匀，对试件应对称加热，加热器的尺寸应与试件尺寸相同，且不应有吸湿性。

2）热电偶。直径宜选用 0.1mm，电势测量仪表的精度为 $\pm\mu V$。

3）冰瓶。调整温度零点用。

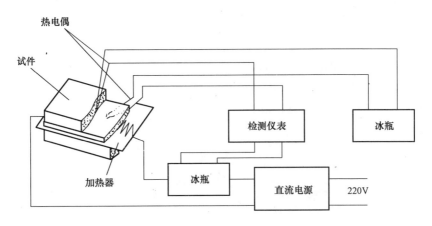

图 4-22 用热脉冲法测量导热系数装置示意图

4) 检测仪表。由电流计、电位计、电阻计等组成。

5) 标准电阻。

6) 直流电源。

(2) 试验步骤

1) 以相同配合比的轻集料混凝土成型一组试件，共 3 块，其中一块为薄试件（200mm×200mm×(20~30)mm），另两块为厚试件（200mm×200mm×(60~100)mm）。试件厚度均匀，薄试件的不平行度应小于其厚度的 1%。

2) 测量干燥状态热物理性能的试件，应先在烘箱中于 105~110℃ 条件下烘干至恒重。测量不同含湿状态下物理性能的试件，则应将干燥试件培养至所需湿度。一组试件的湿度差应小于±1%，且在同一试件内湿度应均匀分布。

3) 称量试件质量，测量其尺寸，然后计算其干表观密度（干燥试件）与质量含水率（不同湿度的试件）。

4) 按图 4-22 将试件安装于测试装置中。当试件初始温度在 10min 内变化小于 0.05℃，且薄试件上下表面温度差小于 0.1℃时，即可开始测量。

5) 接通加热器电源，同时启动秒表，并测量加热回路电流。

6) 加热 4~6min，当薄试件上表面温度升高 1~2℃ 时，记录上表面热电势及相对应的时间 τ'。

7) 测量热源面上的热电势及相应时间 τ_2'，τ' 和 τ_2' 之差不宜超过 1min。

8) 关闭加热器，经 4~6min 后再测量一次热源面上的热电势及相对应的时间，整个测试结束。

(3) 结果计算

1) 试件干表观密度

$$\rho_d = \frac{m_1}{V} \tag{4-37}$$

式中 ρ_d——轻集料混凝土干表观密度，kg/m³；

m_1——试件烘干质量，kg；

V——试件体积，m³。

2) 试件质量含水率

$$W_{wc} = \frac{m_2 - m_1}{m_1} \times 100 \quad (4\text{-}38)$$

式中 W_{wc}——轻集料混凝土试件质量含水率，%；
m_1——试件烘干后质量，kg；
m_2——试件烘干前质量，kg。

3) 导热系数

$$\lambda = \frac{I^2 R \sqrt{\alpha}\,(\sqrt{\tau_2} - \sqrt{\tau_2 - \tau_1})}{A\theta(0,\tau_2)\sqrt{\pi}} \quad (4\text{-}39)$$

式中 λ——试件的导热系数，W/(m·K)；
α——导温系数，m²/s；
$\theta(0,\tau_2)$——降温过程中热源面上的过余温度，℃；
τ_2——降温过程中热源面上相对应的时间，s；
τ_1——关闭热源相对应的时间，s；
A——加热器的面积，m²；
I——通过加热器的电流，A；
R——加热器的电阻，Ω。

4.8.3.2 阶跃平面热源法

阶跃平面热源法的测量原理如图 4-23 所示，给平面热源通以阶跃式的加热电流，同时用热电偶或热电阻元件测量距热源为 x 位置处材料的温度变化 $T(x,t)$，根据热源—试样测量系统的传热数学模型及其非稳态导热方程的解析解，可以确定被测材料试样的热物性参数。

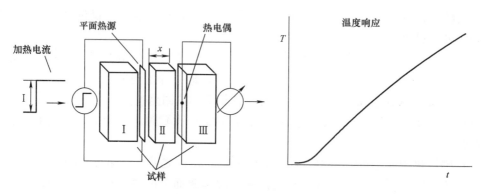

图 4-23 阶跃平面热源法示意图

4.8.4 闪光扩散法

闪光扩散法，又称为激光闪射法，是一种用于测量高导热材料与小体积样品的测试方法。该方法可直接测量材料的热扩散性能。在已知样品比热与密度的情况下，便可以得到样品的导热系数。闪光扩散法能够用比较法直接测量样品的比热；但推荐使用差示扫描量热仪，该方法的比热测量精确度更高。密度随温度的改变可使用膨胀仪进行测试。

应用闪光扩散法时，平板形样品在炉体中被加热到所需的测试温度。随后，由激光仿生器或闪光灯产生的一束短促光脉冲（<1ms）对样品的前表面进行加热。热量在样品中扩散，使样品背部温度的上升。用红外探测器测量温度随时间上升的关系。必须注意，重要的是测量信号随时间的变化，测量信号的绝对高度并不重要。

4.9 材料导热性能的影响因素

试件的热性质可能受材料性能和成分的可变性、含水率、时间、平均温度、温差和经历的热状态等因素而变化。因此，不应将测定值不加修改地应用于所有的使用情况。

代表材料的热性质需要有足够数量的测定数据，只有样品能代表材料、试件又能代表样品时，才能用一个试件的测量结果来确定材料的热性质。

而且测定结果的准确度与装置的设计、所用测量仪表以及试件类型有关。当测定的平均温度接近室温时，测量热性质能够准确到±2%。与其他类似装置进行大量的测量校对后，一套装置在全部测定范围内，任何情况都应得到大约±5%的准确度。

4.9.1 材料的分子结构及其化学成分

材料的分子结构及其化学成分是材料导热性能的决定性影响因素。由于建筑材料的化学成分和分子结构的不同，一般可分为结晶体构造（如建筑用钢、石英石等）、微晶体构造（如花岗石、普通混凝土）和玻璃体构造（如普通玻璃、膨胀矿渣珠混凝土等）。这种不同的分子结构引起导热系数有很大的差别。玻璃体物质由于其结构没有规律，以致不能形成晶格，各向相同的平均自由程很小，因此，共导热系数值要比结晶体物质低得多。

然而，对于多孔保温材料来说，无论固体成分的性质是玻璃体还是结晶体，对导热系数的影响都不大。因为这些材料孔隙率很高，颗粒或纤维之间充满空气，因此，气体的导热系数就起着主要作用，而固体部分的影响就减少了。

4.9.2 材料的表观密度

表观密度是指单位体积的材料重量，它是影响材料导热系数的重要因素之一。表观密度是材料气孔率的直接反映，由于气相的导热系数通常要小于固相的导热系数，所以保温材料都具有很大的气孔率，即很小的表观密度。一般情况下，增大气孔率或减少表观密度都能够降低材料的导热系数。

具有独立气泡的材料，是由于气泡内含有静止空气，从而获得了低导热系数的性质。正常条件下，气泡内的气体应以不发生对流为必要条件，故气泡的大小，只能在0.1～1mm的范围内。例如轻骨料混凝土总孔隙率大约为30%～60%，而70%～40%是由固体部分所组成；泡沫混凝土总孔隙率大约为56%～88%，而44%～12%是由固体所组成。所以材料的表观密度取决于孔隙率。当材料的表观密度一定时，孔隙率愈大，则表观密度就愈小。由于材料中有气孔的存在，因此，材料中的传热方式不单纯是导热，同时还存在着孔隙中气体的对流传热和孔壁之间的辐射传热。所以严格地说，多孔材料的导热系数应当是"当量导热系数"。材料的当量导热系数也就明显增大。因此，在生产加气混凝土、泡沫玻璃等自重轻、孔隙多的材料时，从工艺上保证孔隙率大、气孔尺寸小，是改善材料热物理特性的重要途径。

图 4-24 所示是混凝土的导热系数随表观密度变化的情况。

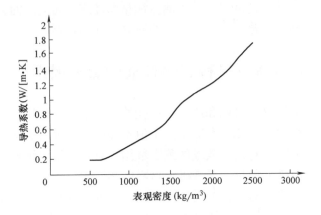

图 4-24 混凝土表观密度与导热系数的关系

绝热材料的主要传热方式是导热，即形成气泡的固体壳以及壳内气体的导热。因此，仅就这一种传热方式而言，因为大部分热流是经固体壳而流过去的，所以固体壳的数量越少，流出的热量也越少，即导热系数与材料的密度是成正比的。

应当指出，在材料导热的同时，还存在另一种传热方式，即辐射换热。辐射换热是指形成气泡的固体壳，由高温侧壳面向与它有一定温差的相对应的低温侧的壳面进行的辐射热交换，当该面的温度上升后，该面又向另一低温壳面进行辐射，这是一个反复相互换热的过程。因此，它妨碍了材料的传热，这种辐射经多次反复后，必然使波动能逐渐衰减，即固体壳的数量越多（材料中气泡、气孔的体积就越小，从而遮挡的膜便会相应增多），辐射换热量就减少，即所谓"辐射隔膜"就增加。

因为绝热材料的传热是以上述两种方式同时进行的，当绝热材料的密度减小到某一数值之后，导热系数的减小值与辐射换热量的增大值相比，后者效果更为明显，就整个材料而论，其导热系数又是趋向于增大的。为此，在某一密度下绝热材料的导热系数为最小，其后不论密度增大或减小，导热系数都在增大。

4.9.3 湿度

当固体中有水蒸气通过时，其内部状态非常复杂。形成固体粒子，相互之间紧密的程度越强，则水蒸气就越不容易通过。可是，固体内部总还存在着联系粒子的微小孔隙，这部分又很容易使水蒸气通过。

这样，当材料中有水蒸气通过时，由于材料的组成不同，水蒸气可以直接通过。也可能附着于粒子上成为半自由水分而固定水分，或者变成材料内部的水分，以致使粒子间空隙产生了移动等等，情况非常复杂。

由于形成绝热材料的种类不同，则绝热材料对湿度的反应也是各种各样的。不过，基本上可将它们分为吸湿材料和不吸湿材料两类。一般后者导热系数不随湿度变化；当材料周围的湿度发生变化时，前者导热系数将相应地发生变化。且吸湿材料的导热系数随着湿度的变化，其变化的比率很大，故在使用中对比应特别注意。

因此,由于气候、施工水分和使用的影响,都将引起建筑材料含有一定的湿度。材料受潮后,在材料的孔隙率中就有了水分(包括水蒸气和液态水)。而水的导热系数 $\lambda_水 = 0.580 W/(m·K)$,比静态空气的导热系数 $\lambda_{空气} = 0.026 W/(m·K)$ 大 20 多倍。这样,就必然使材料的导热系数增大。如果孔隙中的水分冻结成冰,冰的导热系数 $\lambda_冰 = 2.330 W/(m·K)$,又是水的 4 倍,材料的导热系数将更大。所以在实验室中所测得的干试样材料的导热系数不能直接用于围护结构的热工计算,而应该根据当地气候条件和施工条件选取一定湿度下的导热系数。

有些材料在干燥状态下的导热系数彼此差别很小,可是当含有一定水分时,它们之间的差别就增大。这说明水分与物体骨架的结合方式对导热系数有很大影响。

另一种现象也需指出:通常,干燥材料的导热系数随着温度的降低而减小,然而,潮湿材料情况就不一样,当温度在 0℃以下,材料中的水分会随着温度的下降而发生变化,即水冷却变成冰,这时,材料的导热系数就会增大。

4.9.4 温度

材料的导热系数与温度的关系是比较复杂的,很难从数量上详细地概括导热系数在温度影响下的变化情况。

一般来说,随着温度的升高,材料中固体分子的热运动增加,而且孔隙中空气的导热和孔壁辐射换热也增强,这就促成了材料导热系数的增大。

然而,对于晶体材料来说,正好相反,它们的导热系数随着温度的增高而减少。

此外,气孔的尺寸对导热系数也会引起较大的影响。例如,对于直径为 5mm 的气孔来说,当温度自 0℃升至 500℃时,空气当量导热系数将增大 11.7 倍;然而在直径为 1mm 的气孔中,其空气当量导热系数增长仅为 5.3 倍。但是当温度在 70~80℃以内,材料导热系数受温度的影响就很小。在一般房屋围护结构的热工建筑中都不考虑温度变化对导热系数的影响。只有对处于高温或者很低的负温条件下,才考虑采用相应温度下的导热系数。

对于大多数材料来说,导热系数与温度的关系近似于线性关系,可用式(4-40)来表示:

$$\lambda_t = \lambda_0 + \delta_t · t \tag{4-40}$$

式中 λ_t——材料温度为 0℃时的导热系数,W/(m·K);

λ_0——材料温度为 t 时的导热系数,W/(m·K);

δ_t——当材料温度升高 1℃时,导热系数的增值。

温度对各类绝热材料导热系数均有直接影响,温度提高,材料导热系数上升。

4.9.5 松散材料的粒度

常温时,松散材料的导热系数随着材料粒度的减小而降低,粒度大时,颗粒之间的空隙尺寸增大,其间空气的导热系数必然增大。粒度小者,导热系数的温度系数小。

4.9.6 热流方向

导热系数与热流方向的关系仅仅存在于各向异性的材料中,即在各个方向上构造不同的材料中。

1) 纤维质材料从排列状态看，分为纤维方向与热流向垂直和纤维方向与热流向平行两种情况。传热方向和纤维方向垂直时，其绝热性能比传热方向和纤维方向平行时要好一些。

一般情况下纤维保温材料的纤维排列是后者或接近后者，同样密度条件下，其导热系数要比其他形态的多孔质保温材料的导热系数小得多。

2) 气孔质材料又进一步分成固体物质中有气泡和固体粒子相互轻微接触两种。具有大量封闭气孔的材料的绝热性能也比具大量有开口气孔的要好一些。

4.9.7 填充气体孔型的影响

材料的气孔形状对导热系数也有一定影响。一般来说，封闭型气孔的导热系数要比敞开型气孔的导热系数小。由于敞开型气孔的毛细管吸湿能力很强，这对保温材料来说是很不利的。

松散状的纤维材料，其表观密度变化的幅度较大，表观密度大，导热系数相应也增大；然而表观密度小到一定程度，材料内产生空气循环对流换热，同样也会增加导热系数。因此，松散状的纤维材料存在着一个导热系数最小的最佳表观密度。

4.10 空心砖导热系数的计算

空心砖是近年来建筑行业常用的墙体主材，与实心砖相比，可节省大量的用土和烧砖燃料，减轻运输重量；减轻制砖和砌筑时的劳动强度，加快施工进度；减轻建筑物自重，降低造价。由于这些优点和墙改节能力度的加大，黏土质或混凝土质空心砖在市场上占有一定的份额。空心砖的导热性能也是建筑工程设计和施工应用的重要技术参数，下面介绍两种空心砖导热系数计算方法，和33孔空心砖的导热系数计算实例，在空心砖和空心砌块孔型设计的多方案比选时，可作为参考数据。

4.10.1 Homayr 公式

(1) 计算公式

$$\lambda_\mathrm{m} = \frac{F_1}{F}\left[\frac{\lambda_\mathrm{s} \cdot F_\mathrm{s}}{W_\mathrm{m} \cdot F_1} + \lambda'\left(1 - \frac{F_\mathrm{s}}{F_1}\right)\right] + \lambda_\mathrm{s} \cdot \frac{F_2}{F} \tag{4-41}$$

式中　λ_m——空心砖的导热系数，W/(m·K)；

λ_s——砖质材料的导热系数，W/(m·K)；

λ'——空心砖孔洞中空气层的导热系数，W/(m·K)；

F——空心砖截面总面积，m²；

F_2——顺着热流方向两侧边壁面积，m²；

F_1——顺着热流方向两侧边壁之间具有孔洞的面积，m²；

$F_1 = F - F_2$；

F_s——F_1内部孔壁的面积，m²；

$F_\mathrm{s} = F_1 - F_1$内孔洞的面积，m²；

$W_m = (W_A + W_B) \cdot f$;

W_A——孔壁线延长值的平均值;

$W_A = \dfrac{\text{孔壁轴 } A \text{ 的最大延长线}}{\text{空心砖宽度}}$;

W_B——热流路线 B 的最小相对延长值(图 4-25);

$W_B = \dfrac{\text{热流 } B \text{ 的最小延长线}}{\text{空心砖宽度}}$;

f——决定于孔洞布置方式的系数,菱形砖 $f=0.53\sim0.55$;错列孔空心砖 $f=0.58\sim0.60$;齐排孔空心砖 $f=0.5$。

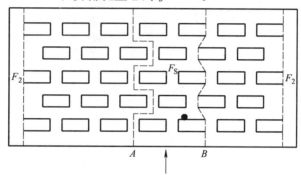

图 4-25 最大和最小热流路线及根据公式计算 λ_m 所需要的面积符号

(2) 33 孔承重空心砖导热系数的计算

砖规格:240mm×115mm×90mm

1) 顺向导热系数计算

33 孔空心砖热流线路见图 4-26。

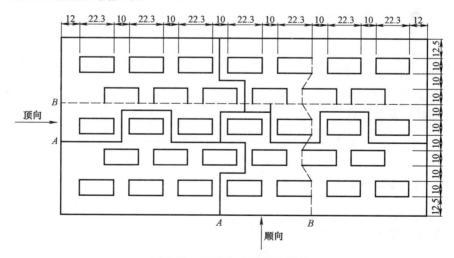

图 4-26 33 孔空心砖热流线路

空心砖截面总面积 $F=0.24\times0.115=0.0276\text{m}^2$;

顺着热流方向两侧边壁面积 $F_2=0.012\times0.115\times2=0.00276\text{m}^2$;

顺着热流方向两侧边壁之间具有孔洞的面积 $F_1=0.0276-0.00276=0.02484\text{m}^2$;

F_1 断面内部孔洞的面积 $F_{1孔}=0.007359\text{ m}^2$;

F_1 内部孔壁的面积 $F_s = 0.02484 - 0.007359 = 0.017481 \text{m}^2$；
砖质材料的导热系数 $\lambda_s = 0.754 \text{W/(m·K)}$；

$$W_A = \frac{\text{孔壁轴} A \text{的最大延长线}}{\text{空心砖宽度}} = \frac{0.1796}{0.115} = 1.562;$$

$$W_B = \frac{\text{热流} B \text{的最小延长线}}{\text{空心砖宽度}} = \frac{0.127}{0.115} = 1.104;$$

$f = 0.59$（错列孔）。

当空气层厚度为 10mm 时，导热系数 $\lambda' = 0.065 \text{W/(m·K)}$；

$$W_m = (1.104 + 1.562) \times 0.59 = 1.573;$$

$$\lambda_m = \frac{0.02484}{0.0276} \times \left[\frac{0.754 \times 0.017481}{1.573 \times 0.02484} + 0.065 \times \left(1 - \frac{0.017481}{0.02484}\right)\right] + 0.754 \times \frac{0.00276}{0.0276}$$

$$= 0.396 \text{W/(m·K)}$$

2) 顶向导热系数计算

$$\lambda_s = 0.754 \text{W/(m·K)};$$

$$F = 0.0276 \text{m}^2;$$

$$F_2 = 0.0125 \times 0.24 \times 2 = 0.006 \text{m}^2;$$

$$F_1 = 0.0276 - 0.006 = 0.0216 \text{m}^2;$$

$$F_s = 0.0216 - 0.007359 = 0.014241 \text{m}^2;$$

$$W_A = \frac{\text{孔壁轴} A \text{的最大延长线}}{\text{空心砖宽度}} = \frac{0.3601}{0.24} = 1.5;$$

$$W_B = \frac{\text{热流} B \text{的最小延长线}}{\text{空心砖宽度}} = \frac{0.24}{0.24} = 1;$$

$f = 0.5$（齐排孔）。

当空气层厚度为 22.3mm 时，导热系数 $\lambda' = 0.128 \text{W/(m·K)}$；

$$W_m = (1.5 + 1) \times 0.5 = 1.25;$$

$$\lambda_m = \frac{0.0216}{0.0276} \times \left[\frac{0.754 \times 0.014241}{1.25 \times 0.0216} + 0.128 \times \left(1 - \frac{0.014241}{0.0216}\right)\right] + 0.754 \times \frac{0.006}{0.0276}$$

$$= 0.509 \text{W/(m·K)}$$

3) 平均导热系数计算

$$\lambda = \frac{0.396 + 0.509}{2} = 0.453 \text{W/(m·K)}$$

4.10.2　К·ф·фокин 公式

(1) 计算公式

1) 平行于热流方向的热阻

$$R_{//} = \frac{F_\mathrm{I} + F_\mathrm{II} + F_\mathrm{III} + \cdots}{\frac{F_\mathrm{I}}{R_\mathrm{I}} + \frac{F_\mathrm{II}}{R_\mathrm{II}} + \frac{F_\mathrm{III}}{R_\mathrm{III}} + \cdots} \tag{4-42}$$

式中　F_I，F_II，F_III——围护结构表面各单独构件所占的面积；
　　　R_I，R_II，R_III——沿围护结构表面各单独构件的热阻。

2) 垂直于热流方向的热阻

$$R_\perp = R_1 + R_2 + \cdots + R_{cp} \tag{4-43}$$

式中 R_1,R_2——各层均质材料的热阻；

R_{cp}——非均质材料的热阻；

$$\lambda_{cp} = \frac{\lambda_I F_I + \lambda_{II} F_{II} + \lambda_{III} F_{III} + \cdots}{F_I + F_{II} + F_{III} + \cdots} \tag{4-44}$$

$\lambda_I \lambda_{II}$——各层单独材料的导热系数；

$F_I F_{II}$——各层单独材料所占面积。

3) 平均热阻

$$R = \frac{R_{//} + 2R_\perp}{3} \tag{4-45}$$

计算图例见图 4-27。

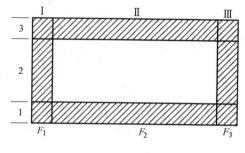

图 4-27 计算图例

(2) 33孔承重空心砖导热系数的计算（图 4-28）

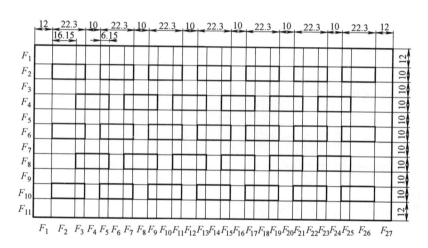

图 4-28 33孔空心砖导热系数计算图例

1) 顺向导热系数计算

① 平行于热流方向的热阻

$$F_1 = 0.012 \times 0.09 = 0.00108 m^2$$

$$R_1 = \frac{0.115}{0.754} = 0.152 m^2 \cdot K/W$$

$$F_2 = 0.01615 \times 0.09 = 0.00145 m^2$$

$$R_2 = \frac{0.010}{0.065} \times 3 + \frac{0.085}{0.754} = 0.574 m^2 \cdot K/W$$

$$F_3 = 0.00615 \times 0.09 = 0.000554 m^2$$

$$R_3 = \frac{0.010}{0.065} \times 5 + \frac{0.065}{0.754} = 0.855 m^2 \cdot K/W$$

$$F_4 = 0.010 \times 0.09 = 0.0009 m^2$$

$$R_4 = \frac{0.010 \times 2}{0.065} + \frac{0.095}{0.754} = 0.434 m^2 \cdot K/W$$

$$F_5 = 0.00615 \times 0.09 = 0.000554 \text{m}^2$$

$$R_5 = R_3 = 0.855 \text{m}^2 \cdot \text{K/W}$$

$$F_6 = 0.010 \times 0.09 = 0.0009 \text{m}^2$$

$$R_6 = \frac{0.010 \times 3}{0.065} + \frac{0.085}{0.754} = 0.574 \text{m}^2 \cdot \text{K/W}$$

$$R_{//} = \frac{0.24 \times 0.09}{\frac{0.00108 \times 2}{0.152} + \frac{0.00145 \times 2}{0.574} + \frac{0.000554 \times 12}{0.855} + \frac{0.0009 \times 6}{0.434} + \frac{0.0009 \times 5}{0.574}}$$

$$= 0.456 \text{m}^2 \cdot \text{K/W}$$

② 垂直于热流方向的热阻

$$R_1 = \frac{0.0125}{0.754} = 0.0166 \text{m}^2 \cdot \text{K/W}$$

$$\lambda_2 = \frac{0.0223 \times 7 \times 0.09 \times 0.065 + 0.0839 \times 0.09 \times 0.754}{0.24 \times 0.09} = 0.306 \text{W/(m} \cdot \text{K)}$$

$$R_2 = \frac{0.010}{0.306} = 0.0327 \text{m}^2 \cdot \text{K/W}$$

$$R_3 = \frac{0.010}{0.754} = 0.0133 \text{m}^2 \cdot \text{K/W}$$

$$\lambda_4 = \frac{0.0223 \times 6 \times 0.09 \times 0.065 + 0.1062 \times 0.09 \times 0.754}{0.24 \times 0.09} = 0.369 \text{W/(m} \cdot \text{K)}$$

$$R_4 = \frac{0.010}{0.369} = 0.0271 \text{m}^2 \cdot \text{K/W}$$

$$R_{\perp} = 0.0166 \times 2 + 0.0327 \times 3 + 0.0133 \times 4 + 0.0271 \times 2 = 0.239 \text{m}^2 \cdot \text{K/W}$$

③ 顺向热阻

$$R = \frac{0.456 + 2 \times 0.239}{3} = 0.311 \text{m}^2 \cdot \text{K/W}$$

$$\lambda_{\text{顺}} = \frac{0.115}{0.311} = 0.370 \text{W/(m} \cdot \text{K)}$$

2) 顶向导热系数计算

① 平行于热流方向的热阻

$$F_1 = 0.0125 \times 0.09 = 0.00113 \text{m}^2$$

$$R_1 = \frac{0.24}{0.754} = 0.318 \text{m}^2 \cdot \text{K/W}$$

$$F_2 = 0.010 \times 0.09 = 0.0009 \text{m}^2$$

$$R_2 = \frac{0.0223 \times 7}{0.127} + \frac{0.0839}{0.754} = 1.340 \text{m}^2 \cdot \text{K/W}$$

$$F_3 = 0.010 \times 0.09 = 0.0009 \text{m}^2$$

$$R_3 = \frac{0.24}{0.754} = 0.318 \text{m}^2 \cdot \text{K/W}$$

$$F_4 = 0.010 \times 0.09 = 0.0009 \text{m}^2$$

$$R_4 = \frac{0.0223 \times 6}{0.127} + \frac{0.1062}{0.754} = 1.194 \text{m}^2 \cdot \text{K/W}$$

$$R_{/\!/} = \frac{0.115 \times 0.09}{\frac{0.00113 \times 2}{0.318} + \frac{0.0009 \times 3}{1.340} + \frac{0.0009 \times 4}{0.318} + \frac{0.0009 \times 2}{1.194}} = 0.472 \text{m}^2 \cdot \text{K/W}$$

② 垂直于热流方向的热阻

$$R_1 = \frac{0.012}{0.754} = 0.0159 \text{m}^2 \cdot \text{K/W}$$

$$\lambda_2 = \frac{0.010 \times 0.09 \times 3 \times 0.0956 + 0.085 \times 0.09 \times 0.754}{0.115 \times 0.09} = 0.582 \text{W/(m} \cdot \text{K)}$$

$$R_2 = \frac{0.01615}{0.582} = 0.0277 \text{m}^2 \cdot \text{K/W}$$

$$\lambda_3 = \frac{0.010 \times 0.09 \times 5 \times 0.048 + 0.065 \times 0.09 \times 0.754}{0.115 \times 0.09} = 0.447 \text{W/(m} \cdot \text{K)}$$

$$R_3 = \frac{0.00615}{0.447} = 0.0138 \text{m}^2 \cdot \text{K/W}$$

$$\lambda_4 = \frac{0.010 \times 0.09 \times 2 \times 0.065 + 0.095 \times 0.09 \times 0.754}{0.115 \times 0.09} = 0.634 \text{W/(m} \cdot \text{K)}$$

$$R_4 = \frac{0.010}{0.634} = 0.0158 \text{m}^2 \cdot \text{K/W}$$

$$\lambda_6 = \frac{0.010 \times 0.09 \times 3 \times 0.065 + 0.085 \times 0.09 \times 0.754}{0.115 \times 0.09} = 0.574 \text{W/(m} \cdot \text{K)}$$

$$R_6 = \frac{0.010}{0.574} = 0.0174 \text{m}^2 \cdot \text{K/W}$$

$$R_\perp = 0.0159 \times 2 + 0.0277 \times 2 + 0.0138 \times 12 + 0.0158 \times 6 + 0.0174 \times 5 = 0.435 \text{m}^2 \cdot \text{K/W}$$

③ 顶向热阻

$$R = \frac{0.472 + 2 \times 0.435}{3} = 0.447 \text{m}^2 \cdot \text{K/W}$$

$$\lambda = \frac{0.24}{0.447} = 0.537 \text{W/(m} \cdot \text{K)}$$

3) 平均导热系数计算

$$\lambda_\text{平} = \frac{0.370 + 0.537}{2} = 0.454 \text{W/(m} \cdot \text{K)}$$

Homaryr 公式比较简便，可作为空心砖孔型选择与设计时计算导热系数的近似计算公式。从使用普遍性考虑，К·ф·фокин 公式更为稳定可靠，但比 Homaryr 公式计算复杂。

参考文献

[1] 国家技术监督局. 稳态热阻及有关特性的测定 防护热板法 GB/T 10294—2008. 北京：中国标准出版社，1989

[2] 国家技术监督局. 料稳态热阻及有关特性的测定 热流计法 GB/T 10295—2008. 北京：中国标准出版社，1989

[3] 国家技术监督局. 绝热层稳态热传递特性的测定 圆管法 GB/T 10296—2008. 北京：中国标准出版社，1989

[4] 国家技术监督局. 非金属固体材料导热系数的测定 热线法 GB/T 10297—1998. 北京：中国标准

出版社，1989
- [5] 国家技术监督局. 绝热材料稳态传热性质的测定　圆球法 GB 11833—89. 北京：中国标准出版社，1989
- [6] 闵凯，刘斌，温广. 导热系数测量方法与应用分析. 保鲜与加工. 2005，6
- [7] 天津建筑仪器厂. DRP-1 型导热系数测定仪企业标准. 1980，4
- [8] 张斌. 建筑材料导热系数的测定. 建筑节能技术论文集，2004
- [9] 龚洛书，柳春圃. 轻集料混凝土. 北京：中国铁道出版社，1996
- [10] 孙继颖. 空心砖与建筑. 北京：中国建筑工业出版社，1988

第5章 建筑构件热工性能检测

均质材料的传热性能通常用导热系数来表征，反映材料本身的性能，与材料的形状、厚度无关，只与材料的种类、密度、含水率、温度有关，导热系数越大，材料传热的能力就越强。对于一定尺寸、非均质的构件，通常用热阻或传热系数来表征其传热性能，其值不但与种类、密度、含水率、温度有关，还取决于基础材料的导热系数、构件的形状、三维尺寸等，热阻越大，构件传热的能力越小，即保温隔热能力越强。从传热的角度来讲，建筑构件基本上是非均质的，本章介绍的砌体、门窗等构件的热工性能通常均以热阻表示，如果以传热系数表示，需先检测得到的热阻值，然后经计算得出传热系数值。

实验室检测建筑构件的热工性能是建筑传热学研究和工程实践中最重要、最基础的手段。新的材料、新的保温构造、新的施工方法提出来，都要在实验室进行系统的研究测试，得出完整的研究结果才能编制施工图集，才可在工程上应用。同时，由于现场检测围护结构传热性能要求的条件比较严格、设备较多、技术很复杂（这部分内容将在第6章介绍），所以许多构件（如门、窗等）不能在现场检测，只能制作同条件试样在实验室进行检测，该结果用来评定建筑物围护结构的热工性能。

在实验室检测传热性能的建筑构件有：砌块砌筑的砌体、与实际建筑工程构造相同的外墙系统、屋顶系统、分户墙、地板、门窗等。

5.1 建筑构件概述

5.1.1 外墙

外墙是组成外围护结构的重点部分，也是建筑节能检测中的重点内容。据资料介绍，大多数国家规定的建筑物传热系数都小于 $0.6W/(m^2 \cdot K)$，如瑞典规定外墙传热系数为 $0.17W/(m^2 \cdot K)$，加拿大规定外墙传热系数为 $0.27\sim0.38W/(m^2 \cdot K)$，丹麦规定外墙传热系数为 $0.30\sim0.35W/(m^2 \cdot K)$，英国规定外墙传热系数为 $0.45W/(m^2 \cdot K)$ 等等，以上数据是这些国家 1992~1995 年的设计标准。我们从身边也能感受到这一点，20 世纪 80 年代建造的一批大板建筑，保温性能就很差，同样的锅炉房供热，房间温度远低于 370 砖混建筑的房间温度。另一个事例也反映了这个问题，东北地区对有些既有建筑进行了保温改造处理后，房间温度太高，由于分户计量未跟上，用户不能自由调节，只好开窗降温。这样浪费了热能，但是从另一方面切实地说明了房间保温性能对采暖质量的影响。

因此，准确地检测外墙传热系数是判定建筑物是否节能的关键指标。在实验室可以检测主体墙的传热系数，也可以做成与实际建筑物一致的热桥，检测热桥部位外墙的传热系数，作为评估建筑物的依据。这是因为在现场检测热桥是非常困难的，甚至有些热桥是不能检测的。

5.1.2 屋顶

屋顶保温性能，瑞典规定屋顶传热系数为 $0.12W/(m^2 \cdot K)$，加拿大规定屋顶传热系数为 $0.17 \sim 0.40W/(m^2 \cdot K)$，丹麦规定屋顶传热系数为 $0.20W/(m^2 \cdot K)$，英国规定屋顶传热系数为 $0.45W/(m^2 \cdot K)$。目前我国还未颁布65%节能目标的国家设计标准，各地制定的地方节能设计标准规定了屋顶传热系数限值，如北京4层及以下建筑屋顶传热系数小于 $0.45W/(m^2 \cdot K)$，5层及以上建筑屋顶传热系数小于 $0.6W/(m^2 \cdot K)$；兰州体形系数小于0.3的建筑物屋顶传热系数小于 $0.6W/(m^2 \cdot K)$，体形系数为 $0.3 \sim 0.33$ 的建筑物，屋顶传热系数小于 $0.4W/(m^2 \cdot K)$，等等。

屋顶传热系数的实验室检测方法与外墙相同。

5.1.3 分户墙

分户墙的热工性能目前尚未引起人们的重视，在居住建筑和公共建筑的节能设计标准中都没有对其传热系数的限值要求，因此分户墙的节能目前不作为节能验收和检测的内容。但是，近年来我国供热体制的改革和供热收费方式发生了变化：其一，供热体制由原来的福利供热逐步走向了市场化，"热商品"的概念被人们认识和接受，集中供热的受热用户从原来按面积收费变为按所用热量收费；其二，壁挂锅炉分户自采暖的建筑物越来越多。在这种情况下，住房和城乡建设部等明确提出供热计量是推进供热机制的主要方向。这样，热计量技术和邻室传热问题就成为了实施这个策略的重点。所以，分户墙的传热问题会成为节能审查中下一个重点关注的内容，如果分户墙节能做不好，分户计量的政策、技术就没有实施的基础。

分户墙传热系数的检测方法与外墙的检测方法相同。

5.1.4 地板

地板主要有接触室外空气地板和不采暖地下室上部地板，在实验室检测其传热系数的方法与外墙相同。

5.1.5 门窗

门、窗是建筑围护结构至关重要的两大组成部分之一，也是建筑耗能的重点部位，通常相同面积的窗户传热耗热量是外墙的4~6倍。因此，在建筑节能的技术措施中占有很大的比例。门、窗是定型的建筑构件，在实验室检测的门、窗有关建筑节能的技术指标有传热系数、水密性、气密性、抗风压性能，检测方法按照现行的国家标准规定进行。

5.2 砌体热阻检测

外墙系统、分户墙、地板、屋顶等建筑构件的检测方法基本相同，外墙是检测的基础，外墙的检测技术掌握了，其他构件的检测方法可参照进行。在外墙系统的各种构造中最复杂的是混凝土砌块体系，本节重点介绍混凝土空心砌块及砌体的热阻、传热阻、传热系数的检测方法。其他砌体的热阻检测按此进行。

混凝土空心砌块是常用的建筑构件，可以按用途、孔型、材质、孔排数、填芯材料、厚度等分类方法分为许多种，种类多、品种齐。国外混凝土空心砌块建筑已有140年的历史，我国混凝土空心砌块建筑应用也有70多年。近年来随着墙材革新，建筑节能政策的逐步推进，要开发节约土地、节约能源的墙体材料替代实心黏土砖，实践证明混凝土空心砌块是理想的墙体材料。建筑节能设计标准的不断提高，从节能30%、节能50%到节能65%的目标的提出与实施，对建筑物围护结构的传热性能的要求越来越严格，作为墙体材料的混凝土空心砌块遇到了前所未有的机遇和挑战。为了满足要求，各种结构形式的砌块应运而生，在推广使用之前，对这些新产生的砌块的节能性能研究无疑具有重要的意义。

由于不论哪种混凝土砌块从传热的角度来看都是不均匀的材料，所以混凝土砌块没有一个严格意义上的导热系数，只能针对某种具体的块型计算一个平均导热系数或热阻。在设计砌块形状时用计算热阻来定模具，在工程设计时，则采用计算热阻或砌块砌体的实测热阻值。

本节介绍用混凝土空心砌块砌筑的砌体的热阻检测，目前有两种方法用来检测，一是按标准规定的方法直接检测得到砌体热阻值，二是先检测砌块基材的导热系数，然后按热工设计规范规定的计算方法算出砌体热阻值。

5.2.1 直接检测——热箱法

目前在实验室检测砌体热阻的方法按现行的国家标准《绝热 稳态传热性质的测定 标定和防护热箱法》（GB/T 13475—2008）进行。

热箱法是基于一维稳态传热的原理，在试件两侧的箱体（热箱和冷箱）内，分别建立所需的温度、风速和辐射条件，达到稳定状态后，测量空气温度、试件和箱体内壁的表面温度及输入到计量箱的功率，就可以根据式（5-1）计算出试件的热传递性质——传热系数。因为要检测通过被测对象的热量，所以要把传向别处的热量进行剔除，这样根据处理方式的不同又分为标定热箱法和防护热箱法。

$$K=\frac{Q}{A(T_i-T_e)} \tag{5-1}$$

式中 K——传热系数，W/(m²·K)；

Q——通过试件功率，W；

A——热箱开口面积，m²；

T_i——热箱空气温度，K 或℃；

T_e——冷箱空气温度，K 或℃。

5.2.1.1 标定热箱法

标定热箱法的检测原理示意图如图5-1所示。将标定热箱法的装置置于一个温度受到控制的空间内，该空间的温度可与计量箱内部的温度不同。采用高比热阻的箱壁使得流过箱壁的热流量 Q_3 尽量小。输入的总功率 Q_p 应根据箱壁热流量 Q_3 和侧面迂回热损 Q_4 进行修正。Q_3 和 Q_4 应该用已知比热阻的试件进行标定，标定试件的厚度、比热阻范围应同被测试件的范围相同，其温度范围亦应与被测试件试验的温度范围相同。用式（5-2）计算被测试件的热阻、传热阻和传热系数。

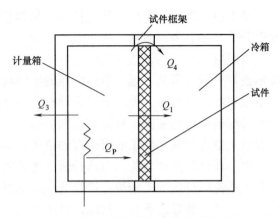

$$\left.\begin{array}{l}Q_1=Q_p-Q_3-Q_4\\R=A(T_{si}-T_{se})/Q_1\\K=Q_1/A(T_{ni}-T_{ne})\end{array}\right\} \quad (5\text{-}2)$$

式中 Q_p——输入的总功率,W;
Q_1——通过试件的功率,W;
Q_3——箱壁热流量,W;
Q_4——侧面迂回热损,W;
A——热箱开口面积,m^2;
T_{si}——试件热侧表面温度,K;
T_{se}——试件冷侧表面温度,K;
T_{ni}——试件热侧环境温度,K;
T_{ne}——试件冷侧环境温度,K。

图 5-1 标定热箱法检测原理示意图

5.2.1.2 防护热箱法

防护热箱法检测原理示意图如图 5-2 所示。在防护热箱法中,将计量箱置于防护箱内。使防护箱内温度与计量箱内温度相同,使试件内不平衡热流量 Q_2 和流过计量箱壁的热流量 Q_3 减至最小可以忽略。按式(5-3)计算被测试件的热阻、传热阻和传热系数。

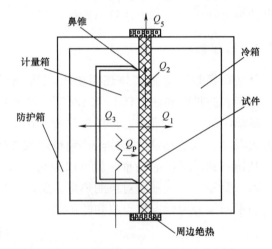

$$\left.\begin{array}{l}Q_1=Q_p-Q_3-Q_2\\R=A(T_{si}-T_{se})/Q_1\\K=Q_1/A(T_{ni}-T_{ne})\end{array}\right\} \quad (5\text{-}3)$$

式中 Q_2——试件内不平衡热流,W;
其他符号同式(5-2)。

5.2.1.3 装置

由于被测构件种类和测试条件是多种多样的,因此,没有一个通用的定型

图 5-2 防护热箱法检测原理示意图

设备。根据实验室条件和检测试件的规格尺寸,满足检测要求就行,图 5-1 和图 5-2 所示是典型布置形式,图 5-3 所示是其他的布置方式。热箱法试验的测量误差部分正比于计量区域周边的长度。随着计量区域的增大,其相对影响减小。在防护热箱法中,计量区域的最小尺寸是试件厚度的 3 倍或者 1m×1m,取其大者。标定热箱法的试件最小尺寸是 1.5m×1.5m,如图 5-4 所示。

(1) 计量箱

计量面积必须足够大,使试验面积具有代表性。对于有模数的构件,计量箱尺寸应精确地为模数的整数倍。

计量箱壁应该是热均匀体,以保证箱壁内表面温度均匀。Q_3 的不确定性引起 Q_1 的误差不应大于±0.5%。箱壁应是气密性的绝热体,箱壁的表面辐射率应大于0.8。防护热箱装置中的计量箱的鼻锥应紧贴试件表面以形成一个气密性连接。鼻锥密封垫的宽度不应超过计量宽度的2%,最大不超过20mm。

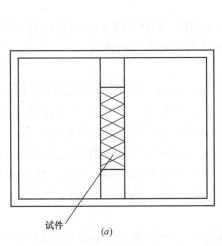
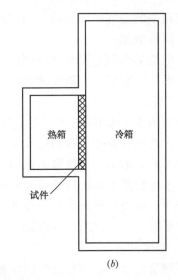

图 5-3　热箱法检测其他布置形式

供热及空气循环装置应保证试件表面有均匀的空气温度分布，沿着气流方向的空气温度梯度不得超过 2℃/m。平行于试件表面气流的横向温度差不应超过热、冷侧空气温差的 2%。

通常采用电阻加热器作为热源，热源应用绝热反射罩屏蔽。采用强迫对流时，在计量箱中设置平行于试件表面的导流屏，导流屏应与计量箱内面同宽，而上下端有空隙以便空气循环。导流屏在垂直其表面方向上可以移动，以调节平行于试件

图 5-4　热箱装置实物图

表面的空气速度，导流屏表面的辐射率亦应大于 0.8。

在垂直位置测量时，自然对流所形成的循环应能达到所需的温度均匀性和表面换热系数。当空气为自然对流时，试件同导流屏之间的距离应远大于边界层的厚度，或者不用导流屏。当自然对流循环不能满足所要求的条件时，应安装风扇。风扇电动机安装在计量箱中时，必须测量电动机消耗的功率并加到加热器消耗的功率上。如果只有风叶在计量箱内，应准确测量轴功率并加到加热器消耗的功率上，使得试件热流量测量误差小于 ±0.5%，建议气流方向与自然对流方向相同，计量箱的深度在满足边界层厚度和容纳设备的前提下应尽量小。

(2) 防护箱

防护箱的作用是在计量箱周围建立一个小空间，通过人为控制得到适当的空气温度和表面换热系数，目的是使流过计量箱壁的热流量 Q_3 及试件不平衡热流量 Q_2 减到最小。防护面积大小及边界绝热应满足以下条件：当测试最大预期比热阻和厚度的均质试件时，由周边热损失 Q_5 引起的热流量 Q_1 的误差应小于 ±0.5%。防护箱内壁的辐射率、加热器屏蔽等要求与计量箱相同。防护箱内环境的不均匀性引起不平衡误差应小于 ±0.5%。为

避免防护箱中的空气停滞不动，通常需要安装循环风扇。

(3) 试件框架

试件框架的作用主要是支撑试件。在标定热箱装置中试件框架是侧面迂回热损失 Q_4 的通路。因此，它是一个重要的部件，应由低导热系数的材料做成。

(4) 冷箱

在应用图 5-1 和图 5-2 所示的装置时，标定热箱装置中，冷箱的大小与计量箱的大小相同；防护热箱装置中，冷箱的大小与防护箱的大小相同。箱壁应绝热良好并防止结露，箱壁内表面的辐射率、加热器的热辐射屏蔽及温度均匀性的要求与计量箱相同。

制冷系统的蒸发器出口处可设置电阻加热器，以精确调节冷箱温度。为使箱内空气温度均匀分布，可设置导流屏，建议气流方向与自然对流方向相同。电机、风扇和蒸发器应进行辐射屏蔽。空气流速应可以调节，测量建筑构件时，风速一般为 0.1~10m/s。

5.2.1.4 温度测量

需要测量记录的温度有空气温度和表面温度，一般用铜—康铜热电偶温度传感器。

(1) 空气温度

测量空气温度和试件表面温度的热电偶应该尽量均匀分布在试件表面上，并且热侧和冷侧互相对应布置。测量所有与试件进行辐射换热表面的温度，以便计算平均辐射温度。除非已知温度的分布，否则各种用途的温度测点数量每平方米不得少于 2 个，并且总共不得少于 9 个。应对热电偶进行热辐射屏蔽。

为提高精度，可用示差接法测量试件两侧的空气温差、表面温差和计量箱壁两侧的表面温差。

(2) 表面温度

用热电偶检测时其丝径应小于 0.5mm，热电偶的接点及至少 100mm 长的引线应沿等温面布置，用胶粘剂或胶带固定在被测表面以形成良好的接触，其表面用辐射率与被测表面相同的材料覆盖。

5.2.1.5 热流量测量

热箱法计量的热流量有两部分，一部分是热箱加热器的功率，另一部分是通过箱壁和试件迂回的热损失。加热器的功率用功率表或电流电压表测量，后者用热电偶、热流计测量。温度测量仪表的精度达到 0.1℃，功率测量仪表的精度应能够保证流过试件热流量的误差小于 3%。

5.2.1.6 热流计

用于监视流过计量箱壁热流量的热流计接点的安装要求与被测表面温度的热电偶安装要求相同，并且每 $0.25m^2$ 至少要有一个测点。

5.2.1.7 温度控制

稳态时，至少在两个连续的测量周期内计量箱内温度的随机波动和漂移应小于试件两侧空气温差的 ±1%，防护箱的温度控制引起的附加不平衡误差应小于 ±0.5%。

5.2.1.8 试件安装

(1) 试件要求

由于试件含水率对其传热性能影响很大，因此为了消除这个附加误差，使结果更加真实地反映试件的传热性能，试件在测量前调节到气干状态。试件的规格、品质应能够代表试件在正常使用状况下的情况。

（2）安装要求

均质试件直接安装在试件夹上，做好周边密封即可。对非均质试件（当试件不均匀性引起的表面温度的局部差值超过试件两侧表面平均温差的20%时，可认为是非均质的）应作如下考虑：用防护热箱法检测时，应将热桥对称地布置在计量面积和防护面积的分界线上，如果试件是有模数的，计量箱的周边应同模数线外形重合或在模数线的中间。试件中连续的空腔可用隔板将其分成防护空腔和计量空腔，试件表面为高导热性的饰面时，可在计量箱周边将饰面切断。用标定热箱法检测时，应考虑试件边缘的热桥对侧面迂回传热的影响。试件安装时周边应密封，不让空气或水汽从边缘进入试件，也不从热的一侧传到冷的一侧，反之亦然。试件的边缘应绝热，使 Q_5 减小到符合准确度的要求。每一个温度变化区域应该放置辅助温度传感器，试件的表面平均温度是每个区域的表面平均温度的面积加权平均值。

如果试件表面不平整，可用砂浆、嵌缝材料或其他适当的材料将同计量箱周边密封接触的面积填平。如果试件尺寸小于计量箱所要求的试件尺寸，将试件镶嵌在一堵辅助墙板的中间，辅助墙板的比热阻和厚度应与试件相同。

5.2.1.9 测量条件

测量条件的选择应考虑试件在工程上实际使用的环境。箱内最小温差为20℃，冷、热箱的温度控制满足5.2.1.7节的要求，热、冷箱内的空气流速根据试验要求调节。如果用防护热箱法检测时，保证防护热箱和计量热箱的温度保持一致，使二者之间不产生热量传递，使 Q_2 和 Q_3 尽可能接近于零。否则检测的结果会产生偏差，防护箱温度高于计量箱时，防护箱内热量向计量箱传递，检测得到的试件传热系数值偏低；防护箱温度低于计量箱温度时，计量箱热量向防护箱内传递，计量箱加热器发出的功率没有完全通过试件，检测得到的试件传热系数值偏高。

5.2.1.10 测量的持续时间

试验达到稳态后，测量两个至少为3h（1h一次）周期内功率和温度值，及其计算的热阻 R 或传热系数 K 平均值偏差小于1%，并且每小时的数值不是单方向变化时，表示已经得到试件的稳态热传递性质——热阻或传热系数，即可结束测量。如果试件的热容量很大或传热系数很小，还要延长试验的持续时间。

5.2.1.11 结果计算

试件的稳态传热性质参数（热阻 R 值、传热系数 K 值）按照式（5-2）和式（5-3）用5.2.1.10节最后两个至少为3h的平均值进行计算。同时，如果需要，根据这些数据按式（5-4）、式（5-5）、式（5-6）还可以计算出试件的传热阻 R_0、内表面（试件热侧面）换热阻 R_i、外表面（试件冷侧面）换热阻 R_e。

$$R_0 = \frac{1}{K} \tag{5-4}$$

$$R_i = \frac{A(T_{ni} - T_{si})}{Q_1} \tag{5-5}$$

$$R_e = \frac{A(T_{se} - T_{ne})}{Q_1} \tag{5-6}$$

式中符号的意义与式（5-2）和式（5-3）相同。

均质试件或不均匀度小于 20% 的试件，可根据表面温度计算热阻 R，根据环境温度计算传热系数 K 和表面换热阻 R_i、R_e。如超出上面所述的均匀性或者试件有特殊的几何形状，仅能根据环境温度计算传热系数 K 值。

5.2.1.12 检测报告

检测报告应包括下述内容：

（1）机构信息：委托和生产单位名称，检测单位名称、住址。

（2）试件信息：试件名称、编号、描述（规格、试验前后的质量、含湿量、各种传感器的位置），最好给出检测时的安装简图。

（3）检测条件：试件方位及传热的方向，热、冷侧的空气温度，热、冷侧的表面温度，热、冷侧空气的平均流速及方向，测量装置的尺寸及内表面的辐射率，总输入功率及流过试件的纯传热量，测量的持续时间。

（4）检测信息：检测依据、检测设备、检测项目、检测类别和检测时间。

（5）检测结果：试件传热系数 K 值、热阻 R 值，需要时列出传热阻 R_0、内表面换热阻 R_i、外表面换热阻 R_e。

（6）备注说明：试验条件与试件均质性说明。

（7）报告责任人：测试人、审核人及签发人等。

5.2.2 直接检测——热流计法

5.2.2.1 电热模拟——热流计法的基本原理

热流计法检测墙体热阻的基本原理与物理学中测量电阻的原理相似。我们知道，在测量电阻时只要测出电阻两端的电位差（电压）和通过电阻的电流，即可按式（5-7）计算出电阻值：

$$R_d = \frac{U_d}{I_d} \tag{5-7}$$

式中　R_d——电阻值，Ω；

　　　U_d——电压，V；

　　　I_d——电流，A。

对于墙体的传热问题而言，温度类似于电路中的电位，温差类似于电压，热流与电路中电流相类似。同样的道理，如果要检测墙体的热阻，只要检测出墙体两侧的温度差和通过墙体的热流量，就可以计算出墙体的热阻值，并进一步算出墙体的传热阻和传热系数。基本原理清楚了，剩下的问题就是检测条件的设定和仪器仪表的选用。

5.2.2.2 试验条件

试验条件和试样的安装处理与 5.2.1 节一样，在实验室砌墙，墙体两侧分别为热室和冷室，模拟采暖期气候条件。

5.2.2.3 热流计法测热阻的原理

热流计法检测的前提条件是一维稳态传热，本质要求是通过热流计的热流 E，即是通过被测对象的热流，并且这个热流平行于温度梯度方向，不考虑向四周的扩散。这样，同时测出热流计冷端温度和热端温度，即可根据式（5-8）、式（5-9）和式（5-10）计算出被测对象的热阻、传热阻和传热系数。

$$R = \frac{t_2 - t_1}{E \cdot C} \tag{5-8}$$

$$R_0 = R_i + R + R_e \tag{5-9}$$

$$K = \frac{1}{R_0} \tag{5-10}$$

式中　R——被测物的热阻，$m^2 \cdot K/W$；

　　　t_1——冷端温度，K；

　　　t_2——热端温度，K；

　　　E——热流计读数，mV；

　　　C——热流计测头系数，$W/(m^2 \cdot mV)$，热流计出厂时已标定；

　　　R_0——被测物的传热阻，$m^2 \cdot K/W$；

　　　R_i——内表面换热阻，$m^2 \cdot K/W$；

　　　R_e——外表面换热阻，$m^2 \cdot K/W$；

　　　K——传热系数，$W/(m^2 \cdot K)$。

5.2.2.4　所用仪器仪表及材料

主要设备仪器是温度传感器、热流传感器、数据采集仪。

（1）温度热流自动巡回检测仪（以下简称巡检仪）

该仪器为智能型的数据采集仪表。采用最新单片机系统，能够测量55路温度值和20路热流的热电势值，可实现巡回或定点显示、存储、打印等功能，并且可将存储数据上传给微型计算机进行处理（巡检仪型号不同，功能也不尽相同）。

（2）WYP型热流计

外形尺寸为110mm×110mm×2.5mm，测头系数为11.6$W/(m^2 \cdot mV)$ [10$kcal/(m^2 \cdot h \cdot mV)$]，使用温度范围为100℃以下，标定误差≤5%。

（3）温度传感器

用铜—康铜热电偶作为温度传感器，测温范围为−50～100℃，分辨率为0.1℃，不确定度≤+0.5℃。

（4）温度控制仪

制冷和加热双向控制，采用PID控制模式精确控温，控温范围为−20～45℃。

（5）数字温度计

分辨率为0.1℃，量程为−50～199.9℃，测量精度：0.2℃。

（6）其他仪器及材料

电烙铁、万用表、黄油、双面胶带、透明胶带等。

5.2.2.5　检测步骤

1）将试样处理安装，如果做了砂浆等砌筑或抹面材料，要待其含水率达到气干状态。

2）粘贴传感器，热流计贴在试件的中间部位，布置在热侧；热电偶贴在热流计周围，一片热流计周围贴4片热电偶，并在另一侧即冷侧对应位置粘贴相同数量的热电偶。

3）将热流计和热电偶分别编号，连接到数据采集仪上。

4）开机检测，并监控数据采集仪的工作状态。

5）试验中随时对采集的数据进行热阻或传热系数的计算。如果数据采集仪自身具有计算功能,可直接看出计算结果。如果数据采集仪没有自动计算功能,要用上位机在线或离线检测,用通信软件将数据传给上位机,将数据代入式(5-8)、式(5-9)、式(5-10)计算热阻或传热系数。直到热阻或传热系数不再随时间变化,达到稳定状态,试验结束。

5.2.2.6 数据处理

试验达到稳态后,利用计算出的热阻或传热系数作图,热阻—时间曲线或传热系数—时间曲线,取稳定段数值的平均值作为测量结果。

5.2.2.7 检测报告

检测报告的内容与热箱法检测中报告的内容基本一致。

5.2.3 间接检测

砌体热阻除了按5.2.1节和5.2.2节的方法在实验室直接检测外,还可以间接测试,即先测出组成材料的导热系数,再经计算得到砌体热阻值。首先按照第4章的方法测得砌体基础材料的导热系数,然后结合砌体使用过程中的热流特征,根据《民用建筑热工设计规范》(GB 50176—93)中复合结构热阻值的计算公式进行计算,得到砌体的热阻值。

5.2.3.1 步骤

该方法检测砌体热阻,按以下4步完成:选择材料导热系数检测方法、制作基材导热系数检测试样、检测基材导热系数、计算砌体热阻。具体内容如下:

1) 按第4章介绍的检测材料导热系数的方法,根据设备条件和具体情况选择合适的方法。

2) 根据选定的方法和设备的要求,制作检测砌体基材的导热系数的试样。砌块材质的导热系数试样有两种制作方法:一种是在砌块生产过程中同时制作同条件养护至龄期,将试样的周边和两个大面打磨平整待检;另一种方法是在已经做好的砌块上制样,用钢锯截取完整的砌块制样,试样的周边和两个大面打磨平整待检。试样及制作试样的模具如图5-5所示。板状的制品直接在试件上截取符合仪器要求的试样,现拌混凝土或浆料类保温材料用图5-5(b)或图5-5(d)中的模具成型试样。

3) 检测基材试样的导热系数。

4) 计算砌块的热阻或平均传热系数。

5.2.3.2 计算依据

根据《民用建筑热工设计规范》(GB 50176—93)的规定,复合结构的热阻由式(5-11)计算得出,热阻计算示意图如图5-6所示。

$$\overline{R} = \left[\frac{F_0}{\frac{F_1}{R_1} + \frac{F_2}{R_2} + \cdots\cdots + \frac{F_n}{R_n}} - (R_i + R_e) \right] \varphi \tag{5-11}$$

式中　　$\overline{R}$——平均热阻,$m^2 \cdot K/W$;

F_0——与热流方向垂直的总传热面积,m^2,见图5-6;

F_1、F_2……F_n——按平行于热流方向划分的各个传热面积,m^2;

R_1、R_2……R_n——各个传热面部位的传热阻,$m^2 \cdot K/W$;

R_i——内表面换热阻,取 $0.11 m^2 \cdot K/W$;

R_e——外表面换热阻,取 $0.04\ m^2 \cdot K/W$;

φ——修正系数,按表5-1采用。

图 5-5 导热系数检测试样与模具

（a）圆饼试样；（b）制作圆饼试样的模具；（c）方板状试样；（d）制作方板状试样的模具

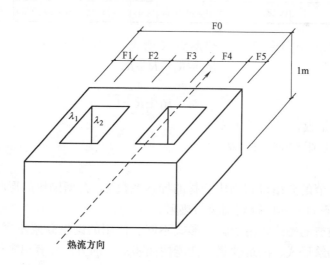

图 5-6 热阻计算示意图

其中 R_1、R_2……R_n 的值由式（5-12）计算。

$$R = \frac{d}{\lambda} \tag{5-12}$$

式中 R——材料层的热阻，$m^2 \cdot K/W$；

d——材料层的厚度，m；

λ——材料的导热系数，$W/(m \cdot K)$。

修正系数 φ 值　　　　表 5-1

λ_2/λ_1 或 $\dfrac{\lambda_2+\lambda_3}{2}/\lambda_1$	φ	λ_2/λ_1 或 $\dfrac{\lambda_2+\lambda_3}{2}/\lambda_1$	φ
0.09～0.10	0.86	0.40～0.69	0.96
0.20～0.39	0.93	0.70～0.99	0.98

空气层可视为特殊的绝热材料，因为对流传热等原因，空气层的热阻不能简单地由式 (5-12) 计算得出，而需采用经验值从表 5-2 中选取。

空气间层热阻值 ($m^2 \cdot K/W$)　　　　表 5-2

位置、热流状况及材料特性		冬季状况 间层厚度(mm)							夏季状况 间层厚度(mm)						
		5	10	20	30	40	50	60以上	5	10	20	30	40	50	60以上
一般空气间层	热流向下(水平、倾斜)	0.10	0.14	0.17	0.18	0.19	0.20	0.20	0.09	0.12	0.15	0.15	0.16	0.16	0.15
	热流向上(水平、倾斜)	0.10	0.14	0.15	0.16	0.17	0.17	0.17	0.09	0.11	0.13	0.13	0.13	0.13	0.13
	垂直空气间层	0.10	0.14	0.16	0.17	0.18	0.18	0.18	0.09	0.12	0.14	0.14	0.15	0.15	0.15
单面铝箔空气间层	热流向下(水平、倾斜)	0.16	0.28	0.43	0.51	0.57	0.60	0.64	0.15	0.25	0.37	0.44	0.48	0.52	0.54
	热流向上(水平、倾斜)	0.16	0.26	0.35	0.40	0.42	0.42	0.43	0.14	0.20	0.28	0.29	0.30	0.30	0.28
	垂直空气间层	0.16	0.26	0.39	0.44	0.47	0.49	0.50	0.15	0.22	0.31	0.34	0.36	0.37	0.37
双面铝箔空气间层	热流向下(水平、倾斜)	0.18	0.34	0.56	0.71	0.84	0.94	1.01	0.16	0.30	0.49	0.63	0.73	0.81	0.86
	热流向上(水平、倾斜)	0.17	0.29	0.45	0.52	0.55	0.56	0.57	0.15	0.25	0.34	0.37	0.38	0.38	0.35
	垂直空气间层	0.18	0.31	0.49	0.59	0.65	0.69	0.71	0.15	0.27	0.39	0.46	0.49	0.50	0.50

砌体传热阻 R_0 由式 (5-13)、传热系数 K 由式 (5-14) 计算得出：

$$R_0 = R_i + R + R_e \tag{5-13}$$

$$K = \frac{1}{R_0} = \frac{1}{R_i + R + R_e} \tag{5-14}$$

式中　K——传热系数，$W/(m^2 \cdot K)$；
　　　R——砌体热阻，$m^2 \cdot K/W$。

5.2.3.3　计算

通过 5.1.2.1 节的介绍得到砌块基材的导热系数 λ，根据砌块的形状选取适宜的修正系数 φ，代入式 (5-11) 即可得到砌块的热阻。

同样的砌块建造的砌体，由于砌筑形式不同、使用的砌筑砂浆不同，其热阻也不同。然后根据砌块的砌筑形式、砌筑砂浆的性能按面积加权的方法计算出砌体的热阻。砌筑砂浆的导热系数根据材料热物理性能手册选取，或按第 4 章介绍的材料导热系数检测方法通过实测得到。具体的检测和计算过程见检测实例之二。

5.2.4　检测实例之一——直接检测

陶粒空心砌块的热阻检测

图 5-7 所示是轻质混凝土空心砌块，其基材是陶粒混凝土。砌块规格尺寸为（长×厚×高）390mm×190mm×190mm，肋厚、壁厚按 30mm 计，单排双孔。

先将砌块烘干,测量表观密度。然后按使用状态在试件框中砌筑一堵试验墙,如图 5-8 所示。待砌体达到气干状态后,然后粘贴热电偶、连接数据采集仪,开机检测。

图 5-7 陶粒保温砌块　　　　　　　　图 5-8 砌体热阻检测图

下面是该砌块热阻检测的结果。

测试过程热端环境空气温度变化趋势如图 5-9 所示。

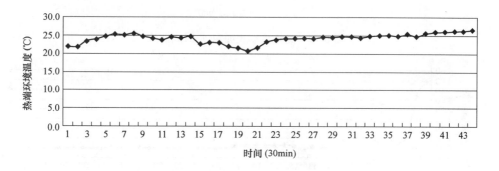

图 5-9 热端环境温度-时间曲线

测试过程热端砌体表面温度变化趋势如图 5-10 所示。

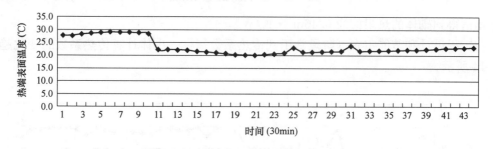

图 5-10 砌体热端表面温度-时间曲线

测试过程冷端环境空气温度变化趋势如图 5-11 所示。

测试过程砌体冷端表面温度变化趋势如图 5-12 所示。

砌体热阻测试结果如图 5-13 所示。

从图 5-13 中可以看出达到稳定状态后,砌体热阻基本不随时间变化。计算稳定区段

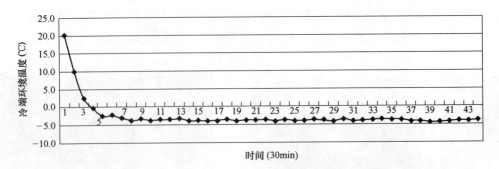

图 5-11　砌体冷端环境温度-时间曲线

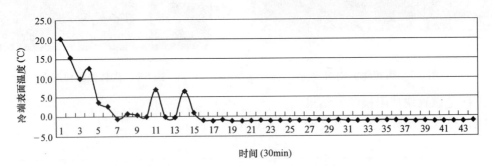

图 5-12　砌体冷端表面温度-时间曲线

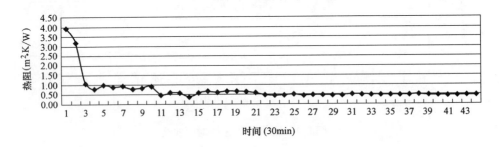

图 5-13　砌体热阻-时间曲线

的平均值得到砌体的热阻值为 $0.46 m^2 \cdot K/W$。

在工程设计和节能审查等阶段常用到传热系数指标，砌体计算传热系数的变化趋势如图 5-14 所示。

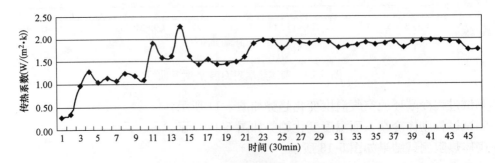

图 5-14　砌体计算传热系数-时间曲线

计算稳定段传热系数平均值得到砌体的传热系数值为 1.90W/(m²·K)。

5.2.5 检测实例之二——间接检测

5.2.5.1 先测材料导热系数

首先制作砌块基材陶粒混凝土的导热系数试样，按第 4 章介绍的材料导热系数检测方法，得到砌块陶粒混凝土基材的导热系数为 0.23W/(m·K)，干密度为 568kg/m³。

5.2.5.2 计算砌块热阻

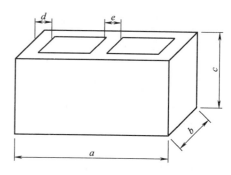

图 5-15 陶粒保温砌块计算示意图

陶粒砌块热阻计算示意图如图 5-15 所示。该砌块规格尺寸为 390mm×190mm×190mm，砌块的宽度为 190mm，外壁厚 30mm，肋厚 30mm。如图 5-15 所示，在与传热方向垂直的面上，将砌块分为 5 个传热单元，每个单元的面积直接根据砌块尺寸计算，单层材料的热阻按式（5-12）计算，多层材料的热阻按式（5-15）计算，计算过程如下。

$$R = R_1 + R_2 + \cdots\cdots + R_n \quad (5\text{-}15)$$

（1）传热面积计算

总面积 $F_0 = 0.39 \times 0.19 = 0.0741 \text{m}^2$；

第 1 单元面积 $F_1 = 0.03 \times 0.19 = 0.0057 \text{m}^2$；

第 2 单元面积 $F_2 = (0.39 - 0.03 \times 3) \div 2 \times 0.19 = 0.15 \times 0.19 = 0.0285 \text{m}^2$；

第 3 单元面积 $F_3 = F_1 = 0.03 \times 0.19 = 0.0057 \text{m}^2$；

第 4 单元面积 $F_4 = F_2 = 0.0285 \text{m}^2$；

第 5 单元面积 $F_5 = F_3 = F_1 = 0.03 \times 0.19 = 0.0057 \text{m}^2$。

（2）砌块热阻计算

第 1、3、5 单元的热阻相等，其值为砌块厚度方向陶粒混凝土的热阻，第 2、4 单元的热阻相等，其值为砌块两个壁厚陶粒混凝土的热阻和 130mm 厚空气层热阻的和，查表 5-2 得到一般垂直空气间层冬季状况的热阻 R_g 为 0.18m²·K/W。

第 1 单元热阻 $R_1 = 0.19 \div 0.23 = 0.826 \text{m}^2 \cdot \text{K/W}$；

第 2 单元热阻 $R_2 = 0.03 \div 0.23 + R_g + 0.03 \div 0.23 = 0.130 + 0.18 + 0.130 = 0.440 \text{m}^2 \cdot \text{K/W}$；

第 3 单元热阻 $R_3 = R_1 = 0.826 \text{m}^2 \cdot \text{K/W}$；

第 4 单元热阻 $R_4 = R_2 = 0.440 \text{m}^2 \cdot \text{K/W}$；

第 5 单元热阻 $R_5 = R_3 = R_1 = 0.826 \text{m}^2 \cdot \text{K/W}$；

（3）R_i、R_e 按 GB 50176—93 取值，R_i 取 0.11m²·K/W，R_e 取 0.04m²·K/W。修正系数 φ，按表 5-1 中要求，采用 0.98。

（4）将 F_1、F_2、F_3、F_4、F_5、R_1、R_2、R_3、R_4、R_5、φ、R_i、R_e 的值代入式（5-11）经过计算得到砌块的平均热阻 $\overline{R}$，计算过程如下。

$$\overline{R} = \left[\frac{F_0}{\frac{F_1}{R_1}+\frac{F_2}{R_2}+\frac{F_3}{R_3}+\frac{F_4}{R_4}+\frac{F_5}{R_5}} - (R_i+R_e)\right]\varphi$$

$$= \left[\frac{0.0741}{\frac{0.0057}{0.826}+\frac{0.0285}{0.440}+\frac{0.0057}{0.826}+\frac{0.0285}{0.440}+\frac{0.0057}{0.826}} - (0.11+0.04)\right]\times 0.98$$

$$= \left(\frac{0.0741}{\frac{0.0171}{0.826}+\frac{0.057}{0.440}} - 0.15\right)\times 0.98$$

$$= \left(\frac{0.0741}{0.0207+0.1295} - 0.15\right)\times 0.98$$

$$= \left(\frac{0.0741}{0.1502} - 0.15\right)\times 0.98$$

$$= (0.4933 - 0.15)\times 0.98$$

$$= 0.3433 \times 0.98$$

$$= 0.336 \text{m}^2 \cdot \text{K/W}$$

砌块的传热阻计算如下：

$$R_0 = R_i + \overline{R} + R_e = 0.11 + 0.336 + 0.04 = 0.486 \text{m}^2 \cdot \text{K/W}$$

砌块传热系数计算如下：

$$K = \frac{1}{R_0} = \frac{1}{0.336 + 0.15} = 2.06 \text{W/(m}^2 \cdot \text{K)}$$

至此，砌块的热阻已经通过检测和计算得出了，可以作为设计、检测验收的基础数据使用。如果想要知道砌块砌筑成的墙体的传热性能，接着进行下面的计算过程。

(5) 砌块砌体的平均热阻计算。

砌块在实际使用时要砌筑为砌体，计算砌体的热阻、传热阻、传热系数时要考虑砌筑砂浆的厚度和导热系数以及抹面砂浆的厚度和导热系数。在这种情况下，分步计算：先计算砌体中砌块的面积和砌筑砂浆灰缝的面积；按式 (5-12) 计算出砌筑砂浆灰缝的热阻（砌筑砂浆可按均质材料计算）；根据砌体中砌块和砌筑砂浆所占面积比例，按面积加权的方法计算出砌体主体部位的平均热阻；测量抹面砂浆的厚度，按式 (5-12) 计算抹面砂浆的热阻；再按多层材料复合结构热阻计算式 (5-15) 计算出砌体最终的热阻；将上面得到的砌体最终热阻代入式 (5-13) 和式 (5-14) 可以计算出砌体的传热阻和传热系数。计算过程如下：

这里设砌体中砌筑砂浆层的面积为 F_s，导热系数为 λ_s，热阻为 R_s；砌块面积为 F_b，砌块热阻为 R_b；砌体（指不含抹灰砂浆的砌块砌筑体）的热阻为 R_z；抹面砂浆的导热系数为 λ_m，热阻为 R_m；砌筑墙体（指包括两面的抹面砂浆）的热阻为 R_q；砌筑墙体的传热阻为 R_{q0}；砌筑墙体的传热系数为 K_q；砌筑灰缝厚度为 10mm，抹面砂浆的厚度为 20mm；计算 1m² 砌体的热阻。计算过程如图 5-16 所示。

$$F_s = (1\times 5 + 15 \times 0.19) \times 0.01 = (5+2.85)\times 0.01 = 0.0785 \text{m}^2$$

查常用材料的热工参数，得到 $\lambda_s = 0.93 \text{W/(m}\cdot\text{K)}$

砂浆层的热阻 $R_s = 0.19 \div 0.93 = 0.204 \text{m}^2 \cdot \text{K/W}$

$$F_b = 1 - F_s = 1 - 0.0785 = 0.9215 \text{m}^2$$

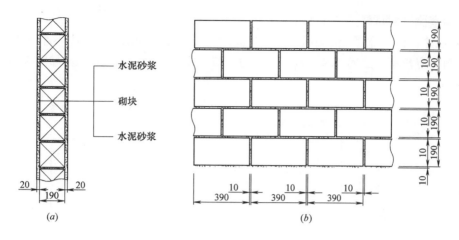

图 5-16　砌块砌体传热计算示意图

根据 5.2.5.2 的计算，我们知道砌块的热阻 $R_b=0.336\mathrm{m}^2\cdot\mathrm{K/W}$
因此，有：

$$R_z=\frac{F_s\cdot R_s+F_b\cdot R_b}{F_s+F_b}=\frac{0.0785\times0.204+0.9215\times0.336}{0.0785+0.9215}$$

$$=\frac{0.016+0.310}{1}=0.326\mathrm{m}^2\cdot\mathrm{K/W}$$

$$R_m=0.02\div0.93=0.022\mathrm{m}^2\cdot\mathrm{K/W}$$

$$R_q=R_z+R_m=0.326+2\times0.022=0.37\mathrm{m}^2\cdot\mathrm{K/W}$$

$$R_{q0}=R_i+R_q+R_e=0.11+0.37+0.04=0.52\mathrm{m}^2\cdot\mathrm{K/W}$$

$$K_q=1\div R_{q0}=1\div0.52=1.92\mathrm{W/(m^2\cdot K)}$$

由以上计算可知，陶粒混凝土基材导热系数为 $0.23\mathrm{W/(m\cdot K)}$，外壁厚为 30mm，肋厚为 30mm，390mm×190mm×190mm 的单排双孔陶粒混凝土空心砌块，用导热系数为 $0.93\mathrm{W/(m\cdot K)}$ 的砂浆砌筑和抹灰，砌筑灰缝为 10mm，双面抹灰厚度各为 20mm 的砌筑墙体的传热系数检测计算值。

5.3　外保温系统耐候性检测

由于现在工程所用的外墙外保温材料种类繁多，并且各种外墙外保温系统施工工艺不同，使得现有的外墙外保温工程材料及施工质量参差不齐，有的保温层几年时间就开始开裂，甚至脱落，有的则经久耐用。因此，根据《外墙外保温工程技术规程》（JGJ 144—2004），需对外墙外保温系统进行耐候性检测。

5.3.1　试样

5.3.1.1　试样的制备

外保温系统试样应按照生产厂家说明书规定的系统构造和施工方法进行制备。材料试样应按产品说明书的规定进行配制。

试样由混凝土墙和被测外保温系统构成，混凝土墙用作外保温系统的基层墙体。

试验室检测对试样的要求如下：

1) 尺寸：试样宽度应不小于2.5m，高度应不小于2.0m，面积应不小于6m²。混凝土墙上角处应预留一个宽0.4m高0.6m的洞口，洞口距离边缘0.4m，如图5-17所示。

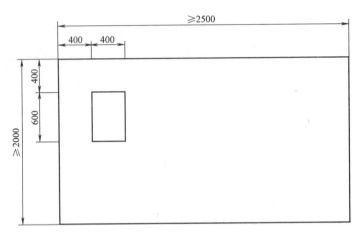

图5-17　外保温系统耐候性检测试件制备示意图

2) 制备：外保温系统应包住混凝土墙的侧边。侧边保温层最大厚度为20mm。预留洞口处应安装窗框。如有必要，可对洞口四角作特殊加强处理。

图5-18～图5-21是中国建筑科学研究院冯金秋教授进行聚苯板外保温系统耐候性检测时的实验墙体及其制作过程。

图5-18　墙体基材

5.3.1.2　胶粉聚苯颗粒外保温系统制备示例

1) C型单网普通试样：混凝土墙＋界面砂浆（24h）＋50mm胶粉聚苯颗粒保温层（5d）＋4mm抗裂砂浆（压入一层普通型耐碱网布）（5d）＋弹性底涂（24h）＋柔性耐水腻子（24h）＋涂料饰面，在试验室环境下养护56d。

2) C型双网加强试样：混凝土墙＋界面砂浆（24h）＋50mm胶粉聚苯颗粒保温层（5d）＋4mm抗裂砂浆（压入一层普通型耐碱网布）＋3mm第二遍抗裂砂浆（再压入一层

图 5-19　在墙体上粘贴聚苯板

图 5-20　制作完成的聚苯板外保温系统耐候性检测墙体

图 5-21　安装到位的耐候性检测系统

普通型耐碱网布)(5d)＋弹性底涂(24h)＋1mm柔性耐水腻子(24h)＋涂料饰面,在试验室环境下养护56d。

3) T型试样：混凝土墙＋界面砂浆（24h）＋50mm胶粉聚苯颗粒保温层（5d）＋4mm抗裂砂浆（24h）＋锚固热镀锌电焊网＋4mm抗裂砂浆（5d）＋5～8mm面砖粘结砂浆贴面砖（2d）＋面砖勾缝料勾缝，在试验室环境下养护56d。

5.3.1.3 养护和状态调节

试样养护和状态调节环境条件应为：温度10～25℃，相对湿度不应低于50%。试样养护时间应为28d。

5.3.2 试验步骤

按下面程序依次完成。

(1) 高温—淋水循环80次，每次6h。
1) 升温3h。使试样表面升温至70℃并恒温在70±5℃，恒温时间应不小于1h。
2) 淋水1h。向试样表面淋水，水温为15±5℃，水量为1.0～1.5L/(m²·min)。
3) 静止2h。

(2) 状态调节至少48h。

(3) 加热—冷冻循环20次，每次24h。
1) 升温8h。使试样表面升温至50℃，并恒温在50±5℃，恒温时间应不小于5h。
2) 降温16h。使试样表面降温至－20℃，并恒温在－20±5℃，恒温时间应不小于12h。

(4) 每4次高温—降温循环和每次加热—冷冻循环后观察试样是否出现裂缝、空鼓、脱落等破坏情况并做记录。

(5) 试验结束后，状态调节7d检验拉伸粘结强度和抗冲击强度。

5.3.3 试验结果评定

经80次高温—淋水循环和20次加热—冷冻循环后系统未出现开裂、空鼓或脱落，抗裂防护层与保温层的拉伸粘结强度不小于0.1MPa且破坏界面位于保温层，则系统耐候性合格。

由于外墙外保温系统耐候性检测时间长，冷热循环次数多，控制系统宜采用PLC控制方式。这样在实现自动检测控制、自动完成检测工作的同时，能够保证检测工作的快捷、检测数据的准确。

5.4 建筑门窗保温性能检测

建筑外窗是指与室外空气接触的窗户，包括外窗、天窗、阳台门连窗上部镶嵌玻璃的透明部分，建筑外窗的保温性能以传热系数K值表征。

5.4.1 外窗保温性能级别

外窗的保温性能按其传热系数大小分为10级，分级方法和具体指标如表5-3所示。

该分级方法是按GB/T 8484—2008规定的分级方法。该分级方法与GB/T 8484—2002基本一样，只是具体的指标略有不同，同级别的窗户比原标准的要求严格，但是分级顺序和级别与GB/T 8484—1987的分级方法有很大的区别，分级顺序相反，即该方法中窗户的传热系数越大级别顺序号越小,传热系数越小级别顺序号越大,并且窗户的保温性能分级级别增加到了10级。为了在使用中不引起称谓上的混乱,表5-6中列出了原来的分级方法及分级级别。

外门外窗传热系数分级 表5-3

分级	1	2	3	4	5
分级指标值 W/(m²·K)	$K \geqslant 5.0$	$5.0 > K \geqslant 4.0$	$4.0 > K \geqslant 3.5$	$3.5 > K \geqslant 3.0$	$3.0 > K \geqslant 2.5$
分级	6	7	8	9	10
分级指标值 W/(m²·K)	$2.5 > K \geqslant 2.0$	$2.0 > K \geqslant 1.6$	$1.6 > K \geqslant 1.3$	$1.3 > K \geqslant 1.1$	$K < 1.1$

玻璃门与外窗抗结露因子 CRF 值分为10级,见表5-4。

玻璃门、外窗抗结露因子分级 表5-4

分级	1	2	3	4	5
分级指标值	$CRF \leqslant 35$	$35 < CRF \leqslant 40$	$40 < CRF \leqslant 45$	$45 < CRF \leqslant 50$	$50 < CRF \leqslant 55$
分级	6	7	8	9	10
分级指标值	$55 < CRF \leqslant 60$	$60 < CRF \leqslant 65$	$65 < CRF \leqslant 70$	$70 < CRF \leqslant 75$	$CRF > 75$

注:抗结露因子是由试件框表面温度的加权值或玻璃的平均温度与冷箱空气温度的差值除以热箱空气温度与冷箱空气温度的差值计算得到,在乘以100后,取所得的两个数值中较低的一个值。

外窗保温性能分级(GB/T 8484—2002) 表5-5

分级	1	2	3	4	5
分级指标值 W/(m²·K)	$K \geqslant 5.5$	$5.5 > K \geqslant 5.0$	$5.0 > K \geqslant 4.5$	$4.5 > K \geqslant 4.0$	$4.0 > K \geqslant 3.5$
分级	6	7	8	9	10
分级指标值 W/(m²·K)	$3.5 > K \geqslant 3.0$	$3.0 > K \geqslant 2.5$	$2.5 > K \geqslant 2.0$	$2.0 > K \geqslant 1.5$	$K < 1.5$

外窗保温性能分级(GB/T 8484—1987) 表5-6

等 级	传热系数 $K[W/(m^2 \cdot K)]$	传热阻 $R_0(m^2 \cdot K/W)$
Ⅰ	$\leqslant 2.00$	$\geqslant 0.500$
Ⅱ	$> 2.00, \leqslant 3.00$	$< 0.500, \geqslant 0.333$
Ⅲ	$> 3.00, \leqslant 4.00$	$< 0.333, \geqslant 0.250$
Ⅳ	$> 4.00, \leqslant 5.00$	$< 0.250, \geqslant 0.200$
Ⅴ	$> 5.00, \leqslant 6.40$	$< 0.200, \geqslant 0.156$

5.4.2 外窗保温性能检测原理

外窗保温性能检测的原理和方法是基于稳定传热原理的标定热箱法,与5.1节中讲述的砌体传热性能的检测中标定热箱法的原理和方法相同。检测窗户保温性能试件一侧为热箱,模拟采暖建筑冬季室内气候条件;另一侧为冷箱,模拟冬季室外气候条件。在对试件缝隙进行密封处理,试件两侧各自保持稳定的空气温度、气流速度和热辐射条件下,测量热箱中电暖气的发热量,减去通过热箱外壁和试件框的热损失,除以试件面积与两侧空气温差的乘积即可计算出试件的传热系数 K 值。检测原理示意图与图5-1所示相同,检测结果按式(5-16)计算。通过热箱外壁和试件框的热损失在同一试验室和相同的检测条件下可视为常数,其值经过专门的标定试验确定。

5.4.3 检测装置

外窗保温性能检测装置主要由热箱、冷箱、试件框和环境空间4部分组成,如图

5-22 所示。检测仪器主要由温度传感器、功率表、风速仪、数据记录仪等组成。

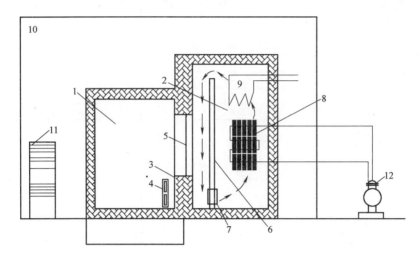

图 5-22 外窗保温性能检测装置示意图
1—热箱；2—冷箱；3—试件框；4—电暖气；5—试件；6—隔风板；7—风机；
8—蒸发器；9—加热器；10—环境空间；11—空调器；12—冷冻机

5.4.3.1 热箱

热箱开口尺寸不宜小于 2100mm×2400mm（宽×高），进深不宜小于 2000mm，外壁构造应是热均匀体，其热阻值不得小于 3.5m^2·K/W，内表面总的半球发射率 ε 应大于 0.85。热箱采用交流稳压电源供电暖气加热，窗台板至少应高于电暖气顶部。

5.4.3.2 冷箱

冷箱开口尺寸应与试件框外边缘尺寸相同，进深以能容纳制冷、加热及气流设备为宜，外壁应采用不透气的保温材料，其热阻值不得小于 3.5m^2·K/W，内表面应采用不吸水、耐腐蚀的材料。冷箱通过安装在冷箱内的蒸发器或引入冷空气进行降温。利用隔风板和风机进行强制对流，形成沿试件表面自上而下的均匀气流，隔风板与试件框冷侧表面距离应能调节。隔风板宜采用热阻不小于 1.0m^2·K/W 的板材，隔风板面向试件的表面，其总的半球发射率值应大于 0.85。隔风板的宽度与冷箱净宽度相同。蒸发器下部设置排水孔或盛水盘。

5.4.3.3 试件框

试件框外缘尺寸应不小于热箱开口处的内缘尺寸，试件框应采用不透气、构造均匀的保温材料，热阻值不得小于 7.0 m^2·K/W，其密度应为 20～40kg/m^3 左右。安装试件的洞口尺寸不应小于 1500mm×1500mm。洞口下部应留有不小于 600mm 高的窗台。窗台及洞口周边应采用不吸水、导热系数小于 0.25W/(m·K) 的材料。

5.4.3.4 环境空间

检测装置应放在装有空调器的试验室内，保证热箱外壁内、外表面面积加权平均温差小于 1.0K，试验室空气温度波动不应大于 0.5K。试验室围护结构应有良好的保温性能和热稳定性，应避免太阳光通过窗户进入室内，试验室内表面应进行绝热处理。热箱外壁与周边壁面之间至少应留有 500mm 的空间。

5.4.3.5 测试和记录的物理量

外窗保温性能的检测过程中，需要直接测量和记录的参数有冷箱风速、温度和功率，其中冷箱风速用来控制设备运行的状态，不参与结果计算，参与计算结果的参数有温度和功率两个。

测量温度的温度传感器采用铜-康铜热电偶，必须使用同批生产、有绝缘包皮、丝径为0.2～0.4mm的铜丝和康铜丝制作，测量不确定度应小于0.25K。

热箱的加热功率用功率表计量，功率表的准确度等级不得低于0.5级，且应根据被测值的大小能够转换量程，使仪表示值处于满量程的70%以上。

冷箱风速可用热球风速仪测量，测点位置与冷箱空气温度测点位置相同。不必每次试验都测定冷箱风速，当风机型号、安装位置、数量及隔风板位置发生变化时，应重新进行测量。

5.4.4 试件安装

5.4.4.1 试件安装

被检试件为一件，试件的尺寸及构造应符合产品设计和组装要求，试件在检测时的状态应该与在建筑上使用的正常状态相同，不得附加任何多余配件或特殊组装工艺。

试件安装时单层窗及双层窗外窗的外表面应位于距试件框冷侧表面50mm处，双层窗内窗的内表面距试件框热侧表面不应小于50mm，两玻璃间距应与标定一致。试件与洞口周边之间的缝隙宜用聚苯乙烯泡沫塑料条填塞并密封，试件开启缝应采用塑料胶带双面密封。

5.4.4.2 温度传感器布置

将待测试件安装好后，接下来就要在测温点粘贴铜-康铜热电偶，测温点分为空气测温点和表面测温点。

在热箱空间内设置两层热电偶作为空气温度测点，每层均匀布4点。冷箱空气温度测点在试件安装洞口对应的面积上均匀布9点。测量热、冷箱空气温度的热电偶可分别并联，测量空气温度的热电偶感应头均应进行热辐射屏蔽。

热箱两表面、试件表面和试件框两侧面要布置表面温度测点。热箱每个外壁的内、外表面分别对应布6个温度测点；试件框热侧表面温度测点不宜少于20个，试件框冷侧表面温度测点不宜少于14个。热箱外壁及试件框每个表面温度测点的热电偶可分别并联。测量表面温度的热电偶感应头应连同至少长100mm的铜、康铜引线一起紧贴在被测表面上。在试件热侧表面适当布置一些热电偶。

测量空气温度和表面温度的热电偶如果并联，各热电偶的引线电阻必须相等，各点所代表的被测面积相同。

5.4.5 检测

5.4.5.1 检测条件设定

热箱空气温度设定范围为18～20℃，误差为±0.1℃，热箱空气为自然对流，其相对湿度宜控制在30%左右；冷箱空气温度设定范围为-19～-21℃，误差为±0.3℃（严寒和寒冷地区），或 $-9 \sim -11$℃，误差为 ± 0.2℃（夏热冬冷地区、夏热冬暖地区及温和地区）。

试件冷侧平均风速设定为 3m/s。

5.4.5.2 记录的数据

热箱空气温度 t_h，℃；

冷箱空气温度 t_c，℃；

热箱外壁内、外表面温度，进而得到面积加权平均温差 $\Delta\theta_1$，℃；

试件框热、冷两侧表面温度，进而得到面积加权平均温差 $\Delta\theta_2$，℃；

填充板两侧表面温度，进而得到平均温差 $\Delta\theta_3$，℃；

电暖气加热功率 Q，W。

5.4.5.3 检测程序

检查热电偶、试件安装完好后，启动检测装置。当冷热箱和环境空气温度达到设定值并维持稳定时，如果逐时测量得到热箱的空气平均温度 t_h 和冷箱的空气平均温度 t_c 每小时变化的绝对值分别不大于 0.1℃和 0.3℃，温差 $\Delta\theta_1$ 和 $\Delta\theta_2$ 每小时变化的绝对值分别不大于 0.1℃和 0.3℃，且上述温度和温差的变化不是单向变化，则表示传热过程已经稳定。

传热过程稳定之后每隔 30min 测量记录一次参数 t_h、t_c、$\Delta\theta_1$、$\Delta\theta_2$、$\Delta\theta_3$、Q，共测 6 次。$\Delta\theta_1$、$\Delta\theta_2$ 的计算见 5.4.8 节。

5.4.6 结果计算

试件的传热系数 K 按式（5-16）计算：

$$K=\frac{Q-M_1 \cdot \Delta\theta_1 - M_2 \cdot \Delta\theta_2 - S \cdot \lambda \cdot \Delta\theta_3}{A \cdot \Delta t} \tag{5-16}$$

式中 Q——电暖气加热功率，W；

M_1——由标定试验确定的热箱外壁热流系数，W/K（其值见附录 A）；

M_2——由标定试验确定的试件框热流系数，W/K（其值见附录 A）；

$\Delta\theta_1$——热箱外壁内、外表面面积加权平均温度之差，K；

$\Delta\theta_2$——试件框热侧、冷侧表面面积加权平均温度之差，K；

S——填充板的面积，m^2；

λ——填充板的导热系数，W/(m^2·K)；

$\Delta\theta_3$——填充板两表面的平均温差，K；

A——试件面积，m^2；按试件外缘尺寸计算，如试件为采光罩，其面积按采光罩水平投影面积计算；

Δt——热箱空气平均温度 t_h 与冷箱空气平均温度 t_c 之差，K。

$\Delta\theta_1$、$\Delta\theta_2$ 的计算见附录 C。如果试件面积小于试件洞口面积时，式（5-16）中分子项为聚苯乙烯泡沫塑料填充板的热损失。

K 值计算结果保留两位有效数字。

5.4.7 热损失标定

在用式（5-16）计算 K 值时，需要先标定 M_1、M_2。M_1、M_2 的标定方法按附录 A

进行。

5.4.8 加权平均温度的计算

热箱外壁内外表面面积加权平均温差 $\Delta\theta_1$ 及试件框热侧、冷侧表面面积加权平均温差 $\Delta\theta_2$ 按式（5-17）~式（5-22）进行计算。

$$\Delta\theta_1 = t_{jp1} - t_{jp2} \tag{5-17}$$

$$\Delta\theta_2 = t_{jp3} - t_{jp4} \tag{5-18}$$

$$t_{jp1} = \frac{t_1 \cdot s_1 + t_2 \cdot s_2 + t_3 \cdot s_3 + t_4 \cdot s_4 + t_5 \cdot s_5}{s_1 + s_2 + s_3 + s_4 + s_5} \tag{5-19}$$

$$t_{jp2} = \frac{t_6 \cdot s_6 + t_7 \cdot s_7 + t_8 \cdot s_8 + t_9 \cdot s_9 + t_{10} \cdot s_{10}}{s_6 + s_7 + s_8 + s_9 + s_{10}} \tag{5-20}$$

$$t_{jp3} = \frac{t_{11} \cdot s_{11} + t_{12} \cdot s_{12} + t_{13} \cdot s_{13} + t_{14} \cdot s_{14}}{s_{11} + s_{12} + s_{13} + s_{14}} \tag{5-21}$$

$$t_{jp4} = \frac{t_{15} \cdot s_{11} + t_{16} \cdot s_{12} + t_{17} \cdot s_{13} + t_{18} \cdot s_{14}}{s_{11} + s_{12} + s_{13} + s_{14}} \tag{5-22}$$

式中　t_{jp1}、t_{jp2}——热箱外壁内、外表面面积加权平均温度，℃；

t_{jp3}、t_{jp4}——试件框热侧表面与冷侧表面面积加权平均温度，℃；

t_1、t_2、t_3、t_4、t_5——分别为热箱 5 个外壁的内表面平均温度，℃；

s_1、s_2、s_3、s_4、s_5——分别为热箱 5 个外壁的内表面面积，m^2；

t_6、t_7、t_8、t_9、t_{10}——分别为热箱 5 个外壁的外表面平均温度，℃；

s_6、s_7、s_8、s_9、s_{10}——分别为热箱 5 个外壁的外表面面积，m^2；

t_{11}、t_{12}、t_{13}、t_{14}——分别为试件框热侧表面平均温度，℃；

t_{15}、t_{16}、t_{17}、t_{18}——分别为试件框冷侧表面平均温度，℃；

s_{11}、s_{12}、s_{13}、s_{14}——垂直于热流方向划分的试件框面积（见图 5-23），m^2。

5.4.9 成套检测设备

第 5.4.2~5.4.8 节介绍了进行建筑外窗检测时一般的检测原理、检测方法、检测设备条件、检测程序、数据处理、报告编制等内容，过程复杂，数据记录量较大。由于现在电子技术的迅猛发展，可以把设备集成起来实现中央控制，自动化程度很高，在输入试件信息和检测条件后，自动完成检测过程，直至打印出检测报告。这种检测设备的生产厂家较多，如图 5-24 和图 5-25 所示是 BHR-Ⅲ型和 MW 型。

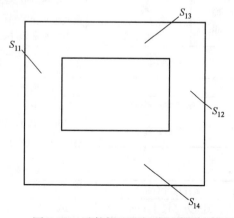

图 5-23　试件框面积划分示意图

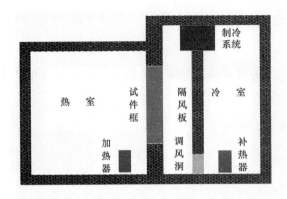 

图 5-24 BHR-Ⅲ型门窗保温性能检测设备

图 5-25 MW型门窗保温性能检测设备

BHR-Ⅲ型是由中国建筑科学研究院生产,主要由热箱、冷箱、试件框、恒温控制系统、数据采集及处理系统并配合合理的环境空间组成,其主要技术指标如表 5-7 所示,其外形尺寸见表 5-8。

BHR-Ⅲ型门窗保温性能检测设备主要技术指标　　　　表 5-7

构成		技术指标
热箱		温度:18～20℃、温度波动≤0.1K,外壁热阻值＞1.00(m²·K)/W
冷箱	冷室	外壁热阻值＞2.00(m²·K)/W,温度:-10～-25℃、温度波动≤0.3K,平均风速达到 3.0m/s 左右的均匀气流
	制冷机	据试验室条件进行设计、选择
试件框		由固定和活动部分组成,通过活动块的不同组合,可形成多种规格的试件框洞口,热阻值＞2.00(m²·K)/W
标定		热箱外壁热流系数 M_1 和试件框热流系数 M_2
恒温控制系统		采用先进的全反馈闭环数字控制技术及模糊控制技术
数据采集处理系统		高精度 16 位 A/D 转换数据采集,全部检测过程由计算机处理,检测完成数据自动进入数据库进行后期处理

BHR-Ⅲ型检测设备的外形尺寸　　　　表 5-8

试件尺寸(mm)	1530×1530	1800×2100	2400×2400
对应外形尺寸(mm)	4200×2500×2800	4200×2800×3400	4200×3400×3400

注:外形尺寸的高度为热箱高度。

5.4.10 检测报告

检测报告反映检测的全部信息，应包括以下内容：
1) 机构信息：委托和生产单位名称，检测单位名称、住址。
2) 试件信息：试件名称、编号、规格、玻璃品种、玻璃及双玻空气层厚度、窗框面积与窗面积之比。
3) 检测条件：热箱空气温度和空气相对湿度、冷箱空气温度和气流速度。
4) 检测信息：检测依据、检测设备、检测项目、检测类别和检测时间。
5) 检测结果：试件传热系数 K 值和保温性能等级；试件热侧表面温度、结露和结霜情况。
6) 报告责任人：测试人、审核人及签发人等。

5.4.11 建筑外门保温性能分级

建筑外门的传热系数 K 值作为其保温性能的分级指标，按其传热系数大小分为 10 级，分级方法和具体指标表如表 5-3 所示。

5.4.12 建筑外门保温性能检测

建筑外门保温性能的检测方法与建筑外窗的保温性能检测方法一样。只是洞口尺寸变为 1800mm×2100mm，洞口周边的面板应采用不吸水、导热系数小于 $0.25W/(m·K)$ 的材料。

5.5 门窗三性检测

门窗的物理性能包括空气渗透（有时简称气密性）、雨水渗漏（有时简称水密性）、抗风压、保温、隔声、采光等。对于后三种性能，目前在全国大部分地区只有特殊要求的门窗才需要进行检测；前三种性能在门窗型式检验中为必须检验的项目，通常所说的门窗三性一般是指这三项性能。我国于 1986 年颁布了建筑外窗物理三性检测的标准，即《建筑外窗抗风压性能及其检测方法》GB/T 7106—86、《建筑外窗空气渗透性能分级及其检测方法》GB/T 7107—86、《建筑外窗雨水渗漏性能分级及其检测方法》GB/T 7108—86。2002 年又对上述三个标准进行了修订，现行的标准为 GB/T 7106—2002，GB/T 7107—2002，GB/T 7108—2002。外门三性标准有《建筑外门的风压变形性能分级及其检测方法》GB 13685—92 和《建筑外门的空气渗透性能和雨水渗漏性能分级及其检测方法》GB 13686—92。现在执行的标准是 2008 年重新修订的门窗三性检测标准《建筑外门窗气密、水密、抗风压性能分级及检测方法》GB/T 7106—2008。代替《建筑外窗抗风压性能分级及检测方法》GB/T 7106—2002、《建筑外窗气密性能分级及检测方法》GB/T 7107—2002、《建筑外窗水密性能分级及检测方法》GB/T 7108—2002、《建筑外门的风压变形性能分级及其检测方法》GB/T 13685—1992 和《建筑外门的空气渗透性能和雨水渗漏性能分级及其检测方法》GB/T 13686—1992。

5.5.1 建筑外门窗分级

建筑外门窗的气密、水密、抗风压性能分别按表5-9~表5-11的规定指标进行分级。

建筑外门窗气密性能采用在标准状态下压力差为10Pa时的单位开启缝长空气渗透量 q_1 和单位面积空气渗透量 q_2 作为分级指标,分级指标绝对值 q_1 和 q_2 的分级见表5-9。

建筑外门窗水密性能分级采用严重渗漏压力差值的前一级压力差值作为分级指标,分级指标值 ΔP 的分级见表5-10。

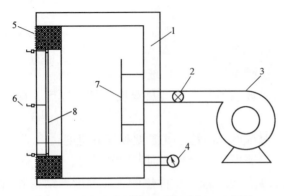

图 5-26 建筑外窗抗风压检测装置示意图
1—压力箱;2—调压系统;3—供压设备;4—压力监测仪器;5—镶嵌框;6—位移计;7—进口挡板;8—试件

建筑外门窗气密性能分级表 表 5-9

分级	1	2	3	4	5	6	7	8
单位缝长分级指标值 $q_1[m^3/(m \cdot h)]$	$4.0 \geqslant q_1 > 3.5$	$3.5 \geqslant q_1 > 3.0$	$3.0 \geqslant q_1 > 2.5$	$2.0 \geqslant q_1 > 2.0$	$2.0 \geqslant q_1 > 1.5$	$1.5 \geqslant q_1 > 1.0$	$1.0 \geqslant q_1 > 0.5$	$q_1 \leqslant 0.5$
单位面积分级指标值 $q_2[m^3/(m^2 \cdot h)]$	$12 \geqslant q_2 > 10.5$	$10.5 \geqslant q_2 > 9.0$	$9.0 \geqslant q_2 > 7.5$	$7.5 \geqslant q_2 > 6.0$	$6.0 \geqslant q_2 > 4.5$	$4.5 \geqslant q_2 > 3.0$	$3.0 \geqslant q_2 > 1.5$	$q_2 \leqslant 1.5$

建筑外门窗水密性能分级表(单位:Pa) 表 5-10

分级	1	2	3	4	5	6
分级指标 ΔP	$100 \leqslant \Delta P < 150$	$150 \leqslant \Delta P < 250$	$250 \leqslant \Delta P < 350$	$350 \leqslant \Delta P < 500$	$500 \leqslant \Delta P < 700$	$\Delta P \geqslant 700$

注:第6级应在分级后同时注明具体检测压力差值。

建筑外门窗抗风压性能采用定级检测压力差值 P_3 为分级指标,分级指标值 P_3 的分级见表5-11。

建筑外门窗抗风压性能分级表(单位:kPa) 表 5-11

分级	1	2	3	4	5	6	7	8	9
分级指标值 P_3	$1.0 \leqslant P_3 < 1.5$	$1.5 \leqslant P_3 < 2.0$	$2.0 \leqslant P_3 < 2.5$	$2.5 \leqslant P_3 < 3.0$	$3.0 \leqslant P_3 < 3.5$	$3.5 \leqslant P_3 < 4.0$	$4.0 \leqslant P_3 < 4.5$	$4.5 \leqslant P_3 < 5.0$	$P_3 \geqslant 5.0$

注:第9级应在分级后同时注明具体压力差值。

5.5.2 检测装置及试件

建筑外门窗抗风压、空气渗透性和雨水渗漏性的检测装置示意图如图5-26、图5-27、图5-28所示。

5.5.2.1 检测装置组成及要求

建筑外门窗抗风压性、空气渗透性和雨水渗漏性的检测装置一般是集中在一套装置里

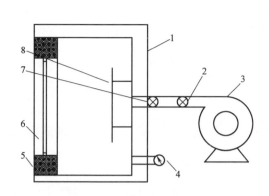
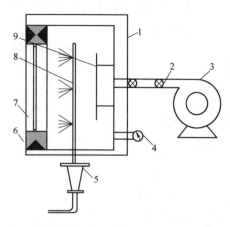

图 5-27 建筑外窗空气渗透性检测装置示意图
1—压力箱；2—调压系统；3—供压设备；4—压力监测仪器；
5—镶嵌框；6—试件；7—流量测量装置；8—进气口挡板

图 5-28 建筑外窗雨水渗漏性检测装置示意图
1—压力箱；2—调压系统；3—供压设备；4—压力监测仪器；5—水流量计；6—镶嵌框；7—试件；
8—淋水装置；9—进气口挡板

面，对各组件的要求如下：

1）压力箱。压力箱一侧开口部位可安装试件，箱体应有足够的刚度和良好的密封性能。箱体开口部位的构件在承受检测过程中可能出现的最大压力差作用下，开口部位的最大挠度值不应超过 5mm 或 1/1000，同时应具有良好的密封性能，且以不影响观察试件的水密性为最低要求。

2）供压和压力控制系统。供压系统应具备施加正负双向的压力差的能力，静态压力控制装置应能调节出稳定的气流，动态压力控制装置应能稳定的提供 3~5s 周期的波动风压，波动风压的波峰值、波谷值应满足检测要求。供压和压力控制能力必须满足检测要求。

3）位移测量仪器。位移计的精度应达到满量程的 0.25%，位移测量仪表的安装支架在测试过程中应牢固，并保证位移的测量不受试件及其支承设施的变形、移动所影响。

4）压力测量仪器。差压计的两个探测点应在试件两侧就近布置，差压计的误差应小于示值的 2%。

5）空气流量测量装置。空气流量测量系统的测量误差应小于示值的 5%，响应速度应满足波动风压测量的要求。

6）喷淋装置。必须满足在窗试件的全部面积上形成连续水膜并达到规定淋水量的要求。喷嘴布置应均匀，各喷嘴与试件的距离宜相等且不小于 500mm；装置的喷水量应能调节，并有措施保证喷水量的均匀性。

5.5.2.2　检测准备

（1）试件的数量。同一窗型、规格尺寸应至少检测三樘试件。

（2）试件要求。对试件的要求如下：

1）试件应为按所提供的图样生产的合格产品或研制的试件，不得附有任何多余配件或采用特殊的组装工艺或改善措施；

2）试件镶嵌应符合设计要求；

3）试件必须按照设计要求组合，装配完好，并保持清洁、干燥。

(3) 试件安装。安装试件时应符合以下要求：

1) 试件应安装在镶嵌框上，镶嵌框应具有足够刚度；

2) 试件与镶嵌框之间的连接应牢固并密封，安装好的试件要求垂直，下框要求水平，不允许因安装而出现变形；

3) 试件安装完毕后，应将试件或开启部分开关 5 次，最后关紧。

5.5.3 检测方法

宜按照气密、水密、抗风压变形 P1、抗风压反复受压 P2、安全检测 P3 的顺序进行。

5.5.3.1 抗风压性能检测

(1) 检测项目。

1) 变形检测。检测试件在逐步递增的风压作用下，测试杆件相对面法线挠度的变化，得出检测压力差 P_1。

2) 反复加压检测。检测试件在压力差 P_2（定级检测时）或 P'（工程检测时）的反复作用下，是否发生损坏和功能障碍。

3) 定级检测或工程检测。检测试件在瞬时风压作用下，抵抗损坏和功能障碍的能力。定级检测是为了确定产品的抗风压性能分级的检测，检测压力差为 P_3。工程检测是考核实际工程的外窗能否满足工程设计要求的检测，检测压力差为 P'_3。

(2) 检测方法

检测顺序如图 5-29 所示。

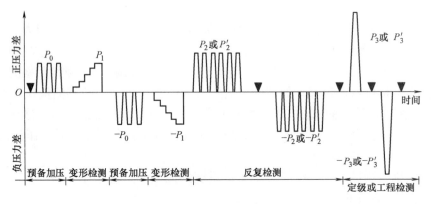

图 5-29 检测加压顺序图

1) 确定测点和安装位移计

将位移计安装在规定位置上，测点位置规定为：中间测点在测试杆件中点位置，两端测点在距该杆件端点向中点方向 10mm 处，如图 5-30（a）所示，当试件的相对挠度最大的杆件难以判定时，也可选取两根或多根测试杆件，分别布点测量，如图 5-30（b）所示。

2) 预备加压

在进行正负变形检测前，分别提供 3 个压力脉冲，压力差 P_0 绝对值为 500Pa，加载速度约为 100Pa/s，压力稳定作用时间为 3s，泄压时间不少于 1s。

3) 变形检测

建筑门窗一般先进行正压检测，后进行负压检测，检测压力逐渐升、降。每级升降压力差值不超过 250Pa，每级检测压力差稳定作用时间约为 10s。不同类型试件变形检测时对应的最大面法线挠度（角位移）应符合表 5-12 的要求。检测压力绝对值最大不宜超过 ± 2000Pa。记录每级压力差作用下的面法线挠度值（角位移值），利用压力差和变形之间的相对线性关系求出变形检测时最大面法线挠度（角位移）对应的压力差值，作为变形检测压力差值，标以 $\pm P_1$。工程检测中，变形检测最大面法线挠度所对应的压力差已超过 $P'_3/2.5$ 时，检测至 $P'_3/2.5$ 为止；对于单扇单锁点平开窗（门），当 10mm 自由角位移值所对应的压力差超过 $P'_3/2$ 时，检测至 $P'_3/2$ 为止。

不同类型试件变形检测对应的最大面法线挠度（角位移值）　　表 5-12

试 件 类 型	主要构件(面板)允许挠度	变形检测最大面法线挠度(角位移值)
窗(门)面板为单层玻璃或夹层玻璃	$\pm l/120$	$\pm l/300$
窗(门)面板为中空玻璃	$\pm l/180$	$\pm l/450$
单扇固定扇	$\pm l/60$	$\pm l/150$
单扇单锁点平开窗(门)	20mm	10mm

求取杆件中点面法线挠度可按式（5-23）进行。

$$B=(b-b_0)-\frac{(a-a_0)+(c-c_0)}{2} \tag{5-23}$$

式中　a_0、b_0、c_0——各侧点预务加压后的稳定初始读数值，mm；

　　　a、b、c——某级检测压力差作用过程中的稳定读数值，mm；

　　　B——杆件中间测点的面法线挠度。

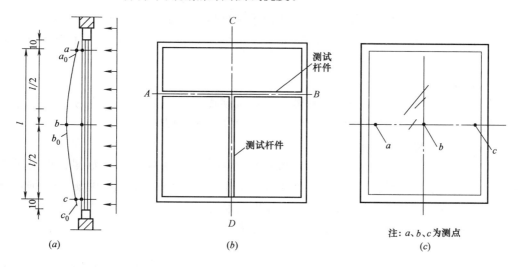

图 5-30　抗风压性能检测示意图

(a) 测试杆件测点分布图；(b) 测试杆件分布图；(c) 单扇固定扇测点分布图

单扇单锁点平开窗（门）的角位移值 ε 为 E 测点和 F 测点位移值之差，可按式（5-24）计算。

$$\delta=(e-e_0)-(f-f_0) \tag{5-24}$$

式中　e_0、f_0——测点 E 和 F 在预备加压后的稳定初始读数值，mm；

　　　e、f——某级检测压力差作用过程中的稳定读数值，mm。

4) 反复加压检测

检测前可取下位移计，装上安全设施。

检测压力从零升到 P_2 后降至零，$P_2=1.5P_1$，且不宜超过 3000Pa，反复 5 次。再由零降至 $-P_2$ 后升至零，$-P_2=1.5(-P_1)$，不超过 -3000Pa，反复 5 次。加压速度为 $300\sim500$Pa/s，泄压时间不少于 1s，每次压力差作用时间为 3s。当工程设计值小于 P_1 的 2.5 倍时，以工程设计值的 0.6 倍进行反复加压检测。

正负反复加压后各将试件开关部分开关 5 次，最后关紧。记录试验过程中发生损坏（指玻璃破裂、五金件损坏、窗扇掉落或被打开以及可以观察到的不可恢复变形等现象）和功能障碍（指外窗的启闭功能发生障碍、胶条脱落等现象）的部位。

5) 定级检测或工程检测

定级检测：使检测压力从零升至 P_3 后降至零，$P_3=2.5P_1$；对于单扇单锁点平开窗（门），$P_3=2.0P_1$。再降至 $-P_3$ 后升至零，$-P_3=2.5(-P_1)$，对于单扇单锁点平开窗（门），$-P_3=2(-P_1)$。加压速度为 $300\sim500$Pa/s，泄压时间不少于 1s，持续时间为 3s。正负反复加压后各将试件开关部分开关 5 次，最后关紧。记录试验过程中发生损坏和功能障碍的部位，并记录试件破坏时的压力差值。

工程检测：工程检测时，当工程设计值 P_3' 小于或等于 $2.5P_1$（对于单扇平开窗或门，P_3' 小于或等于 $2.0P_1$）时，才按工程检测进行。压力加至工程设计值 P_3' 以后降至零，再降至 $-P_3'$ 后升至零。加压速度为 $300\sim500$Pa/s，泄压时间不少于 1s，持续时间为 3s。加正、负压后各将试件可开关部分开关 5 次，最后关紧。试验过程中发生损坏和功能障碍时，记录发生损坏和功能障碍的部位，并记录试件破坏时的压力差值。当工程设计值 P_3' 大于 $2.5P_1$（对于单扇平开窗或门，P_3' 大于 $2.0P_1$）时，以定级检测取代工程检测。

(3) 检测结果的评定

1) 变形检测的评定

以试件杆件或面板达到变形检测最大面法线挠度时对应的压力差值为 $\pm P_1$。对于单扇单锁点平开窗（门），以角位移值为 10mm 时对应的压力差值为 $\pm P_1$。

2) 反复加压检测的评定

经检测，如果试件未出现功能障碍和损坏，注明 $\pm P_2$ 值或 $\pm P_2'$；如果试件出现功能障碍和损坏，记录发生损坏和功能障碍的情况及部位，并以试件出现功能障碍或损坏压力差值的前一级压力差定级。工程检测时，如果出现功能障碍或损坏时的压力差值低于或等于工程设计值，该外窗判为不满足工程设计要求。

3) 定级检测的评定

试件经检测未出现功能障碍和损坏时，注明 $\pm P_3$ 值，按 $\pm P_3$ 中绝对值较小者定级。如果试件出现功能障碍和损坏，记录出现损坏和功能障碍的情况及部位。以试件出现功能障碍或损坏压力差值的前一级压力差定级。

4) 工程检测的评定

试件未出现功能障碍或损坏 P_3'，并与工程设计或标准值 W_k 相比较，大于或等于 W_k 时可判定为满足工程设计要求，否则判定不满足工程设计要求。工程的风荷载标准值 W_k 的确定方法见 GB 50009。

(4) 三试件综合评定

定级检测时,以三试件定级值的最小值为该组试件的定级值。工程检测时,三试件必须全部满足工程设计要求。

5.5.3.2 建筑外窗气密性能

(1) 检测项目

检测试件的气密性能。以在10Pa压力差下的单位缝长空气渗透量或单位面积空气渗透量进行评价。

(2) 检测方法

检测压差顺序如图 5-31 所示。

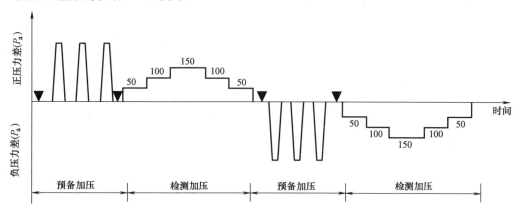

注:图中符号▼表示将试件的可开启部分开关不少于5次。

图 5-31 建筑外窗气密性检测加压顺序

1) 预备加压

在正负压检测前分别施加三个压力脉冲。压力差值的绝对值为500Pa,加载速度约为100 Pa/s。压力稳定作用时间为3s,泄压时间不少于1s。待压力差回零后,将试件上所有可开启部分开关5次,最后关紧。

2) 检测程序

附加渗透量的测定:充分密封试件上的可开启缝隙和镶嵌缝隙,或用不透气的盖板将箱体开口部盖严,然后按照图逐级加压,每级压力作用时间约为10s,先逐渐正压,后逐渐负压。记录各级测量值。附加空气渗透量是指除通过试件本身渗透量以外的通过设备和镶嵌框,以及各部分之间连接缝等部位的空气渗透量。

总渗透量的测定:去除试件上所加密封措施或打开密封盖板后进行检测。检测程序同上。

(3) 检测值的处理

1) 计算

分别计算出升压和降压过程中在100Pa压差下的两个附加渗透量测定值的平均值$\overline{q}_f$和两个总渗透量$\overline{q}_z$,则窗试件本身在100Pa的压力差下的空气渗透量q_t即可按式(5-25)计算:

$$q_t = \overline{q}_z - \overline{q}_f \tag{5-25}$$

然后再利用式(5-26)将q_t换算成标准状态下的渗透量q'。

$$q' = \frac{293}{101.3} \times \frac{q_t \cdot P}{T} \tag{5-26}$$

式中 q'——标准状态下通过试件空气渗透量，m^3/h；
　　　P——试验室气压值，kPa；
　　　T——试验室空气温度值，K；
　　　q_t——试件渗透量测定值，m^3/h。

将 q' 除以试件开启缝长度 l，即可得出在 100Pa 的压力差下，单位开启缝长空气渗透量 q'_1（$m^3/(m·h)$）值，即：

$$q'_1 = \frac{q'}{l} \tag{5-27}$$

或将 q' 除以试件面积 A，得到在 100Pa 的压力差下，单位面积的空气渗透量 q'_2，即：

$$q'_2 = \frac{q'}{A} \tag{5-28}$$

正压、负压分别按式（5-25）～式（5-28）进行计算。

2）分级指标值的确定

为了保证分级指标值的准确度，采用由 100Pa 检测压力差下的测定值 $\pm q'_1$ 或 $\pm q'_2$，按式（5-29）或式（5-30）换算 10Pa 检测压力差下的相应值 $\pm q_1$、$\pm q_2$。

$$\pm q_1 = \frac{\pm q'_1}{4.65} \tag{5-29}$$

$$\pm q_2 = \frac{\pm q'_2}{4.65} \tag{5-30}$$

式中 q'_1——100Pa 压力差下单位缝长空气渗透量，$m^3/(m·h)$；
　　　q_1——10Pa 压力差下单位缝长空气渗透量，$m^3/(m·h)$；
　　　q'_2——100Pa 压力差下单位面积长空气渗透量，$m^3/(m^2·h)$；
　　　q_2——10Pa 压力差下单位面积空气渗透量，$m^3/(m^2·h)$。

将三樘试件的 $\pm q_1$ 和 $\pm q_2$ 分别平均后对照表 5-8 确定按缝长和按面积各自所属等级。最后取二者中的不利级别为该组试件所属等级。正、负压测值分别定级。

5.5.3.3 建筑外窗水密性检测

检测方法可分别采用稳定加压法和波动加压法。定级检测和工程所在地为非热带风暴或台风地区时，采用稳定加压法；如工程所在地为热带风暴或台风地区时，采用波动加压法。已进行波动加压法检测可不再进行稳定加压法检测。水密性能最大检测压力峰值应小于抗风压定级检测压力差值 P_3。

（1）稳定加压法

按图 5-32 和表 5-13 所示顺序加压。

建筑外窗水密性检测稳定加压顺序　　　　表 5-13

加压顺序	1	2	3	4	5	6	7	8	9	10	11
检测压力(Pa)	0	100	150	200	250	300	350	400	500	600	700
持续时间(s)	10	5	5	5	5	5	5	5	5	5	5

注：检测压力超过 700Pa 时，每级间的间隔仍是 100Pa。

预备加压：施加 3 个压力脉冲，压力差值为 500Pa，加载速度约为 100Pa/s，压力稳定作用时间为 3s，泄压时间不少于 1s。待压力差回零后，将试件所有可开启部分开关 5 次，最后关紧。

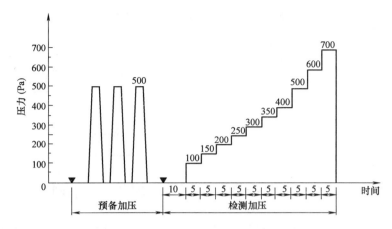

图 5-32 建筑外窗水密性检测稳定加压顺序

淋水：对整个试件均匀地淋水，淋水量为 2L/(m²·min)。

加压：在稳定淋水的同时，定级检测时，加压至出现严重渗漏；工程检测时，加压至高度指标值。

观察：在逐渐升压及持续作用过程中，观察并记录试件渗漏情况。

（2）波动加压法

按图 5-33 和表 5-10 所示顺序加压。

预备加压：施加 3 个压力脉冲，压力差值为 500Pa。加载速度为 100Pa/s，压力稳定作用时间为 3s，泄压时间不少于 1s。待压力回零后，将试件所有可开关部分开关 5 次，最后关紧。

淋水：对整个试件均匀地淋水，淋水量为 3L/(m²·min)。

加压：在稳定淋水的同时，定级检测时加压至出现严重渗漏；工程检测时加压至平均值为设计指标值。波动周期为 3~5s；

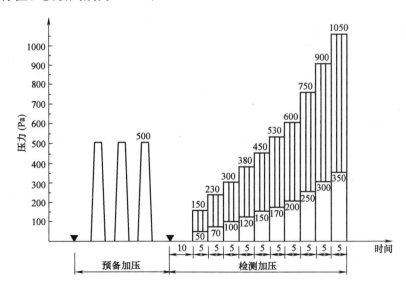

图 5-33 建筑外窗水密性检测波动加压顺序

建筑外窗水密性检测波动加压顺序　　　　　　表 5-14

	加压顺序	1	2	3	4	5	6	7	8	9	10	11
波动压力值	上限值(Pa)	0	150	230	300	380	450	530	600	750	900	1050
	平均值(Pa)	0	100	150	200	250	300	350	400	500	600	700
	下限值(Pa)	0	50	70	100	120	150	170	200	250	300	350
波动周期(s)		\multicolumn{11}{c}{3～5}
每级加压时间(min)		\multicolumn{11}{c}{5}

注：检测压力超过 700Pa 时，每级间的间隔仍是 100Pa。

观察：在各级波动加压过程中，观察并记录试件渗漏情况，直到严重渗漏为止。

（3）检测值的处理

记录每个试件严重渗漏时的检测压力差值。以严重渗漏时所受压力差值的前一级检测压力差值作为该试件水密性能检测值。如果检测至委托方确认的检测值尚未渗漏，则此值为该试件的检测值。

三试件水密性检测值一般取三樘试件检测值的算数平均值。当三樘检测值中最高值和中间值相差两个检测压力级以上时，将最高值降至比中间值高两个检测压力级后，再进行算术平均。

5.6　建筑构件热工性能检测报告

下面分别列出了主要的建筑构件建筑节能检测报告，包抱砌体热阻、门窗传热性能、门窗三性检测报告的样式。检测报告中的数据仅为示例，不一定准确，读者使用时可根据需要增删条目，报告的格式各地可能有所不同，有的称为检测报告，有的称为检验报告。

5.6.1　砌体热工性能检测报告

砌体的热工性能检测报告应包括以下内容：

5.6.1.1　砌体组成材料的详细信息

砌体的主体材料名称、规格、构造图，如混凝土墙体、混凝土空心砌块、加气混凝土砌块等；砌体的构造，如砌筑方式、砌筑砂浆种类及性能指标、抹面砂浆种类及性能指标等。

5.6.1.2　检测过程信息

检测方法；检测依据；检测日期；测定时的平均温度和环境温度、检测结果、检测结论；签发日期等。

5.6.1.3　委托单位信息

委托单位名称、住址、联系方式；送样人员（委托检验时）；送样时间；样品数量等。

5.6.1.4　检测机构信息

机构住址、机构资质印章（如 CMA、CAL、CNAL 等）；联系方式；责任人（如抽样人、检测人、审核人、签发人）。

5.6.1.5　检测报告样式

下面所示是砌体热阻检测报告样式。

报告编号：节能2010-×××

| CMA章 | CAL章 | CNCAL章 |

报告总页数：共__页

检 测 报 告

产 品 名 称：_____

受 检 单 位：_____

生 产 单 位：_____

委 托 单 位：_____

检 验 类 别：_____监 督 抽 查_____

（检测机构 公章）

×××××× 检验站（中心、公司等）

（封面背面）

注 意 事 项：

1. 报告无"检验报告专用章"或检验单位公章无效。
2. 复制报告未重新加盖"检验报告专用章"或检验单位公章无效。
3. 报告无主检、审核、批准人签字无效。
4. 报告涂改无效。

地　址：　　　　　　　　　　电话（含区号）：
邮　编：　　　　　　　　　　传真（含区号）：
E-mail：

砌体热阻检测报告

编号：节能2010-×××　　　　　　　　　　　　　　　　　　　　　第×页/共×页

检测项目		砌体热阻		
样品名称(商标)		复合保温砌块	样品规格(mm)	390×290×190
委托单位		××××公司	联系方式	住址邮编电话等
抽样(送样)人		×××	抽样(送样)数量	1m³
抽样日期		××	来样日期	××
砌体尺寸(mm)		1000×1000×310		
测试方法		热流计法(或标定热箱法)		
检测依据		JGJ/T 132—2009 (或 GB/T 13475—2008)		
检测日期		××年××月××日—××年××月××日		
其他需要说明事项	抹灰层厚度	砌体两面均为1:3水泥砂浆，厚度均为10mm		
	砌体厚度	310mm(砌块厚度290mm，两面砂浆各10mm)		
	测试室温	26.0℃		
	灰缝宽度	10mm		
	冷热端温度	热端温度：24.3℃；冷端温度：−2.5℃		
测试结论		经检测，该复合保温砌块按上述砌筑方法砌筑的砌体热阻为1.45m²·K/W。 (检测报告专用章) ××年××月××日		
备注		砌筑砂浆和抹面砂浆为普通砂浆，密度为1800kg/m³，导热系数为0.93W/(m·K)；被检测的砌块产品和砌体结构示意图见附图所示。		

批准：　　　　　　审核：　　　　　　试验人：

砌块形状如图1所示：

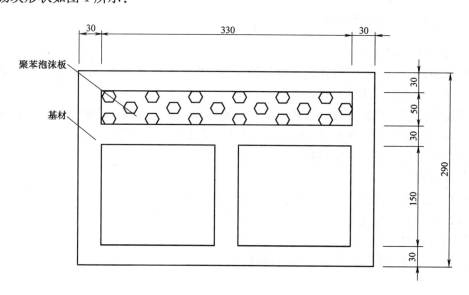

图1　砌块结构示意图

砌筑方式示意图如图 2 所示：

检测结果如图 3 所示：

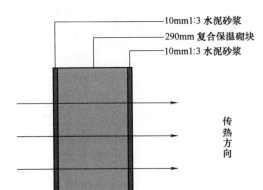

图 2　砌体砌筑方式示意图

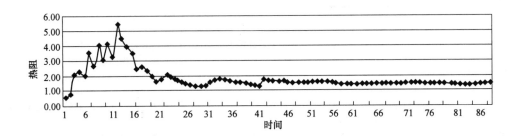

图 3　砌体热阻-时间曲线

5.6.2　门窗保温性能检测报告

5.6.2.1　报告包含的内容

门窗保温性能检测报告包含的内容与砌体热阻检测报告基本相同，只是检测对象是定型产品，对其描述相对简单一些。

检测过程信息：检测方法；检测依据；检测日期；测定时的平均温度和环境温度、检测结果（如门窗的传热系数）；检测结论保温性能等级；签发日期等。

委托单位信息：委托单位名称、住址、联系方式；送样人员（委托检验时）；送样时间；样品数量等。

检测机构信息：机构住址；机构资质印章（如 CMA、CAL、CNAL 等）；联系方式；责任人（如抽样人、检测人、审核人、签发人等）；

5.6.2.2　检测报告样式

下面是一组窗户保温性能检测报告的样式。

报告编号：节能 2010-×××

| CMA 章 | CAL 章 | CNCAL 章 | （可选）报告总页数：共×页

建筑门窗保温性能检测报告

产品名称：＿＿＿＿＿＿＿＿＿＿＿＿

受检单位：＿＿＿＿＿＿＿＿＿＿＿＿

生产单位：＿＿＿＿＿＿＿＿＿＿＿＿

委托单位：＿＿＿＿＿＿＿＿＿＿＿＿

检验类别：＿＿＿＿监督抽查＿＿＿＿

（检验机构名称　公章）

××××××检验站（中心、公司等）

（封面背面）

注 意 事 项：

1. 报告无"检验报告专用章"或检验单位公章无效。
2. 复制报告未重新加盖"检验报告专用章"或检验单位公章无效。
3. 报告无主检、审核、批准人签字无效。
4. 报告涂改无效。

地　　址：　　　　　　　电话（含区号）：
邮　　编：　　　　　　　传真（含区号）：
E-mail：

报告编号：   共×页第1页

检测项目	建筑外窗保温性能		
检测类别	（监督）委托检测		
生产单位	××××有限公司	委托单位	××××有限公司
工程名称	××××小区		
样品名称	塑钢窗 （60系列内平开窗）	样品基数	98樘
规格型号	1150×1350(mm)	检测数量	3樘
取样人及证书号	××× ×××××××	见证人及证书号	××× ×××××××
（送）抽样人		来样日期	××年××月××日
检测依据	GB/T 8484—2008		
检测设备	BHR-Ⅲ型		
检测日期	××年××月××日～××年××月××日		
检测结果：被测试件传热系数$K=1.828(W/m^2 \cdot K)$			
检测结论	经检测，该批外窗的保温性能为9级。 签发日期：××年××月××日		
备注			

批　准：　　　　　　审　核：　　　　　　主　检：

共×页第2页

检测条件			
热室气温	20.2℃	冷室气温	−10.0℃
热冷室 空气温差 Δt	30.02℃	热室 内外表面温差 $\Delta\theta_1$	−0.08℃
试件框 热冷表面温差 $\Delta\theta_2$	28.90℃	填充物 热冷表面温差 $\Delta\theta_3$	29.16℃
试件面积 A	1.55m²	电暖气加热功率 Q	93.66 W
热室空气流动状态	自然对流	气流速度	3m/s
热室外壁热流系数 M_1	8.348W/K	试件框热流系数 M_2	0.069W/K
填充物面积 S	1.76m²	填充物导热系数 λ	0.14W/(m·K)

5.6.3　门窗三性检测报告

门窗三性检测报告包含的内容与砌体的报告内容基本相同，下面是检测报告样式。

报告编号：节能2010-×××

| CMA章 | CAL章 | CNCAL章 |（可选）报告总页数：共×页

建筑门窗气密性、水密性、抗风压性能检测报告

产品名称：_____

受检单位：_____

生产单位：_____

委托单位：_____

检验类别：　　监督抽查　　

(检验机构名称　公章)

××××××检验站（中心、公司等）

(封面背面)

注 意 事 项：

1. 报告无"检验报告专用章"或检验单位公章无效。
2. 复制报告未重新加盖"检验报告专用章"或检验单位公章无效。
3. 报告无主检、审核、批准人签字无效。
4. 报告涂改无效。

地　　址：　　　　　　　　　电话（含区号）：
邮　　编：　　　　　　　　　传真（含区号）：
E-mail：

报告编号：   共×页第1页

检测项目	建筑外窗气密性、水密性、抗风压性能		
检测类别	（监督）委托检测		
生产单位	××××有限公司		
委托单位	××××有限公司	委托日期	2008年×月××日
样品名称	塑钢窗	样品基数	××樘
规格型号	1150×1350(mm)	检测数量	3樘
（送）抽样人		来样日期	2008.××.××
检测依据	《建筑外门窗气密、水密、抗风压性能分级及检测方法》GB/T 7106—2008		
检测设备	MCD建筑门窗动风压性能检测设备		
检测日期	××年××月××日～××年××月××日		
检测结论	经检测，该批外窗达到《建筑外门窗、抗风压性能分级及检测方法》GB/T 7106—2008规定的气密性能X级、水密性能X级、抗风压性能X级。 （以 下 空 白） （检测报告专用章） 签发日期：××年××月××日		
备注			

批准：   审核：   主检：

共×页第2页

检测条件			
开启缝长(m)	6.8	面积(m²)	1.92
玻璃品种	普通平板玻璃	镶嵌方式	干法
玻璃密封材料	橡胶密封条	气温(℃)	25
框扇密封材料	胶条	气压(kPa)	100.5
最大玻璃尺寸	1100mm×720mm×5mm		

检测结果		分级
气密性	10Pa下，单位缝长，每小时渗透量为4.3m³/(m·h) 10Pa下，单位面积，每小时渗透量为15.1m³/(m²·h)	1
	－10Pa下，单位缝长，每小时渗透量为4.2m³/(m·h) －10Pa下，单位面积，每小时渗透量为14.9m³/(m²·h)	1
雨水渗漏性	保持未发生渗漏的最高压力为200Pa	2

续表

检测结果				分级
—	第1樘	第2樘	第3樘	—
风压变形性 P_1 ($L/300$)	$P_1=1106$Pa $-P_1=-1064$Pa	$P_1=1130$Pa $-P_1=-1132$Pa	$P_1=1036$Pa $-P_1=-1155$Pa	—
反复加压检测 P_2	$P_2=1659$Pa $-P_2=-1596$Pa	$P_2=1695$Pa $-P_2=-1598$Pa	$P_2=1554$Pa $-P_2=-1732$Pa	—
定级检测 P_3	$P_3=2.8$kPa $-P_3=-2.7$kPa	$P_3=2.8$kPa $-P_3=-2.8$kPa	$P_3=2.6$kPa $-P_3=-2.9$kPa	4
窗型简图	窗尺寸：左扇1.1m×1.2m，右扇0.72m×1.2m；外框1.6m×1.36m，总宽1.76m			

建筑外窗抗风压性能分级表（GB/T 7106—2008）

分级代号	1	2	3	4	5	6	7	8	××
分级指标 P_3(kPa)	$1.0 \leqslant P_3$ <1.5	$1.5 \leqslant P_3$ <2.0	$2.0 \leqslant P_3$ <2.5	$2.5 \leqslant P_3$ <3.0	$3.0 \leqslant P_3$ <3.5	$3.5 \leqslant P_3$ <4.0	$4.0 \leqslant P_3$ <4.5	$4.5 \leqslant P_3$ <5.0	$P_3 \geqslant 5.0$

注：第9级应在分级后同时注明具体检测压力值。

建筑外窗气密性能分级表（GB/T 7106—2008）

分级	1	2	3	4	5	6	7	8
单位缝长分级指标值 q_1[m³/(m·h)]	$4.0 \geqslant q_1$ >3.5	$3.5 \geqslant q_1$ >3.0	$3.0 \geqslant q_1$ >2.5	$2.5 \geqslant q_1$ >2.0	$2.0 \geqslant q_1$ >1.5	$1.5 \geqslant q_1$ >1.0	$1.0 \geqslant q_1$ >0.5	$q_1 \leqslant 0.5$
单位面积分级指标值 q_2[m³/(m²·h)]	$12 \geqslant q_2$ >10.5	$10.5 \geqslant q_2$ >9.0	$9.0 \geqslant q_2$ >7.5	$7.5 \geqslant q_2$ >6.0	$6.0 \geqslant q_2$ >4.5	$4.5 \geqslant q_2$ >3.0	$3.0 \geqslant q_2$ >1.5	$q_2 \leqslant 1.5$

建筑外窗水密性能分级表（GB/T 7106—2008）

分级	1	2	3	4	5	6
分级指标 ΔP	$100 \leqslant \Delta P<150$	$150 \leqslant \Delta P<250$	$250 \leqslant \Delta P<350$	$350 \leqslant \Delta P<500$	$500 \leqslant \Delta P<700$	$\Delta P \geqslant 700$

注：第6级应在分级后同时注明具体检测压力值。

参考文献

[1] 杨善勤编著. 民用建筑节能设计手册. 北京：中国建筑工业出版社，1997
[2] 田斌守，章岩，杨树新等. 节能65％目标与自保温混凝土砌块. 混凝土与水泥制品，2008（1）
[3] 中华人民共和国建设部主编. 民用建筑热工设计规范 GB 50176—93. 北京：中国计划出版社，1993
[4] 建筑构件稳态热传递性质的测定　标定和防护热箱法 GB/T 13475—2008. 北京：中国标准出版社，1992
[5] 建筑外窗保温性能分级及检测方法 GB/T 8484—2008. 北京：中国标准出版社，2008
[6] 张铺，田斌守. 墙材革新、建筑节能与供热. 墙材革新与建筑节能. 2006（7）
[7] 冯金秋. 建筑节能监管与检测技术培训班讲义（成都）. 2007，12。
[8] http：//bbs. topenergy. org/viewthread. php? tid=32101&highlight=％B4％B0

第6章 建筑物热工性能现场检测

对于已经建好的实体建筑物而言，建筑节能包含两个大内容：建筑物自身的节能和建筑供热、供冷、照明等系统节能。所以，对于建筑节能的检测和评定也要从这两个方面着手。本章主要介绍针对建筑物节能的现场检测技术的内容，有关供热、供冷、照明等系统的检测内容在第7章介绍。

6.1 检测内容

按现行的建筑节能现场检测标准的规定，现场检测项目主要有如下内容：①年采暖耗热量以及建筑物单位面积采暖耗热量；②小区单位面积采暖耗煤量；③建筑物室内平均温度；④建筑物围护结构传热系数；⑤建筑物围护结构热桥部位内表面温度；⑥建筑物围护结构热工缺陷；⑦窗口整体气密性能；⑧外围护结构隔热性能；⑨建筑物外窗遮阳设施等。

6.2 温度检测

平均室温、外围护结构热桥部位内表面温度、室外温度等的检测。

6.2.1 室内温度检测

室内温度是衡量建筑物热舒适度的重要指标，是判定建筑物系统供热（供冷）质量的决定性指标，也是供热计量收费的基础指标，因此室内温度的检测非常重要。

6.2.1.1 检测方法

建筑物平均室温应以户内平均室温的检测为基础，以房间室温计算出户内室温，进而计算出建筑物平均室温。户内平均室温的检测时段和持续时间应符合表6-1的规定。如果该项检测是为了配合其他物理量的检测而进行的，则其检测的起止时间和要求应符合有关规定。

户内平均室温检测时段和持续时间　　　　表6-1

序 号	范围分类	时 段	持续时间
1	试点居住建筑/试点居住小区	整个采暖期	整个采暖期
2	非试点居住建筑/非试点居住小区	冬季最冷月	≥72h

6.2.1.2 仪器仪表

检测室内温度用的仪表主要是温度传感器和温度记录仪。温度传感器一般用铜—康铜热电偶。用于温度测量时，不确定度应小于0.5℃；用一对温度传感器直接测量温差时，不确定度应小于2%；用两个温度值相减求取温差时，不确定度应小于0.2℃。

近期出现的单点自记式温度记录仪具有温度传感器和数据记录仪的功能，电池供电、温度采集时间可调，数据存储量大，特别适合于电力不能保证的现场检测室内外温度。其具体技术指标性能见第 3 章介绍。

6.2.1.3 检测对象确定

1) 检测面积不应少于总建筑面积的 0.5%；总建筑面积不足 200m² 时，应全额检测；总建筑面积大于 200m² 时，应随机抽取受检房间或受检住户，但受检房间或受检住户的建筑面积之和不应少于 200m²。

2) 三层以下的居住建筑，应逐层布置测点；三层和三层以上的居住建筑，首层、中间层和顶层均应布置测点。

3) 每层至少选取 3 个代表房间或代表户。

4) 检测户内平均室温时，除厨房、设有浴盆或淋浴器的卫生间、淋浴室、储物间、封闭阳台和使用面积不足 5m² 的自然间外，其他每个自然间均应布置测点，单间使用面积大于或等于 30m² 的宜设置两个测点。

5) 户内平均室温应以房间平均室温的检测为基础。房间平均室温应采用温度巡检仪进行连续检测，数据记录时间间隔最长不得超过 60min。

6) 房间平均室温测点应设于室内活动区域内且距楼面 700~1800mm 的范围内恰当的位置，但不应受太阳辐射或室内热源的直接影响。

6.2.1.4 室温计算

建筑物平均室温通过检测和计算得到。先对随即抽样的住户房间直接检测得到房间的室温，然后计算出该住户的平均室温，再通过计算得到该建筑物平均室温，计算过程应按式 (6-1)、式 (6-2) 和式 (6-3) 进行。

$$t_{rm} = \frac{\sum_{i=1}^{p}(\sum_{j=1}^{n} t_{i,j})}{p \cdot n} \tag{6-1}$$

$$t_{hh} = \frac{\sum_{k=1}^{m} t_{rm,k} \cdot A_{rm,k}}{\sum_{k=1}^{m} A_{rm,k}} \tag{6-2}$$

$$t_{ia} = \frac{\sum_{l=1}^{M} t_{hh,l} \cdot A_{hh,l}}{\sum_{l=1}^{M} A_{hh,l}} \tag{6-3}$$

式中　t_{ia}——检测持续时间内建筑物平均室温，℃；

　　　t_{hh}——检测持续时间内户内平均室温，℃；

　　　t_{rm}——检测持续时间内房间平均室温，℃；

　　　$t_{hh,l}$——检测持续时间内第 l 户受检住户的户内平均室温，℃；

　　　$t_{rm,k}$——检测持续时间内第 k 间受检房间的房间平均室温，℃；

　　　$t_{i,j}$——检测持续时间内某房间内第 j 个测点第 i 个逐时温度检测值，℃；

　　　n——检测持续时间内某一房间某一测点的有效检测温度值的个数，℃；

p——检测持续时间内某一房间布置的温度检测点的数量;

m——某一住户内受检房间的个数;

M——某栋居住建筑内受检住户的个数;

$A_{rm,k}$——第 k 间受检房间的建筑面积,m^2;

$A_{hh,l}$——第 l 户受检住户的建筑面积,m^2;

i——某受检房间内布置的温度检测点的顺序号;

j——某温度巡检仪记录的逐时温度检测值的顺序号;

k——某受检住户中受检房间的顺序号;

l——居住建筑中受检住户的顺序号。

6.2.1.5 结果评定

(1) 合格指标

建筑物冬季平均室温应在设计范围内,且所有受检房间逐时平均温度的最低值不应低于16℃(已实行按热量计费、室内散热设施装有恒温阀且住户出于经济的考虑,自觉调低室内温度者除外),同时检测持续时间内房间平均室温不得大于23℃。

(2) 结果评定

若受检居住建筑的建筑物平均室温检测结果满足上述规定,则判该受检居住建筑合格。若所有受检居住建筑的建筑物平均室温均检验合格,则判该申请检验批的居住建筑合格,否则判不合格。

6.2.2 热桥部位内表面温度检测

6.2.2.1 检测方法

热桥部位内表面温度直接采用热电偶等温度传感器贴于受检表面进行检测。室内外计算温度条件下热桥部位内表面温度应按式(6-4)计算得到。

$$\theta_I = t_{di} - \frac{t_m - \theta_{Im}}{t_{rm} - t_{em}}(t_{di} - t_{de}) \tag{6-4}$$

式中 θ_I——室内外计算温度下热桥部位内表面温度,℃;

θ_{Im}——检测持续时间内热桥部位内表面温度逐次测量值的算术平均值,℃;

t_{em}——检测持续时间内室外空气温度逐次测量的算术平均值,℃;

t_{di}——室内计算温度,℃,应根据具体设计图纸确定或按国家标准《民用建筑热工设计规范》(GB 50176)第4.1.1条的规定采用;

t_{de}——室外计算温度,℃,应根据具体设计图纸确定或按国家标准《民用建筑热工设计规范》(GB 50176)第2.0.1条的规定采用;

t_{rm}——意义同前。

6.2.2.2 检测仪器

检测热桥部位内表面温度用的仪表主要是温度传感器和温度记录仪。温度传感器一般用铜—康铜热电偶。用于温度测量时,不确定度应小于0.5℃;用一对温度传感器直接测量温差时,不确定度应小于2%;用两个温度值相减求取温差时,不确定度应小于0.2℃。温度记录仪应采用巡检仪,数据存储方式应适用于计算机分析。测量仪表的附加误差应小于$4\mu V$或0.1℃。

6.2.2.3 检测对象的确定

1）检测数量应以一个检验批中住户套数或间数为单位进行随机抽取确定。

2）对于住宅，一个检验批中的检测数量不宜超过总套数的1%，对于住宅以外的其他居住建筑，不宜超过总间数的0.2%，但不得少于3套（间）。当检验批中住户套数或间数不足3套（间）时，应全额检测，顶层不得少于1套（间）。

3）检测部位应在受检住户或房间内综合选取，每一受检住户或房间的检测部位不得少于1处。

4）检测热桥部位内表面温度时，内表面温度测点应选在热桥部位温度最低处，具体位置可采用红外热像仪协助确定。

5）热桥部位内表面温度检测应在采暖系统正常运行工况下进行，检测时间宜选在最冷月，并应避开气温剧烈变化的天气。检测持续时间不应少于72h，数据应每小时记录一次。

6.2.2.4 检测步骤

室内空气温度测点布置参见6.2.1节中房间室温的检测部分。室外空气温度检测按6.2.3节中的规定进行。

内表面温度传感器（铜—康铜热电偶）连同0.1m长引线应与受检表面紧密接触，传感器表面的辐射系数应与受检表面基本相同。

6.2.2.5 结果判定

在室内外计算温度条件下，围护结构热桥部位的内表面温度不应低于室内空气相对湿度按60%计算时的室内空气露点温度。

当所有受检部位的检测结果均分别满足上述规定时，则判定该申请检验批合格，否则判定不合格。

6.2.3 室外空气温度检测

室外空气温度的测量应采用温度巡检仪，逐时采集和记录。采样时间间隔宜短于传感器最小时间常数，数据记录时间间隔不应长于20min。

室外空气温度传感器应设置在外表面为白色的百叶箱内，百叶箱应放置在距离建筑物5~10m范围内。当无百叶箱时，室外空气温度传感器应设置防辐射罩，安装位置距外墙外表面应大于0.20m，且宜在建筑物两个不同方向同时设置测点。超过十层的建筑宜在屋顶加设1~2个测点。温度传感器距地面的高度宜在1.5~2m的范围内，且应避免阳光直接照射和室外固有冷热源的影响。在正式开始采集数据前，温度传感器在现场应有不少于30min的环境适应时间。

6.3 围护结构传热系数现场检测

围护结构中的外墙和屋顶是在建筑物建造过程中形成的，由于施工过程的复杂性和人为因素，其施工质量受主观和客观多种因素的影响，其保温节能的效果是不确定的，依赖于建造过程中严格的质量管理和良好的商业道德。并且对建筑物的能耗和居住舒适度至关重要，因此围护结构的传热系数检测是重要的项目，从某种角度来说建筑节能最终是由外墙和屋顶决定的，如果经过检测外墙和屋顶的传热系数符合设计要求，那么根据热工计算可以确定建筑物是否节能。

在现场对围护结构传热系数如何准确测量,是建筑节能检测验收的关键内容。

6.3.1 检测方法

目前现场检测围护结构(一般测外墙和屋顶、架空地板)的传热系数的检测方法主要有5种:热流计法、热箱法、控温箱一热流计法、非稳态法(常功率平面热源法)、遗传辨识算法。下面分别介绍各自的特点和适用性。

6.3.1.1 热流计法

目前热流计法是现场检测围护结构传热系数的方法中应用最广泛的方法,国际标准《建筑构件热阻和传热系数的现场测量》(ISO 9869)、美国标准《建筑围护结构构件热流和温度的现场测量》(ASTMC1046-95)和《由现场数据确定建筑围护结构构件热阻》(ASTMC1155-95)都对热流计法作了详细规定,这种方法被大家普遍接受。

(1) 热流计法原理

热流计法通过检测被测对象的热流 E,冷端温度 T_1 和热端温度 T_2,即可根据式(6-5)、式(6-6)、式(6-7)计算出被测对象的热阻和传热系数,现场检测示意图如图6-1所示。

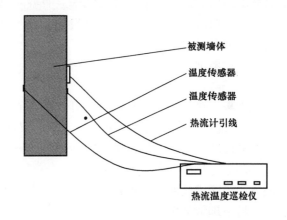

图6-1 热流计法检测示意图

$$R=\frac{t_2-t_1}{E \cdot C} \quad (6-5)$$

$$R_0=R_i+R+R_e \quad (6-6)$$

$$K=\frac{1}{R_0} \quad (6-7)$$

式中 R——墙体热阻,$m^2 \cdot K/W$;

t_1——墙体冷端温度,K;

t_2——墙体热端温度,K;

E——热流计读数,mv;

C——热流计测头系数,$W/(m^2 \cdot mV)$,热流计出厂时已标定;

R_0——墙体传热阻,$m^2 \cdot K/W$;

R_i——内表面换热阻,$m^2 \cdot K/W$,按热工设计规范 GB 50176—93 规定取值;

R_e——外表面换热阻,$m^2 \cdot K/W$,按热工设计规范 GB 50176—93 规定取值;

K——传热系数,$W/(m^2 \cdot K)$。

(2) 仪器设备

热流计法检测墙体传热系数时用的仪器设备较少,主要仪器设备有两个方面:传感器、数据采集系统。

温度传感器用铜—康铜热电偶。

顾名思义，热流计法就是用热流计作为热流传感器，通过它来测量建筑物围护结构或各种保温材料的传热量及物理性能参数。热流计的原理详见第 3 章介绍。

数据采集仪用温度热流巡回检测仪，具体的性能与控温箱热流计法中所用数据采集仪相同，见 6.3.1.3 节。

（3）检测方法

在被测部位布置热流计，在热流计的周围布置铜—康铜热电偶，对应的冷表面上也相应布置同数量的热电偶，连接到数据采集仪。其他步骤与控温箱—热流计法相同，见 6.3.1.3 节。通过瞬变期，达到稳定状态后，计量时间包括足够数量的测量周期，以获得所要求精度的测试数值。为使测试结果具有客观性，测试时应在连续采暖稳定至少 7d 的房间中进行，检测时间宜选在最冷月份且应避开气温剧烈变化的天气。

（4）数据记录及处理

（5）注意事项

1）太阳辐射对传热系数影响较大，要注意遮挡。作者在检测某工程综合楼东向外墙时，因阳光直射热电势值异常升高，升高到 16mV，经遮挡后回落到 1.3mV 左右。

2）精心选择粘贴热流计的黄油，太硬的黄油空气不易排出，传热系数偏小；太软的黄油又容易被墙体吸收产生缝隙，直接导致测试结果失真。

（6）热流计法的特点

该方法是国家检测标准首选的方法，在国际上也是公认的方法，仪器设备少，检测原理简单，易于理解掌握。

但是这种方法用在现场测试有严重的局限性。因为使用该方法的前提条件是必须在采暖期才能进行测试，我国的现实情况是有些地区基本不采暖、采暖地区的有些工程又在非采暖期竣工，即使在采暖期竣工又是壁挂锅炉分户采暖等，这样就限制了它的使用。对于这些工程热流计法检测就不适宜。在新版本的《建筑节能现场检测标准》JGJ/T 132—2009 中对热流计法的使用重新做了规定：检测时间宜选在最冷月，且应避开气温剧烈变化的天气。对设置采暖系统的地区，冬季检测应在采暖系统正常运行后进行；对未设置采暖系统的地区，应在人为适当地提高室内温度后进行检测。在其他季节，可采取人工加热或制冷的方式建立室内外温差。围护结构高温侧表面温度应高于低温侧 10℃以上，且在检测过程中的任何时刻均不得等于或低于低温侧表面温度。当传热系数 K 小于 $1W/(m·K)$ 时，高温侧表面温度宜高于低温侧 $(10/K)$℃以上。检测持续时间不应少于 96h。检测期间，室内空气温度应保持稳定，受检区域外表面宜避免雨雪侵袭和阳光直射。

6.3.1.2 热箱法

热箱法作为实验室检测建筑构件热工性能的方法使用由来已久，是成熟的试验方法，已颁布有国际、国内的标准。热箱法用来进行现场检测建筑物热阻或传热系数是近

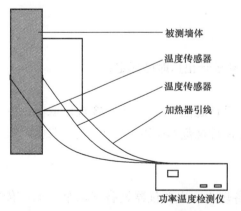

图 6-2 热箱法现场检测传热系数示意图

几年的事情,由北京中建建筑科学研究院的研究人员首先研究应用。

(1) 热箱法现场检测原理

热箱法检测的基本原理与第 5 章砌体热阻检测中的一样,测定热箱内电加热器所发出的通过墙体的热量及围护结构冷热表面温度计算出被测墙体的热阻、传热阻和传热系数。

由于热箱法是基于一维稳态传热的原理,在墙体两侧分别建立所需的温度、风速和辐射条件,达到稳定状态后,测量空气温度、墙体和箱体内壁的表面温度及输入到计量箱的功率,计算墙体的传热系数,所以也要把传向别处的热量进行剔除。与实验室第 5 章检测砌体热阻不同的是,在现场检测时由于实验条件不确定,无法用标定的方法消除误差,只能用防护热箱法,这时被检测房间就是防护箱,检测基本原理如图 6-2 所示。

热箱法传热系数检测仪是采用热箱法对围护结构传热系数进行检测的,它基于"一维传热"的基本假定,即围护结构被测部位具有基本平行的两表面,其长度和宽度远远大于其厚度,可视为无限大平板。在人工制造的一个一维传热环境下,被测部位的内侧用热箱模拟采暖建筑室内条件并使热箱内和室内空气温度保持一致,另一侧为室外自然条件。维持热箱内温度高于室外温度。这样,被测部位的热流总是从室内向室外传递,形成了一维传热,当热箱内加热量与通过被测部位传递的热量达到平衡时,热箱的加热量就是被测部位的传热量。实时控制热箱内空气温度和室内温度,精确测量热箱内消耗的电能并进行积累,定时记录热箱的发热量及热箱内和室外温度,经运算就能得到被测部位的传热系数值。

围护(墙体)结构传热系数通过式(6-8)和式(6-9)计算。

$$K = \frac{\sum K_n}{n} \tag{6-8}$$

$$K_n = \frac{Q_n}{A_i \cdot (T_i - T_e)} \tag{6-9}$$

式中 K——围护结构被测墙体传热系数,$W/(m^2 \cdot K)$;

Q_n——单位测试时间的传热量,W;

A_i——热箱开口面积,m^2;

K_n——单位测试时间的传热系数值,$W/(m^2 \cdot K)$;

T_i——室内(热箱)空气温度,℃;

T_e——室外空气温度,℃;

n——连续测试次数。

(2) 设备仪器

热箱法现场检测用的主要仪器设备是计量箱、温度传感器、功率表、数据记录仪,辅助设备有加热器等。现在现场检测墙体传热系数的热箱把几个仪器集成在一起,设备的集成化程度高。国内该项技术和配套检测设备是由北京中建建筑科学研究院有限公司段凯等人首先研究推出的,仪器为 RX 型系列传热系数检测仪。RX 系列传热系数检测仪主要由以下设备组成:

1) 热箱:开口尺寸为 1000mm×1200mm,进深为 300mm,外壁热阻值应大于 2.0$m^2 \cdot K/W$,内表面黑度 ε 值应大于 0.85,加热功率为 130~150W。

2) 控制箱:尺寸为 400mm×300mm×150mm,采用 PID 自整定控制算法。主要是用来采集各点温度、热箱功率等,并进行控制、运算和存储。其中,热箱内温度控制精度为±0.2℃，功率计量精度为±1% FS，数据读取时间间隔为10s，数据记录及计算间隔为10min，通信接口为RS232。

3) 温度传感器：采用铂电阻温度传感器，计量精度为±0.1℃。

4) 室内加热器。

5) 室外冷箱（当室外温度高于25℃时，扣在热箱对应面降低墙体温度）。

热箱法现场检测布置图如图6-3所示。

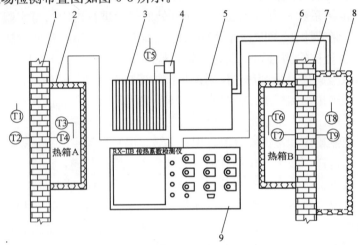

图6-3　热箱法检测现场布置示意图

1—墙体1；2—热箱A；3—室内加热器；4—加热控制器；5—冷箱水浴；
6—热箱B；7—墙体2；8—冷箱；9—控制仪

(3) 检测方法

热箱法现场检测在墙体的被测部位内侧用热箱模拟采暖建筑室内条件，并使热箱内和室内空气温度保持一致，另一侧为室外自然条件，维持热箱内温度高于室外温度8℃以上，这样被测部位的热流总是从室内向室外传递，当热箱内加热量与通过被测部位的传递热量达平衡时，通过测量热箱的加热量得到墙体的传热量，经计算即可得到被测部位的传热系数。

(4) 特点

1) 该方法基本不受温度的限制，只要室外空气平均温度在25℃以下，相对湿度在60%以下，热箱内温度大于室外最高温度8℃以上就可以测试。

2) 设备比较简单，自动化程度较高，该方法有定型成套的检测仪器，自动计算结果。

3) 由于现场采用防护热箱法，这样就要把整个被测房间当作防护箱，房间温度和箱体内的温度要保持一致，如果房间较大，则检测时温度控制难度较大。

6.3.1.3　控温箱—热流计法

(1) 控温箱—热流计法的原理

控温箱—热流计法检测墙体传热系数的基本原理与热流计法相同，只是采用人工手段对环境温度进行控制。简而言之就是利用控温箱控制温度，模拟采暖期建筑物的热工状况，用热流计法测定被测对象的传热系数，其现场检测示意图如图6-4所示。

在这个热环境中测量通过墙体的热流量、箱体内的温度、墙体被测部位的内外表面温度、室内外环境温度，根据式（5-8）、式（5-9）和式（5-10）计算被测部位的热阻、传热阻和传热系数。

（2）仪器设备

控温箱—热流计法检测墙体传热系数时用的主要仪器设备有：温度控制系统、传感器、数据采集系统。

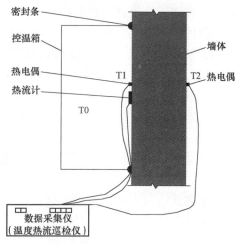

图 6-4　控温箱—热流计法现场检测示意图

1）温度控制系统　控温箱是一套自动控温装置，可以模拟采暖期建筑物的热工特征，根据检测者的要求设定温度。控温设备由双层框构成，层间填充发泡聚氨酯或其他高热阻的绝热材料。具有制冷和加热功能，根据季节进行双向切换使用，夏季高温时期用制冷方式运行，春秋季用加热方式运行。采用先进的 PID 调节方式控制箱内温度，实现精确稳定地控温，如图 6-5 所示。

图 6-5　控温箱

2）传感器　主要有两种传感器：温度传感器和热流传感器。温度由温度传感器（通常用铜—康铜热电偶或热电阻）测量；热流由热流计测量，热流计测得的值是热电势，通过测头系数，转换成热流密度。

3）数据采集仪　温度值和热电势值由与之相连的温度、热流自动巡回检测仪（简称巡检仪）自动完成数据的采集记录，可以设定巡检的时间间隔，温度热流巡回检测仪的详细内容见第 3 章。

（3）检测步骤

先选取有代表性的墙体，粘贴温度传感器和热流计，在对应面相应位置粘贴温度传感器，然后将温度控制仪箱体紧靠在墙体被测位置，使得热流计位于温度控制仪箱体中心部位，布置在墙体温度高的一侧。开机检测，在线或离线监控传热系数动态值，等达到稳定后，检测结束。

（4）数据处理

数据处理过程和方式与所使用的巡检仪的功能有关。有些巡检仪在盘式仪表的基础上作了升级强化，在原有的功能上扩展存储、打印、计算功能，可以直接计算结果，打印检测报告。有些巡检仪自身没有这些功能，只是完成数据的采集和储存，这时候就要用专用的通信软件将数据上传给计算机，再用数据处理软件（如金山电子表格或 Microsoft EXCEL 等）进行数据处理。用软件的函数计算功能，把式（5-8）、式（5-9）和式（5-10）置入，然后计算出被测墙体的热阻、传热阻和传热系数。计算结果以表格、图表、曲线或数字形式显示。下面是用 EXCEL 处理数据的详细计算过程。

（5）用 EXCEL 处理传热系数检测数据

1）数据采集

用自动巡回检测仪（以下简称巡检仪）采集实验数据，具有自动采集、显示、存储数据的功能。

显示方式：有定点显示和巡回显示功能，可以根据需要，设置对某个测点进行定点显示或巡回显示所有的测点，并设置巡检时间间隔。

存储方式：每隔固定时间存储一次所有设置测点的当前数据。一般存储时间为 30min，为了易于识别处理，可以设置成与自然时间步调一致，即正点和半点自动存储数据。

2）数据传输

巡检仪采集和储存的数据用专用传输软件，从 USB 接口或 RSR232，RSR485 接口传给上位机。数据的存储一般是纯文本格式，便于数据的读取调用和进一步处理。

3）调入数据

将巡检仪存储的数据传给上位机，放在一个专门的文件夹里。然后打开 EXCEL 应用程序，点击菜单栏"文件"菜单项，出现下拉菜单，再通过点击"打开"按钮弹出"打开"对话框，选择要处理的数据文件，单击"完成"按钮，原始数据就被调入 EXCEL 了，如图 6-6 所示。

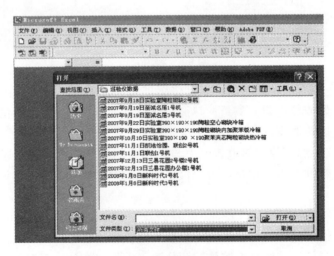

图 6-6　原始数据调入 EXCEL

注意：直接从数据文件点击"打开"按钮，选择"打开方式"中的"EXCEL"程序也可以将原始数据调入 EXCEL 中打开，但这种方式有时候会产生格式混乱。

4）数据处理

原始数据调入 EXCEL 后，第一列显示的是检测日期和时间，后面依次是温度值和热流计读数值。这些数据项随着巡检仪型号不同显示格式略有不同，笔者用的巡检仪共 76 路信号，前面 56 路信号是温度值，后面 20 路是热流计读数值。删去未使用的信号路数的值（这些值通常显示为 100），如图 6-7 中所示，A 列为检测日期及时间，V 列和 AK 列为未使用的信号路；第 1 行为通信路数的序号。

Microsoft Excel - 2007年9月29日陶拉砌块内加聚苯板

AZ7 = 100

	A	B	C	D	E	F	V	W	X	AK
1	0	1	2	3	4	5	21	22	23	36
2	709261600	23.4	16.8	18.9	12.2	17.6	100	22.6	21.5	100
3	709261630	24	12.3	15.7	6.1	13.8	100	22.5	21.4	100
4	709261700	25.1	9.2	13.2	3.3	10.9	100	22.8	21.7	100
5	709261730	25.8	6.7	10.9	0.6	8.4	100	22.9	21.8	100
6	709261800	26.4	4.6	9	-0.8	6.3	100	23.1	22	100
7	709261830	26.6	2.8	7.1	-2.2	4.5	100	23.2	22	100
8	709261900	26.5	1.4	5.5	-3.1	2.9	100	22.9	21.8	100
9	709261930	27	1.8	5.1	-1.2	3	100	23.2	22.2	100
10	709262000	27.2	1.3	4.2	-1.3	2.3	100	23.1	22.1	100
11	709262030	27.5	0.9	3.7	-1.5	1.8	100	23.2	22.3	100

图 6-7 数据显示示意图

对照现场检测时热电偶布点的顺序号和热流计布点顺序号，用 EXECL 提供的计算函数或手工输入计算公式，计算出墙体热端表面温度瞬时平均值和冷端表面温度瞬时平均值及相应时间热流计读数的瞬时平均值。这组数值是巡检仪采集时刻（如正点和半点），检测部位某个量多路数据平行检测得到的平均值，如检测时在墙体热端表面布置了 8 路热电偶，上午 10：00 这 8 路的数据同时被巡检仪采集，那么这 8 路热电偶的平均值就是上午 10：00 这个时刻墙体热端表面温度的瞬时平均值，其他依次类推。

然后计算墙体的热阻 R、传热阻 R_0、传热系数 K。在编辑栏内分别输入式（5-8）、式（5-9）和式（5-10）得到第一组数据，然后通过下拉填充柄功能得到所有的巡检仪采集时刻墙体的这组热阻 R、传热阻 R_0、传热系数 K。这组数据反映检测过程开始后每个采集时刻墙体的传热特性值，互相关联，热端表面温度、冷端表面温度及在这个温度状态下墙体的热阻、传热阻和传热系数值。在检测过程的开始阶段因为墙体急剧蓄热，传热系

M16 = 21.2

	AD	AE	AF	AG	AH	AI	AJ	AK	AL	AM
1	29	65	66	67	68	热端温度	冷端温度	热流平均	R值	传热系数
2	20.1	0.17	0.12	0.19	0.18	27.82	20.24	0.17	3.95	0.24
3	15.7	0.41	0.28	0.39	0.26	27.72	15.35	0.34	3.18	0.30
4	10.2	1.68	1.42	1.56	1.31	28.30	9.84	1.49	1.06	0.82
5	6.4	2.03	1.74	1.89	1.62	28.64	12.48	1.82	0.76	1.09
6	3.5	2.45	2.11	2.28	2.09	28.95	3.56	2.23	0.98	0.89
7	1.9	2.84	2.45	2.67	2.46	29.15	2.59	2.61	0.88	0.97
8	1.2	2.99	2.64	2.78	2.64	29.11	-0.64	2.76	0.93	0.93
9	0.9	3.4	2.95	3.29	2.91	29.08	0.66	3.14	0.78	1.08

图 6-8 传热系数计算过程

数变化很大，待到墙体蓄热达到平衡时，传热系数趋于平缓，如图 6-8 所示。

5）结果表示

在 EXCEL 中有几种方式可以显示数据处理结果，以数值显示是常见的方式，直接显示结果，可以进一步应用。另外为了直观起见，尤其是考察一个量随另一个量的变化趋势时常用图表或曲线的形式，如文中计算传热系数值随检测时间的变化情况，传热系数随热端温度或两表面温差的变化情况，就非常直观和形象。在前面的计算过程完成后，点击工具栏图表按钮，在弹出的对话框中输入要在图中显示的数据区域，按提示完成图表标题、分类轴（X 轴）和数值轴（Y 轴）的标题，以及坐标轴网格线刻度，点击"完成"即可得到需要的图表曲线，如图 6-9 所示。

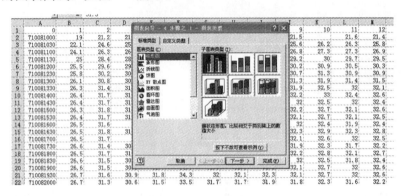

图 6-9 图表生成

图 6-10 是按上述方法得到的曲线，图中曲线 a 是检测过程中墙体热端表面温度随时间的变化趋势，曲线 b 是检测过程中墙体冷端表面温度随时间的变化趋势，曲线 c 是墙体热阻随时间的变化趋势，曲线 d 是墙体传热系数随时间的变化趋势，从图中可以看出，传热系数在检测刚开始的一段时间内急剧变化，而在后期达到稳定状态，在某个值附近振荡，用稳定时间段内的传热系数平均值得到该值，这就是需要的被检测墙体的传热系数。

墙体热工性能检测过程时间长，采集的数据量大。用 EXCEL 应用程序可以方便地处理数据，并且可以根据需要以多种方式显示处理结果，直观实用。

（6）控温箱—热流计法的特点

控温箱—热流计法综合了热流计法和热箱法两种方法的优点。用热流计法作为基本的检测方法，同时用热箱来人工制造一个模拟采暖期的热工环境，这样既避免了热流计法受季节限制的问题，又不用校准热箱的误差，因为这时的热箱仅仅是一个温度控制装置，其发热功率不参与结果计算，因此不计算输入热箱和热箱向各个方向传递的功率。因此，不用将整个房间加热至箱体同样的温度，也不用庞大的防护箱在现场消除边界热损失，也不用标定其边界热损失。

现今广泛应用的材料导热系数平板测试法也是这个原理，从热量传递的物理过程来看，材料导热系数的测试过程和建筑物围护结构传热系数检测过程是相同的。

采用控温箱—热流计现场检测传热系数，能够显著提高检测效率，在线监控检测过程，可以使检测周期缩短，约 48h 即可完成检测工作。

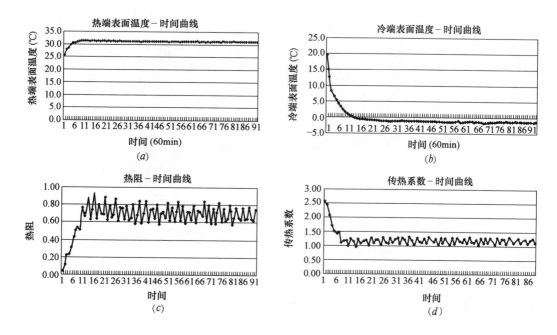

图 6-10 数据结果的显示

6.3.1.4 非稳态法：常功率平面热源法

(1) 常功率平面热源法的检测原理

常功率平面热源法是非稳态法中一种比较常用的方法，适用于建筑材料和其他隔热材料热物理性能的测试。其现场检测的方法是在墙体内表面人为地加上一个合适的平面恒定热源，对墙体进行一定时间的加热，通过测定墙体内外表面的温度响应，辨识出墙体的传热系数，原理如图 6-11 所示。绝热盖板和墙体之间的加热部分由 5 层材料组成，加热板 C_1、C_2 和金属板 E_1、E_2 对称地各布置两块，控制绝热层两侧温度相等，以保证加热板 C_1 发出的热量都流向墙体，E_1 板起到对墙体表面均匀加热的作用。墙体内表面测温热电偶 A 和墙体外表面测温热电偶 D 记录逐时温度值。该系统用人工神经网络方法（Artificial Neural Network，简称 ANN）仿真求解，其过程分为以下几个步骤：

1) 该系统设计的墙体传热过程是非稳态的三维传热过程，这一过程受到墙体内侧平面热源的作用和室内外空气温度变化的影响，有针对性地编制非稳态导热墙体的传热程序。建立墙体传热的求解模型，输入多种边界条件和初始条件，利用已编制的三维非稳态导热墙体的传热程序进行求解，可以得到加热后墙体的温度场数据。

2) 将得到的温度场数据和对应的边界条件、初始条件共同构成样本集对网络进行训练。由于实验能测得的墙体温度场数据只是墙体内外表面的温度，因此将测试时间中的以下 5 个参数作为神经网络的输入样本：室内平均温度、室外平均温度、热流密度、墙体内外表面温度；将墙体的传热系数作为输出样本进行训练。

3) 网络经过一定时间的训练达到稳定状态，将各温度值和热流密度值输入，由网络即可映射出墙体的传热系数。

(2) 常功率平面热源法的特点

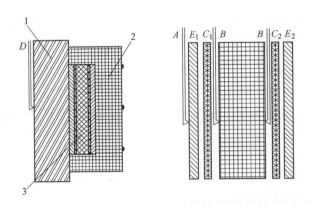

图 6-11 常功率平面热源法现场检测墙体传热系数示意图

1—试验墙体；2—绝热盖板；3—绝热层；A—墙体内表面测温热电偶；B—绝热层两侧测温热电偶；C_1、C_2—加热板；D—墙体外表面测温热电偶；E_1、E_2—金属板

由于此方法是非稳态法检测物体热性能的一种方法，可以大大缩短实际检测时间，而且能减小室外空气温度变化给传热过程带来的影响。

在实验室用非稳态法检测材料的热性能较广泛，但是用来进行现场检测还要作大量的工作才行，包括设备开发、系统编程、神经网络训练和训练效果评定等，工作技术性要求较高，测试结果的稳定性、重复性都要有大量、可靠的数据来支撑。

6.3.1.5 围护结构传热系数现场检测的其他方法

对围护结构传热系数的现场检测除了前面介绍的几种方法外，现在东南大学程建杰等人研究了一种基于遗传辨识算法的现场快速测试方法。该方法的基础是信号处理学科中系统辨识理论和已确定的墙体传热系数的模型结构。

(1) 方法原理

把围护结构的传热看成一个热力系统，如图 6-12 所示，输入输出的温度波、热流波可以被方便地检测到，则对围护结构传热系数的检测就成为系统的辨识问题。

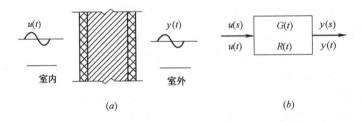

图 6-12 墙体热力系统及输入输出关系
(a) 墙体热力系统；(b) 输入输出关系

由于墙体传热受许多因素的影响，为了简单起见，将传热过程看作一个黑盒模型，只关心其输入（墙体内外侧表面温差）与输出（热流密度），通过辨识输入与输出之间的关系来确定传热系数 K。依照以上原理，建立数学模型如下：

$$A(z^{-1})Q(k)=B(z^{-1})\Delta T(k) \tag{6-10}$$

则：

$$Q(k) = \frac{B(z^{-1})}{A(z^{-1})}\Delta T(K) + n(k) \tag{6-11}$$

即：

$$Q(k) = G(z^{-1})\Delta T(k) + n(k) \tag{6-12}$$

$$G(z^{-1}) = \frac{(b_1 z^{-1} + b_2 z^{-2} + \lambda b_{nb} z^{-nb}) z^{-nk}}{a_1 z^{-1} + a_2 z^{-2} + \lambda + a_{nz} z^{-na}} \tag{6-13}$$

$$K = \frac{B(z^{-1})}{A(z^{-1})}\bigg|_{z=1} \tag{6-14}$$

式中　　$Q(k)$——实验测得的墙体热流序列；

$\Delta T(k)$——实验测得的墙体内外表面温差序列；

$A(z^{-1})$，$B(z^{-1})$——各自对应过程的 Z 传递函数；

z^{-1}——时间延迟算子，s^{-1}；

$n(k)$——白噪声；

na，nb，nk=0，1，2，3……，且 nb<na；

K——墙体的传热系数，$W/(m^2 \cdot K)$

程建杰等介绍了两种方法来辨识墙体的传热系数，传统的最小二乘法和一种较新的辨识算法——遗传算法，并对结果进行了比较。

(2) 最小二乘法

最小二乘法是按照计算机的特点，对于收敛性好的模型使用递推的方法求得各个系数。采用最小二乘法的辨识过程如下：

1) 确定过程的初始状态，选择模型的阶次。
2) 选择终止条件，若模型所有的参数估计值达到比较稳定时，可以终止计算。
3) 根据最小二乘法的公式计算数学模型各系数的估计值，直到符合终止条件。
4) 判断模型的阶次是否合理，若不合理则回到 1) 继续进行计算。

(3) 遗传算法

遗传算法（Genetic Algorithm）是基于进化论中优胜劣汰和物种遗传思想的搜索随机算法。遗传算法将问题的求解表示成"染色体"（在计算机内一般用二进制串表示），并将众多的求解构成一群"染色体"，将它们置于问题的"环境"中，根据适者生存的原则从中选择出适应环境的"染色体"进行复制，通过交换、变异、倒序等操作产生出新的一代更适应环境的"染色体群"，这样一代一代地不断进化，最后收敛到一个最适应环境的个体上，从而求得问题的最优解。

遗传算法的求解过程如下：

1) 基因的确定

按照工程应用的需要，假设数值精确到千分位。采用 8 位二进制数值表示整数部分，8 位表示小数部分，那么一个数字可以用两个字节来表示，可以把这两个字节叫作"染色体"，要求的系数一共有 12 个，也就是 12 个染色体分别表示 12 个形状，它们共同作用下可以反映这个物种的优良。

2) 种群的初始化

假设该物种种群大小为 60,那么初始化很简单,就是随机填满这些二进制位。

3) 物种的淘汰与选择

用不适应度函数来判断个体的不适应程度。即用拟合值所组成的式(6-14)算得的热流密度 Q_l 与实测热流密度 Q_s 的均方差之和为目的排序,将排在最后的 20 个最不适应的基因淘汰掉,剩下 40 个个体两两交叉,基因再生出 20 个后代,同时按照一定的比率让某位发生变异,即翻转该位,以产生更好的后代,如式(6-15)所示。

$$not fit = \sum (\Delta Q^2) \pi \varepsilon \quad (6-15)$$

$$\Delta Q = Q_s - Q_l$$

4) 执行算法的各个算子,直到满足终止条件并得到最终结果。

(4) 对检测条件的要求

系统辨识对室外气候的变化具有较好的适应性。在夏季测试时,门窗开启保持自然的通风方式;冬季测试时,门窗关闭,测试房间如未采暖则设置取暖器。因此,系统辨识法具有很强的使用灵活性,对气候要求程度低。

同时,辨识用的输入输出数据量不大,通常对于日周期温度波,围护结构的延时在 8h 以内,只要连续测试两个昼夜就可以覆盖 6 个传热周期。由于不存在起始工况,这 6 个周期的数据都是真实有效的,从而缩短了测试时间。

(5) 实验仪器

温度传感器用铜—康铜热电偶;数据记录仪用 DR090L 温度巡回检测仪。

(6) 方法特点

遗传算法的可靠性较强,适合在复杂区域内寻找期望值较高的区域,而且可以达到很高的精度,是快速精确确定墙体热阻和传热系数的一种新方法。由于理论性较强,不易被一般的工程监测人员所接受和应用,还有待专门的检测设备或计算软件,目前尚未普遍推广使用。

6.3.2 围护结构传热系数现场检测

6.3.2.1 外墙

1) 先察看具体的建筑物,选择检测位置。选择房间时既要符合随机抽样检测的原则,包括不同朝向外墙、楼梯间等有代表性的测点,又要充分考虑室外粘贴传感器的安全性。其次,对照图纸进一步确认测点的位置,不使其处在梁、板、柱节点、裂缝、空气渗透等位置。

2) 粘贴传感器。用黄油将热流计平整地粘贴在墙面上并用胶带加固,热流计四周用双面胶带或黄油粘贴热电偶,并在墙的对应面用同样方法粘贴热电偶。

3) 将各路热流计和热电偶编号,按顺序号连接到巡检仪。热电偶从第 2 路开始依次接入,显示温度信号,单位为 ℃;热流计从第 57 路开始依次接入,显示热电势值,单位为 mV。

4) 安装温控仪,根据季节气候特点,视不同的气温确定温控仪的安装方式和运行模式。若室外温度高于25℃，应将温控仪安装在热流计的相对面，紧靠墙面，用泡沫绝热带密封周边，将运行模式开关置于制冷档，根据具体环境设定控制温度－10～－5℃。若室外空气温度低于25℃，应将温控仪安装在热流计同侧，并将热流计罩住，将运行模式开关置于加热档，根据具体检测情况设定控制温度为32～40℃。

5) 开机检测。依次开启温控仪、巡检仪，记录各控制参数，巡检仪显示各路温度和热流，并每隔30min自动存储一次当前各路信号的参数。在线或离线跟踪监测温度和热流值的变化，达到稳定时停止检测。

6.3.2.2 屋顶

屋顶传热系数检测方法与外墙基本相同。用热流计法检测屋顶传热系数时，如果受到现场条件限制（如采用页岩颗粒防水卷材的屋顶不光滑），如果不进行处理就不能够精确测得外表面温度。有的用石膏、快硬水泥等先抹出一块光滑的表面，再贴温度传感器测量温度，这样不可避免会带来附加热阻，并且由其引起的误差无法精确消除。还有一种较为可行的做法是在内外表面温度不易测定时，可以利用百叶箱测得内外环境温度 T_a、T_b 以及通过热流计的热流 E，检测屋顶两侧的环境温度，用环境温度以根据式（6-16）、式（6-17）计算传热阻 R_0 和传热系数 K。

$$R_0 = \frac{T_a - T_b}{E \cdot C} \tag{6-16}$$

$$K = \frac{1}{R_0} \tag{6-17}$$

式中 T_a——热端环境温度，℃；

T_b——冷端环境温度，℃。

其余符号同前。

6.3.2.3 地板

地板和屋顶的检测方法相同。

6.3.3 围护结构传热系数检测实例

6.3.3.1 热流计法检测墙体传热系数

用热流计法检测墙体传热系数是传统的成熟技术，是目前国际上通行的做法，基本原理如6.3.1.1所述。下面是对甘肃省建材科研设计院实验室外墙的检测结果。

(1) 检测对象

该实验室位于甘肃省兰州市，外墙构造为430实心黏土砖砌体。

(2) 检测时间

2003年12月4日，已采暖，检测期间室内温度约11℃，室外温度为0～5℃，检测期间环境温度的变化如图6-13所示。

(3) 所用仪器仪表及材料

1) 温度热流自动巡回检测仪（以下简称巡检仪）：该仪器为智能型的数据采集仪表，能够测量55路温度值和20路热流的热电势值，可实现巡回或定点显示、存储、打印等功能，并且可将存储数据上传给微型计算机进行处理。

2) WYP 型热流计：外形尺寸为 110mm×110mm×2.5mm，测头系数为 11.6W/(m²·mV) 10kcal/(m²·h·mV)，使用温度范围在 100℃ 以下，标定误差≤5%。

3) 温度传感器：用铜—康铜热电偶作为温度传感器，测温范围为 −50~100℃，分辨率为 0.1℃，不确定度≤+0.5℃。

4) 数字温度计：分辨率为 0.1℃，量程为 −50~199.9℃，准确度：≤+(0.3%+1℃)。

5) 其他仪器及材料：电烙铁、万用表、黄油、双面胶带、透明胶带等。

(4) 检测步骤

1) 先察看外墙情况，选择粘贴热流传感器和温度传感器的位置，不使其处在梁、板、柱节点、裂缝、空气渗透等位置。

2) 粘贴传感器，用黄油或其他材料将热流计平整地粘贴在墙面上，并用胶带加固，热流计四周用双面胶带或黄油粘贴热电偶，并在墙的对应面用同样方法粘贴热电偶。注意热流计和热电偶与墙面必须完全接触，不能有气泡和空隙，否则，结果会失真。

3) 将各路热流计和热电偶编号，按顺序号连接到巡检仪。热电偶从第 2 路开始依次接入，显示温度信号，单位为℃；热流计从第 57 路开始依次接入，显示热电势值，单位为 mV。

4) 开机检测。开启巡检仪，记录各控制参数，巡检仪显示各路温度和热流，并每隔 30min 自动存储一次当前各路信号的参数。在线或离线跟踪监测温度和热流值的变化，达到稳定时停止检测。

(5) 数据处理

现场检测完成后，用专用软件将数据上传给微机，然后用 EXCEL 软件对数据进行处理，处理过程与 6.3.1.3 节中相同。计算出每组数据和整个测试期的内外墙体表面平均温度、建筑物室内外平均空气温度、热流密度平均值和传热系数平均值，并产生传热系数与时间的关系曲线，直观地表示传热系数随时间的变化规律。

(6) 检测结果

根据检测原始数据进行处理，得到被测建筑物外墙的检测结果，如图 6-13、图 6-14 和图 6-15 所示，分别是环境温度与时间关系曲线、表面温度与时间关系曲线、计算传热

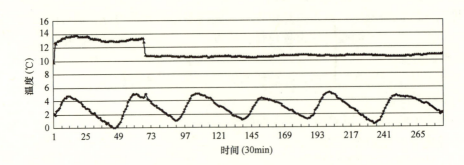

图 6-13 环境温度-时间曲线

注：图中上面的曲线为室内温度；下面的曲线为室外温度。

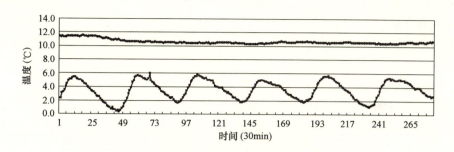

图 6-14 表面温度-时间曲线

注：图中上面的曲线为外墙内表面温度；下面的曲线为外墙外表面温度。

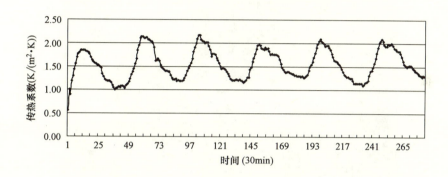

图 6-15 计算传热系数-时间曲线

系数与时间关系曲线，图中横坐标为检测持续时间，单位为 30min。

从图中可以看出，室外温度和外墙外表面温度随室外环境温度周期性变化，室内温度和外墙内表面温度变化较为平缓；每个数据采集点的计算传热系数呈周期性波动，其值以某个值为中心有规律地变化，检测时间延长，其变化趋势相同。取稳定段的平均传热系数作为被测对象的传热系数，其值为 $1.51 W/(m^2 \cdot K)$。

在这种情况下检测时间的长短需要根据具体的建筑物和被测人员的经验，另外在线跟踪监测会有助于检测人员判断。

6.3.3.2 控温箱—热流计法检测墙体传热系数

在控温箱—热流计法检测方法中介绍过，在检测时控温箱有两种运行方式：加热方式和制冷方式，根据具体的环境使用。下面是用制冷方式检测墙体传热系数的实例。控温箱在加热方式运行时的检测过程与此基本相同。

（1）检测方法

采用人工控温的方法，用冷箱制造室内外温差，即被测墙体一侧为环境温度，另一侧用冷箱强制制冷，从而保持墙体两侧的温差，采集墙体两侧环境温度、表面温度、通过墙体被测部位的热流，即可用式（5-8）、式（5-9）和式（5-10）计算出被测墙体的热阻 R、传热阻 R_0、传热系数 K。检测过程原理如图 6-4 所示。

（2）设备仪器

用铜—康铜热电偶作为温度传感器测量温度；热流由热流计测量；用温度热流巡回检测仪（以下简称巡检仪）记录温度、热流值，温度值直接在巡检仪上显示，在巡检仪上显示的热流值是由热流计测得的热电势值，在计算时乘以所用热流计的测头系数换算为热流量。

（3）检测过程

检测对象是粉煤灰混凝土小型砌块墙体，按图 6-4 所示安装仪器设备，现场实际检测设备布置如图 6-16 所示。

图 6-16　控温箱-热流计法现场检测设备布置图

1）将各路热流计和热电偶编号，按顺序号连接到巡检仪。热电偶从第 2 路开始依次接入，显示温度信号，单位为℃；热流计从第 57 路开始依次接入，显示热电势值，单位为 mV。

2）安装控温箱。本次试验环境温度约为 28℃，因此设定冷箱控制温度为-5℃。

3）开机检测。依次开启控温箱、巡检仪，记录各控制参数，巡检仪巡回显示各路温度和热流，并每隔 30min 自动存储一次当前各路信号数据。在线或离线跟踪监测温度和热流值的变化，达到稳定时，停止检测。

（4）数据处理

本次使用的巡检仪没有自动计算功能，现场检测完成后，按照 6.3.1.3 节介绍的数据处理方法用 Excel 软件对数据进行处理，计算出每组数据和整个测试期的内外墙体表面平均温度、建筑物室内外空气平均温度、热流密度平均值和传热系数平均值，并产生传热系数与时间的关系曲线，直观地表示传热系数随时间的变化规律。结果如图 6-17、图 6-18、图 6-19 所示，图中横坐标为检测持续时间，每一个刻度值为 30min，三个图中的时间同步对应。

（5）结果分析

从图中可以看到检测过程中温度变化情况、温度变化对传热系数的影响。

1）温度变化

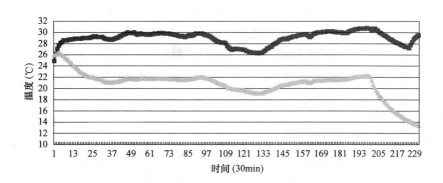

图 6-17　热端环境与表面温度-时间曲线

注：上方曲线是热端环境温度，下方曲线是热端表面温度

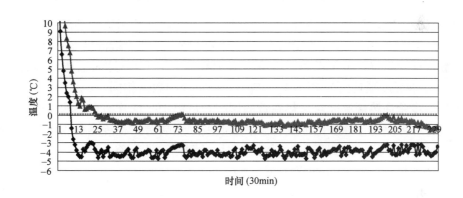

图 6-18　冷端环境与表面温度-时间曲线

注：上方曲线是冷端环境温度，下方曲线是冷端表面温度

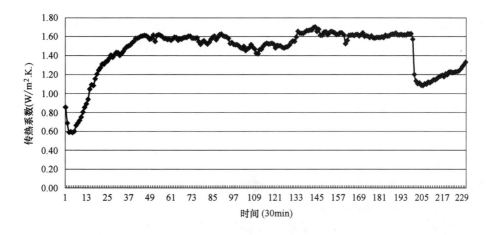

图 6-19　传热系数-时间曲线

试验从 15：40 开始，16：00 开始记录数据，因为开始试验后墙体有一个蓄热过程，温度变化比较快，因此温度—时间曲线、传热系数—时间曲线在开始阶段很陡，如图 6-17、图 6-18 所示，约在 5h 后蓄热散热逐步达到平衡。在试验过程中环境的温度（即这里的热端温度）随着外界气温的变化而变化，热端温度随外界气温呈周期性变化，在±2℃范围内波动，如图 6-17 所示。冷端环境温度和冷端表面温度控制较好，冷端环境温度就是冷箱内的温度，冷端表面温度是冷箱扣住部分墙体的表面温度，这两个温度波动幅度在±1℃，如图 6-18 所示。

2）温度变化对传热系数的影响

从图 6-17 和图 6-19 中可以看出，热流随时间的变化趋势与热端环境温度和热端表面温度随时间的变化趋势相同，在第 42～92 点（每一点的刻度值为 30min，42～92 点即试验开始后的第 21～46h 时间段，下同）热端温度曲线比较平缓，温度随时间变化小，这段时间传热系数曲线也比较平缓，说明传热系数随时间变化小，该区间传热系数平均值为 1.59W/(m²·K)，这时墙体两端的平均温差为 22.2℃，热端温度平均值为 21.7℃。在第 92～134 点，热端温度曲线和传热系数曲线都有一个谷形区间，并在第 112 点形成谷值，原因是夜间气温下降，热端温度降低，而冷端温度不变，导致墙体两端温差减小，从而传热系数变小。第 134～198 点，关闭窗户，室内温度稳定（即热端温度变化不大），这段区间传热系数也比较稳定，传热系数平均值为 1.61W/(m²·K)，这时墙体两端的平均温差为 22.2℃，热端温度平均值为 21.7℃，与第一稳定段的数值相同。

为了进一步验证热端温度对传热系数的影响，从第 199 点开始在热端扣一个箱子，这时热端环境和外界隔绝，原来的温度状态发生改变，热端温度和传热系数均急剧下降，如图 6-17、图 6-19 所示。达到新的稳定状态时，墙体两端温差为 15.3℃，热端温度为 14.1℃，传热系数平均值为 1.26W/(m²·K)。

3）误差计算

根据热工设计规范计算得到该墙体传热系数值理论值为 1.63。以这个值作为基准计算冷箱法测试误差。

第一阶段，传热系数为 1.59W/(m²·K) 时，误差为 $\delta = \dfrac{1.63-1.59}{1.63} \times 100\% = 2.5\%$，可接受；

第二阶段，传热系数为 1.61 W/(m²·K) 时，$\delta = \dfrac{1.63-1.61}{1.63} \times 100\% = 1.2\%$，可接受；

第三阶段，传热系数为 1.26 W/(m²·K) 时，$\delta = \dfrac{1.63-1.26}{1.63} \times 100\% = 22.7\%$，误差太大，不能接受。

4）检测结果

利用制冷方式的控温箱—热流计法检测得到该墙体的传热系数为 1.61～1.63 W/(m²·K)。

6.3.3.3 热箱法检测墙体传热系数

图 6-20 和图 6-21 所示是用 RX 系列热箱传热系数检测仪现场检测墙体传热系数时设备的安装操作过程及检测实例。

6.3 围护结构传热系数现场检测

图 6-20 RX-Ⅱ传热系数现场检测仪设备组成

(1) 设备性能

1) 温度测量范围：－20～60℃；
2) 温度计量精度：±0.1℃；
3) 热箱控制：PID 自整定；
4) 热箱内温度控制精度：±0.2℃；
5) 功率测量范围：130～150W；
6) 功率计量误差：±1‰FS；
7) 数据记录时间间隔：10min；
8) 计算时间间隔：10min；
9) 断电保护功能：重新通电后从断点继续运行；
10) 具有看门狗电路及软件抗干扰措施，防止程序运行紊乱；
11) 通信接口：RS232；
12) 显示：各点温度、K 值、实时功率、平均功率、实时时钟；
13) 实时时钟精度：1min/月；
14) 控制仪器工作温度：0～50℃；
15) 工作电源：220V/50Hz。

(2) 安装设备

图 6-21 热箱现场检测图

1）将热箱的敞口端紧靠在被测围护结构上，为了使箱体紧靠墙体密闭，可在热箱背面用撑杆顶牢。

2）被测围护结构的选择原则：被测围护结构应具有被测建筑物围护结构的共性，选择房间相对较小，门窗齐全（便于控制室内温度），不受或少受日光直射的部位。

3）固定外墙温度传感器，使其位于相对热箱的中心位置，紧贴墙体表面，传感器端部用锡纸遮挡，避免日光直射。

4）固定室外空气温度传感器，使其位于相对热箱的中心位置，离开墙体表面10～20cm的阴影下，并安装防辐射罩，避免日光直射。

5）固定室内空气温度传感器，使其位于被测房间中央，距墙面1.5m处，并安装防辐射罩。

（3）连接仪器

1）按照控制箱面板上的标识，将各测温传感器和控制箱相连；

2）连接热箱控制用传感器；

3）将热箱加热插头插入控制箱的相应位置；

4）连接室内加热用电暖气，注意受控电暖气的最大功率不应超过2500W，若被测房间较大，一只电暖气不能达到预定的温度时，可再增加一只不受控电暖气辅助加热；

5）连接电源输入。

（4）开机检测

1）打开电源开关，系统自检，并在屏幕上显示“正在自检”。

2）几秒钟后，屏幕显示如图6-22所示。

传热系数检测仪V2.0

欢迎使用　确认

北京中建建筑科学技术研究院

2001/07/01　16–25–25

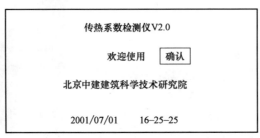

图6-22　开机自检显示屏

3）按确认键，进入温度设定。温度设定显示如图6-23所示。

请设定热箱空气温度 ××

按确认启动　按∧增大

按取消回上屏按∨减小

图6-23　温度设定显示屏

按∧或∨键直至所需温度，设定温度应该高于当前最低温度8～10℃。

4）按确认键启动测试。屏幕显示测试界面如图6-24。

5）数据调用

在测试状态下，按∧或∨可以查看历史记录（见图6-25）。

正在测试 $T_0=25$	
室外空气: 015.0	室外墙表: 015.5
室内空气: 025.5	室内墙表: 024.5
热箱空气: 025.5	实时功率: 024.5
传热系数: 1.225	平均功率: 15.5
2000/10/1516-25-25	

图 6-24　检测过程显示

按确认键查看已经得到的传热系数 K 值的走势曲线。在历史记录和 K 值走势曲线显示时按取消键可以切回到测试状态。

6) 在现场操作的检测人员认为被测墙体的传热系数 K 已经得到，可以结束检测。从测试状态按取消键屏幕出现如图 6-26 所示的提示信息。

历史记录 $T_0=25$	
室外空气: 015.0	室外墙表: 015.5
室内空气: 025.5	室内墙表: 024.5
热箱空气: 025.5	实时功率: 024.5
传热系数: 1.225	平均功率: 015.5
2000/10/1516-15-25	

图 6-25　历史记录显示

确实要停止测试吗？	
按确认停止	按其他取消

图 6-26　结束检测提示

按确认键停止测试，按其他键回到测试状态。

（5）检测实例

下面是魏剑侠用 RX—Ⅱ型热箱传热系数检测仪对某建筑物墙体传热系数现场实际检测的情况。

1) 建筑物墙体构造：200mm 厚（密度为 626～650kg/m³）加气混凝土＋25mm 厚混合砂浆。

2) 现场检测参数设置：室内平均温度 19.98℃，热箱平均温度 19.90℃，室外平均温度 3.57℃。

3) 检测结果：墙体被测部位的传热系数 1.04W/(m²·K)，检测结果如图 6-27 所示。

6.3.3.4　遗传辨识算法检测墙体传热系数

（1）检测对象

程建杰等对某节能试验楼的墙体传热系数进行了检测，其结构示意图如图 6-28 所示。

冬季测试时实测室外气温平均值为 9.5℃，最低值为 4.8℃；夏季测试时间实测室外气温最高值为 35.4℃，平均值为 30.7℃。一个测量周期为 72h，每半小时以及半小时时间点前后五分钟各测一个数值，取平均值作为该半小时点的测量数据。则一共有 144 组数

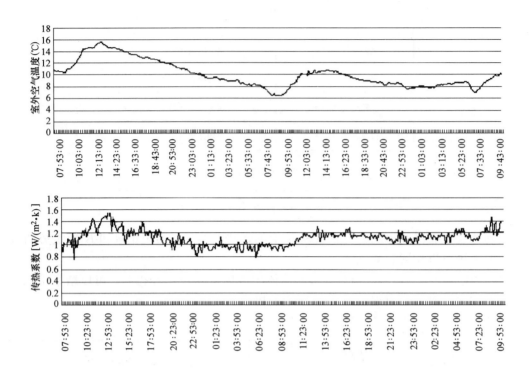

图 6-27　热箱法检测墙体传热系数结果

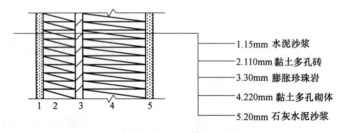

图 6-28　墙体结构示意图

据，这 144 组数据可以组成 138 组线性方程，通过这组方程，分别利用前面介绍的两种算法将式（6-16）中 $a_1 \sim a_{na}$ 以及 $b_1 \sim b_{nb}$ 的值拟合出来就得到解。

(2) 辨识结果

1) 遗传算法的辨识结果

运行程序得到 $K=0.9942$ W/(m² · K)。

2) 最小二乘法的辨识结果

运行程序得到系统的 z 传递函数模型为：

$$Q(k) = \frac{-2.0429z^{-1} - 3.3123z^{-1} - 2.0257z^{-3}}{1 - 6.674z^{-1} - 6.02z^{-2} + 2.416z^{-3}} \Delta T(k)$$

根据式（6-17）得：$K=0.795$ W/(m² · K)。

3) 理论的稳态计算值

根据图 6-28 所示的墙体结构，根据建筑热工设计规范计算得墙体的稳态传热系数 $K=0.962\ \text{W}/(\text{m}^2\cdot\text{K})$。

4) 两种算法辨识结果的比较分析

遗传算法辨识出的传热系数与理论计算值之间的误差为 3.4%，最小二乘法辨识出的传热系数与理论计算值之间的误差为 17.4%。可见，遗传算法辨识的结果更加精确。但是遗传算法的运行速度比最小二乘法要慢得多，这主要是因为遗传算法搜索的目标性比较差。

6.3.4 判定方法

建筑物围护结构传热系数的判定应遵守以下原则：

1) 当建筑物有设计指标时，检测得到的各部位的传热系数应该满足设计要求；

2) 当建筑物围护结构传热系数无设计指标时，检测得到的各部位的传热系数应不大于当地建筑节能设计标准中规定的限值要求。

3) 上部为住宅建筑，下部为商业建筑的综合商住楼进行节能判定时应分别满足住宅建筑和公共建筑节能设计要求。

6.3.5 结果评定

1) 当受检住户或房间内围护结构主体部位传热系数的检测值均分别满足 6.3.4 节中的规定时，判该申请检验批合格。

2) 如果检测结果不能满足 6.3.4 节中的要求，应对不合格的部位重新进行检测。受检面仍维持不变，但具体检测的部位可以变化。若所有重新受检部位的检测结果均满足 6.3.4 节中的规定，则仍判该申请检验批合格；若仍有受检部位的检测结果不满足 6.3.4 节中的规定，则应计算不合格部位数占总受检部位数的比例。若该比例值不超过 15%，则仍判定该申请检验批合格，否则判定该检验批不合格。

6.3.6 检测报告

6.3.6.1 报告内容

围护结构传热系数检测报告应该包含的内容：

1) 机构信息：设计单位和建设单位、施工单位、监理单位名称及本次委托单位的名称，检测单位名称、住址。

2) 工程特征：工程名称、建设地址、建筑层数、体形系数、窗墙面积比、窗户规格类型、设计节能措施，执行的节能标准等。

3) 检测条件：项目编号、检测依据、检测方法、检测设备、检测项目、检测时间。

4) 检测结果：传热系数 K 值；其他需要说明的情况。

5) 结果计算过程。

6) 报告责任人：测试人、审核人及签发人等签名栏。

6.3.6.2 报告示例

下面是某检测机构出具的墙体主断面传热系数检测报告格式。

报告编号：节能 2010-×××

报告总页数：共×页

检 测 报 告

工程名称：　×××××

委托单位：　×××××

××××××检验站（中心、公司等）

围护结构传热系数检测报告

报告编号:节能××× 第×页/共×页

检测项目	围护结构传热系数				
工程名称	×××住宅楼				
检测依据	JGJ/T 132—2009 DBJ 25—20—97		检测时间	××年××月××日～ ××年××月××日	
检测位置	热流密度 (W/m²)	ΔT(℃)	传热系数 kW/(m²·K)		
			标准限值	设计值	实测值
外墙	××	××	××	××	××
外墙	××	××	××	××	××
屋顶	××	××	××	××	××
底板	××	××	××	××	××
楼梯间	××	××	××	××	××
分户墙	××	××	××	××	××
检测结论	经现场检测该建筑物围护结构传热系数达到×××-××(标准)设计要求。 签发日期:××年×月××日				
备注					

批准:　　　　　　审核:　　　　　　测试:

第×页/共×页

受＿＿×××＿＿的委托，××××检验站（中心、公司）对＿×× ＿工程的围护结构传热系数进行现场检测。

一、检测依据

1. 《采暖居住建筑节能检验标准》JGJ/T 132—2009；
2. 《民用建筑节能设计标准（采暖居住部分）》JGJ 26—95；
3. 《民用建筑热工设计规范》GB 50176—93；
4. 《民用建筑节能设计标准（采暖居住建筑部分）》甘肃省实施细则 DBJ 25-20—97。

二、检测方法

热流计法。

三、检测仪器

1. 温度热流巡回自动检测仪；
2. WYP 型热流计；
3. 温度传感器；
4. 便携式数字温度计。

四、检测日期

××年×月××日～××年×月××日

五、建筑物简介

1. 简介

建设地址：

设计单位：

建设单位：

施工单位：

建筑总面积：m^2　　　　建筑层数：层

窗墙面积比：　　　　　　体形系数：

2. 设计围护结构保温方案：

外墙：

外窗：

屋顶：

楼梯间墙：

3. 检测位置示意图

> 建筑物平面图，检测房间，传感器布置位置图

六、计算方法

1. 围护结构热阻

$$R = \frac{\sum_{j=1}^{n}(T_{ij} - T_{ej})}{\sum_{j=1}^{n} q_j}$$

式中　R——围护结构热阻值，$m^2 \cdot K/W$；
　　　T_{ij}——围护结构内表面温度第 j 次测量值，℃；
　　　T_{ej}——围护结构外表面温度第 j 次测量值，℃；
　　　q_j——热流量第 j 次测量值，W/m^2。

2．围护结构传热阻

$$R_0 = R_i + R + R_e$$

式中　R_0——围护结构传热阻，$m^2 \cdot K/W$；
　　　R_i——围护结构内表面换热阻，$m^2 \cdot K/W$；
　　　R_e——围护结构外表面换热阻，$m^2 \cdot K/W$。

3．围护结构传热系数

$$K = \frac{1}{R_0}$$

式中　K——围护结构传热系数，$W/(m^2 \cdot K)$。

附一、外墙传热系数—时间曲线示例图

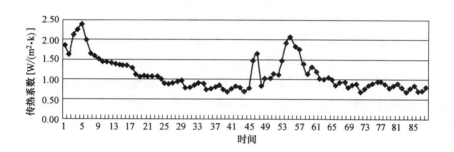

附二、外墙传热系数—时间曲线示例图

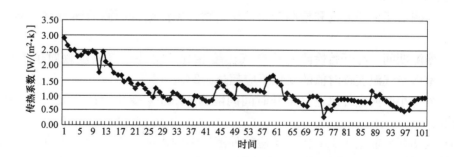

附三、外墙传热系数—时间曲线（略）
附四、屋顶传热系数—时间曲线（略）
附五、楼梯间传热系数—时间曲线（略）
附六、分户墙传热系数—时间曲线（略）

6.4 围护结构热工缺陷检测

6.4.1 检测方法

1）建筑物外围护结构热工缺陷检测应包括建筑物外围护结构外表面热工缺陷检测和建筑物外围护结构内表面热工缺陷检测。

2）建筑物围护结构热工缺陷采用红外热像仪进行检测。

6.4.2 检测仪器

红外热像仪及其温度测量范围应符合现场测量要求。红外热像仪的相应波长应在8.0~14.0um，传感器温度分辨率（NETD）不应低于0.1℃，温差测量不确定度应小于0.5℃。

6.4.3 检测对象的确定

1）检测数量应以一个检验批中住户套数或间数为单位进行随机抽取确定。

2）对于住宅，一个检验批中的检测数量不宜超过总套数的1%，对于住宅以外的其他居住建筑，不宜超过总间数的0.2%，但不得少于3套（间）。当检验批中住户套数或间数不足3套（间）时，应全额检测。顶层不得少于一套（间）。

3）外墙或屋面的面数应以建筑内部分格为依据。受检外表面应从受检住户或房间的外墙或屋面中综合选取，每一受检住户或房间的外围护结构受检面数不得少于1面，但不宜超过5面。

6.4.4 检测条件

1）检测前至少24h内，室外空气温度的逐时值与开始检测时的室外空气温度相比，其变化不应超过±10℃。

2）检测前至少24h内和检测期间，建筑物外围护结构两侧的逐时空气温度差不宜低于10℃。

3）检测期间，与开始检测时的空气温度相比，室外空气温度逐时值变化不应超过±5℃，室内空气温度逐时值的变化不应超过±2℃。

4）当一小时内室外风速（采样时间间隔为30min）变化超过2级（含2级）时不应进行检测。

5）检测开始前至少12h内，受检的外围护结构表面不应受到太阳直接照射。当对受检的外围护结构内表面实施热工缺陷检测时，其内表面要避免灯光的直射。

6）室外空气相对湿度大于75%或空气中粉尘含量异常时，不得进行外表面的热工缺陷检测。

6.4.5 检测步骤

1）热工缺陷检测流程如图6-29所示。

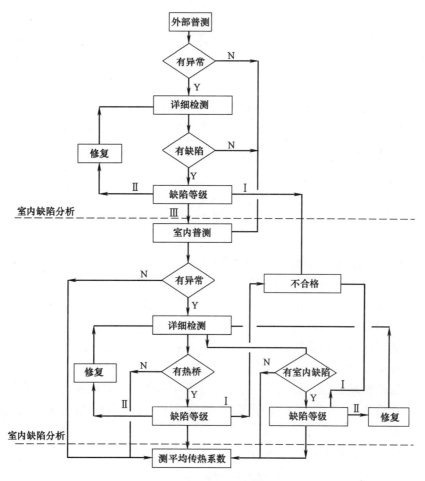

图 6-29 热工缺陷检测流程

2) 当用红外热像仪对外围护结构进行检测时,应首先对受检外围护结构表面进行普测,然后对异常部位进行详细检测。

3) 检测前,应采用表面式温度计在所检测的外围护结构表面上测出参照温度,调整红外热像仪的发射率,使红外热像仪的测定结果等于该参照温度;应在与目标距离相等的不同方位扫描同一个部位,检查临近物体是否对受检的外围护结构表面造成影响,必要时可采取遮挡措施或者关闭室内辐射源。

4) 受检外围护结构表面同一个部位的红外热谱图,不应少于 4 张。如果所拍摄的红外热谱图中,主体区域过小,应单独拍摄两张以上主体部位热谱图。受检部位的热谱图,应用草图说明其所在位置,并应附上可见光照片。红外热谱图上应标明参照温度的位置,并随热谱图一起提供参照温度的数据。

6.4.6 判定方法

1) 围护结构受检外表面的热工缺陷等级采用相对面积 ψ 评价,受检内表面的热工缺陷等级采用能耗增加比 β 评价。ψ 和 β 应根据式(6-18)~式(6-22)计算。

$$\psi = \frac{\sum_{i=1}^{n} A_{2,i}}{A_1} \quad (6\text{-}18)$$

$$\beta = \psi \left| \frac{T_1 - T_2}{T_1 - T_0} \right| 100\% \quad (6\text{-}19)$$

$$\Delta T = |T_1 - T_2| \quad (6\text{-}20)$$

$$A_{2,i} = \frac{\sum_{j=1}^{m} A_{2,i,j}}{m} \quad (6\text{-}21)$$

$$T_1 = \frac{\sum_{i=1}^{n} \sum_{j=1}^{m} T_{1,i,j}}{m \cdot n} \quad (6\text{-}22)$$

式中 ψ——缺陷区域面积与受检表面面积之比值，%；

β——受检内表面由于热工缺陷所带来的能耗增加比，%；

ΔT——受检表面平均温度与缺陷区域表面平均温度之差，K；

T_1——受检表面平均温度，℃；

T_2——缺陷区域平均温度，℃；

T_0——环境参照体温度，℃；

A_2——缺陷区域面积，指与 T_1 的温度差大于等于 1℃ 的点所组成的面积，m^2；

A_1——受检表面的面积，指受检外墙墙面面积（不包括门窗）或受检屋面面积，m^2；

i——热谱图的幅数，$i=1 \sim n$；

j——每一幅热谱图的张数，$j=1 \sim m$。

2) 热谱图中的异常部位，宜通过将实测热谱图与被测部分的预期温度分布进行比较确定。实测热谱图中出现的异常，如果不是围护结构设计或热（冷）源、测试方法等原因造成，则可认为是缺陷。必要时可采用其他方法进一步确认。

3) 建筑物围护结构外表面和内表面的热工缺陷等级，应分别符合表 6-2 和表 6-3 的规定。

围护结构外表面热工缺陷等级 表 6-2

等级	Ⅰ	Ⅱ	Ⅲ
缺陷名称	严重缺陷	缺陷	合格
ψ(%)	$\psi \geq 40$	$40 < \psi \geq 20$	$\psi < 20$，且单块缺陷面积小于 $0.5m^2$

围护结构内表面热工缺陷等级 表 6-3

等级	Ⅰ	Ⅱ	Ⅲ
缺陷名称	严重缺陷	缺陷	合格
β(%)	$\beta \geq 10$	$10 < \beta \geq 5$	$\beta < 5$，且单块缺陷面积小于 $0.5m^2$

6.4.7 结果评定

1) 受检围护结构外表面缺陷区域与受检表面面积的比值应小于20%，且单块缺陷面积应小于0.5m²。

2) 受检围护结构内表面因缺陷区域导致的能耗增加值应小于5%，且单块缺陷面积应小于0.5m²。

当受检围护结构某个表面缺陷满足1)、2)要求时，判定该申请检验批合格。当受检围护结构某一外表面不满足上述第1)条规定，或当受检围护结构某一内表面不满足第2)条规定时，应对不合格的受检表面进行复检，若复检结果合格，则判定该申请检验批合格，若复检结果仍不合格，则判定该申请检验批不合格。

6.5 外围护结构隔热性能检测

6.5.1 检测方法

按随机抽样的规定抽取检验批中的房间，检测记录屋顶和东西墙内表面最高温度的逐时值，同时检测室外气温的逐时值，然后根据这两个温度判定建筑物隔热性能是否合格。

6.5.2 检测仪器

检测的参数有室内外空气温度、内外表面温度、室外风速、室外太阳辐射强度。

温度用铜—康铜热电偶检测，配以温度巡检仪作数据显示记录仪；室外风速用热球风速仪检测，室外太阳辐射强度用天空辐射表检测。仪器性能指标见第3章介绍。

6.5.3 检测对象的确定

1) 检测数量应以一个检验批中住户套数或间数为单位进行随机抽取确定。

2) 对于住宅，一个检验批中的检测数量不宜超过总套数的1%，对于住宅以外的其他居住建筑，不宜超过总间数的0.2%，但不得少于3套（间）。当检验批中住户套数或间数不足3套（间）时，应全额检测。顶层不得少于一套（间）。

3) 检测部位应在受检住户或房间内综合选取，每一受检住户或房间的检测部位不得少于一处。

6.5.4 检测条件

6.5.4.1 检测期间室外气候条件应符合下列规定：

1) 检测开始前两天应为晴天或少云天气；

2) 检测日应为晴天或少云天气，水平面的太阳辐射照度最高值不宜低于《民用建筑热工设计规范》GB 50176附录三附表3.3给出的当地夏季太阳辐射照度最高值的90%；

3) 检测日室外最高逐时空气温度不宜低于《民用建筑热工设计规范》GB 50176附录

三附表 3.2 给出的当地夏季室外计算温度最高值 2.0℃;

  4) 检测日工作高度处的室外风速不应超过 5.4m/s。

6.5.4.2 隔热性能现场检测仅限于居住建筑物的屋面和东（西）外墙。

6.5.4.3 隔热性能现场检测应在土建工程完工 12 个月后进行。

6.5.5 检测步骤

  1) 受检外围护结构内表面所在房间应有良好的自然通风环境，围护结构外表面的直射阳光在白天不应被其他物体遮挡，检测时房间的窗应全部开启且应有自然通风在室内形成。

  2) 检测时应同时检测室内外空气温度、受检外围护结构内外表面温度、室外风速、室外太阳辐射强度。室内空气温度、内外表面温度和室外气象参数的检测按第 6.1 节规定。室外太阳辐射强度按本节 6) 中的规定进行。

  3) 内外表面温度的测点应对称布置在受检外围护结构主体部位的两侧，且应避开热桥。每侧至少应各布置 3 点，其中一点布置在接近检测面中央的位置。

  4) 内表面逐时温度应取所有相应测点检测持续时间内逐时检测结果的平均值。

  5) 检测持续时间不少于 24h，白天太阳辐射照度的数据记录时间间隔不应大于 15min，夜间可不做记录。

  6) 太阳辐射强度检测。

  ① 水平面太阳辐射照度的测量应符合《地面气象观测规范》的有关规定。

  ② 水平面太阳辐射照度的测试场地应选择在没有显著倾斜的平坦地方，东、南、西三面及北回归线以南的测试地点的北面离开障碍物的距离，应为障碍物高度的 10 倍以上。在测试场地范围内，应避免有吸收或反射能力较强的材料（如煤渣、石灰等）。

  ③ 水平面太阳辐射照度用天空辐射表测量。为便于读数和记录，二次仪表宜配用电位差计或自动毫伏记录仪，室外太阳总辐射的检测应配有自动记录仪，逐时采集和记录。仪表精度应与世界气象组织（WMO）划分的一级仪表相当。

  ④ 在日照时间内，根据需要在当地太阳时正点进行观测。

  ⑤ 天空辐射表在使用的一年内需经过标定或与已知不确定度的辐射表进行对比，天空辐射表的时间常数应小于 5s，天空辐射表读数分辨率在 ±1‰ 以内，非线性误差应不大于 ±1‰。

  ⑥ 天空辐射表的玻璃罩壳应保持清洁及干燥，引线柱应避免太阳光的直接照射。天空辐射表的环境适应时间不得少于 30min。

6.5.6 判定方法

  建筑物屋顶和东（西）外墙的内表面逐时最高温度应不大于室外逐时空气温度最高值为合格。

6.5.7 结果评定

  当所有受检部位的检测结果均分别满足 6.5.6 节的规定时，则判定该检验批合格，否则判定不合格。

6.6 窗户遮阳性能检测

6.6.1 检测方法

检测固定遮阳设施的结构尺寸、安装角度，活动遮阳设施的活动、转动范围，遮阳材料的光学特性，然后与设计值进行比较，以此为结果判定遮阳设施是否满足要求。

6.6.2 检测仪器

遮阳设施的结构尺寸、安装角度、活动、转动范围等用满足要求的测量长度和角度的量具即可。遮阳材料的太阳光反射比和太阳光直接透射比用分光光度计。

6.6.3 检测对象的确定

1）检测数量应以一个检验批中住户套数或间数为单位进行随机抽取确定。对于住宅，一个检验批中的检测数量不宜超过总套数的1%，对于住宅以外的其他居住建筑，不宜超过总间数的0.2%，但不得少于3套（间）。当检验批中住户套数或间数不足3套（间）时，应全额检测。顶层不得少于1套（间）。

2）受检外窗遮阳设施应在受检住户或房间内综合选取，每一受检住户或房间不得少于一处。

3）遮阳材料应从受检外窗遮阳设施中现场取样送检，每处取一个试样。

4）遮阳设施的结构、形式或遮阳材料不同时，应分批进行检验。

6.6.4 操作方法

固定遮阳设施的结构尺寸、安装角度，活动遮阳设施的活动、转动范围按设计要求进行检测。活动外遮阳设施转动或活动范围的检测应在完成5次以上的全过程调整后进行。遮阳材料的太阳光反射比和太阳光直接透射比光学特性按照国家标准GB/T 2680规定的方法进行检测。

6.6.5 判定方法

受检外窗遮阳设施的结构尺寸、安装角度，活动遮阳设施的活动、转动范围，遮阳材料的光学特性都达到设计值，则判定该受检外窗遮阳设施合格；凡受检外窗遮阳设施有一项指标不满足设计要求，则判定该受检外窗遮阳设施不合格。

6.6.6 结果评定

1）当受检外窗的遮阳设施均合格时，判定该检验批合格。

2）当不合格的受检外窗遮阳设施超过一处时，判定该检验批不合格。

3）当有一处受检外窗遮阳设施检验不合格时，则应另外随机抽取3个外窗遮阳设施进行检验，抽样规则不变。第二次抽取的外窗遮阳设施都合格时判定该检验批合格；第二次抽取的受检外窗遮阳设施中仍有一处不合格时，判定该检验批不合格。

6.7 房间气密性检测

6.7.1 检测方法

建筑物气密性检测方法有两种：示踪气体浓度衰减法（简称示踪气体法）和鼓风门法（亦称气压法）。

6.7.1.1 示踪气体法

在自然条件下，向待测室内通入适量能与空气混合，而本身不发生任何改变，并在很低的浓度下可被测出的示踪气体，在室内、外空气通过围护结构缝隙等部位进行交换时，示踪气体的浓度衰减。根据示踪气体浓度随时间的变化值，计算出室内的换气量和换气次数，从而测试围护结构的气密性。

6.7.1.2 气压法

鼓风门系统是将电动、带刻度的调速风机密封安装在建筑物一扇外门中，通过风机向建筑物吹进或抽出空气，强制室内外空气通过门窗缝隙等部位交换，使建筑物内外形成压差。测量记录空气通过风机的流量和建筑物的内外气压，通过测量±50Pa下的建筑物换气量的平均值计算换气次数，从而测量围护结构的气密性。

6.7.2 检测仪器及所用物质

示踪气体（SF_6、CO_2、六氟环丁烷、三氟溴甲烷等）\ 气体分析仪、风速仪、流量表、鼓风门等。

6.7.3 检测对象的确定

每个单体工程抽检房间应位于不同的楼层，每个户型应抽检 1 套房间，首层底层不得少于 1 套，抽检总数量不应少于 3 套房间。

6.7.4 操作方法

6.7.4.1 示踪气体法

1) 记录被测房间室内空气温度，测量被测房间的体积。

2) 接通电源，打开气体分析仪开关，调整零点。图 6-30 是一种检测 SF_6 浓度的仪器，具体的工作原理、操作方法、使用说明等在生产厂家提供的说明书上有详细叙述，这里不再赘述。

3) 向室内释放示踪气体，使其分散均匀，待气体分析仪读数稳定后，每分钟记录一次气体浓度，稳定后获得不少于 50 组数据。

4) 关闭仪器。

6.7.4.2 气压法

1) 安装固定活动门，安装风机仪表。图 6-31 所示是一种鼓风门现场检测的情景。

2) 接通电源，调节风速控制器，对室内加压（减压），当室内外压差达到 60Pa 并稳定后，停止加压（减压），记录空气流量。

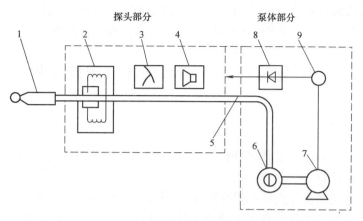

图 6-30 SF$_6$ 气体检漏仪原理示意图

1—针阀；2—电离腔振荡电路；3—指示仪表放大电路；4—音频报警电路；5—真空软管；
6—高速真空泵；7—交流电动机；8—直流稳压电源；9—交流电源

3）压差每递减 5Pa，记录一次空气流量。

6.7.5 判定方法

6.7.5.1 示踪气体法

用示踪气体法检测时，自然条件下房间的气密性按式（6-23）计算。

$$N=\frac{\ln\frac{C_0}{C_t}}{t} \quad (6-23)$$

式中：N——房间的换气次数，1/h；
C_t——测试时的示踪气体浓度，vpm；
C_0——测试初始时示踪气体浓度，vpm；
t——测试时间，h。

图 6-31 鼓风门检测房间气密性

为减少误差，对每组测试数据要进行回归，回归后的值为测试值。

6.7.5.2 气压法

用压差法检测时，房间的气密性按式（6-24）和式（6-25）计算。

$$N_{50}=\frac{L}{V} \quad (6-24)$$

$$N=\frac{N_{50}}{17} \quad (6-25)$$

式中 N_{50}——房间的压差为 50Pa 时的换气次数，1/h；
L——压差为 ±50Pa 时空气流量的平均值，m³/h；
V——被测房间换气体积，m³；
N——自然条件下的房间换气次数，1/h。

6.7.6 结果评定

当房间气密性检测结果满足建筑物设计要求时，判定被测建筑物该项指标合格。如果建筑物没有气密性设计要求，当房间气密性检测结果满足当地建筑节能设计标准中有关气密性的规定时，判定被测建筑物该项指标合格，否则判被测建筑物该项指标不合格。

6.8 建筑物外窗窗口整体气密性检验

6.8.1 检测方法

在检测开始前，应在首层受检外窗中选择一樘进行检测系统附加渗透量的现场标定。附加渗透量不得超过总空气渗透量的15%。

在检测装置、现场操作人员和操作程序完全相同的情况下，当检测其他受检外窗时，检测系统本身的附加渗透量可直接采用首层受检外窗的标定数据，而不必另行标定。每个检验批检测开始时均应对检测系统本身的附加渗透量进行一次现场标定。环境参数（室内外温度、室外风速和大气压力）应进行同步检测。

6.8.2 检测仪器及装备

6.8.2.1 检测仪器

窗口整体气密性检测过程中应用的主要仪表是差压表、空气流量表以及环境参数（温度、室外风速和大气压力）检测仪表，分别应满足以下要求：

1) 差压表的不确定度应不超过2.5Pa。
2) 空气流量测量装置的不确定度按测量的空气流量不同应分别满足以下要求：
① 当空气流量不大于3.5m³/h时，不准确度不应大于测量值的10%；
② 当空气流量大于3.5m³/h时，不准确度不应大于测量值的5%。
3) 室内外温度用热电偶检测，用数据记录仪记录，仪器仪表的要求同前所述；室外风速用热球风速仪测量，仪表性能见第3章介绍；大气压力用气压计检测，性能要求见第3章介绍。

6.8.2.2 检测装备

检测装置的安装位置如图6-32（a）所示。当受检外窗洞口尺寸过大或形状特殊，按图6-32（a）执行有困难时，宜以受检外窗所在房间为测试单元进行检测，检测装置的安装如图6-32（b）所示。

6.8.3 检测对象的确定

1) 应以一个检验批中住户套数或间数为单位随机抽取确定检测数量。
2) 对于住宅，一个检验批中的检测数量不宜超过总套数的3%，对于住宅以外的其他居住建筑，不宜超过总间数的0.6%，但不得少于3套（间）。当检验批中住户套数或间数不足3套（间）时，应全额检测。
3) 每栋建筑物内受检住户或房间不得少于1套（间），当多于1套（间）时，则应位于不同的楼层，当同一楼层内受检住户或房间多于1套（间）时，应依现场条件根据朝向的不同确定受检住户或房间。每个检验批中位于首层的受检住户或房间不得少于1套（间）。

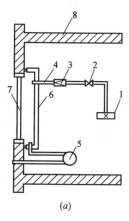
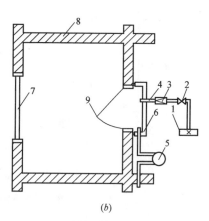

图 6-32 窗口气密性现场检测装置布置图
(a) 检测装置的安装位置 (b) 检测装置的安装
1—送风机或排风机；2—风量调节阀；3—流量计；4—送风管或排风管；5—差压表；
6—密封板或塑料膜；7—外窗；8—墙体；9—住户内门

4）应从受检住户或房间内所有外窗中综合选取一樘作为受检窗，当受检住户或房间内外窗的种类、规格多于一种时，应确定一种有代表性的外窗作为检测对象。

5）受检窗应为同系列、同规格、同材料、同生产单位的产品。

6）不同施工单位安装的外窗应分批进行检验。

6.8.4 检测条件

建筑物外窗窗口整体气密性能的检测应在室外风速不超过 3.3m/s 的条件下进行。

6.8.5 检测步骤

1）检查抽样确定被检测外窗的完好程度，目检不存在明显缺陷，连续开启和关闭受检外窗 5 次，受检外窗应能工作正常。核查受检外窗的工程质量验收文件，并对受检外窗的观感质量进行检测。若不能满足要求，则应另行选择受检外窗。

2）在确认受检外窗已完全关闭后，按图 6-32 安装检测装置。透明薄膜与墙面采用胶带密封，胶带宽度不得小于 50mm，胶带与墙面的粘接宽度应为 80~100mm。

3）检测开始时对室内外温度、室外风速和大气压力进行检测。

4）每樘窗正式检测前，应向密闭腔（室）中充气加压，使内外压差达到 150Pa，稳定至少 10min，期间应采用目测、手感或微风速仪对胶粘处进行复检，复检合格后可转入正式检测。

5）利用首层受检外窗对检测装置的附加渗透量进行标定，受检外窗窗口本身的缝隙应采用胶带从室外进行密封处理，密封质量的检查程序和方法应符合第 4）条的规定。

6）按照图 6-33 中的减压顺序进行逐级减压，每级压差稳定作用时间不少于 3min，记录逐级作用压差下系统的空气渗透量，利用该组检测数据通过回归方程求得在减压工况下，压差为 10Pa 时，检测装置本身的附加空气渗透量。

7）将首层受检外窗室外侧胶带揭去，然后重复第 6）条的操作，计算压差为 10Pa

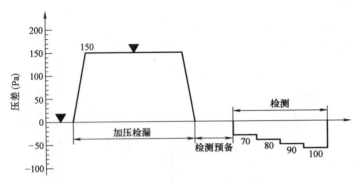

图 6-33 外窗窗口气密性性能检测操作顺序图
注：▼表示检查密封处的密封质量。

时，受检外窗窗口的总空气渗透量。

8) 每樘外窗检测结束时应对室内外温度、室外风速和大气压力进行检测并记录，取前后两次的平均值作为环境参数的检测最终结果。

6.8.6 判定方法

1) 每樘受检外窗的检测结果应取连续3次检测值的平均值。
2) 根据检测结果回归受检外窗的空气渗透量方程，回归方程应采用式（6-26）。

$$L = a(\Delta P)^c \tag{6-26}$$

式中 L——现场检测条件下检测系统本身的附加渗透量或总空气渗透量，m^3/h；
ΔP——受检外窗的内外压差，Pa；
a，c——回归系数。

3) 建筑物外窗窗口单位空气渗透量应按式（6-27）～式（6-30）计算。

$$q_a = \frac{Q_{st}}{A_w} \tag{6-27}$$

$$Q_{st} = Q_z - Q_f \tag{6-28}$$

$$Q_z = \frac{293}{101.3} \frac{B}{(t+273)} Q_{za} \tag{6-29}$$

$$Q_f = \frac{293}{101.3} \times \frac{B}{(t+273)} Q_{fa} \tag{6-30}$$

式中 q_a——标准空气状态下，受检外窗内外压差为10Pa时，建筑物外窗窗口单位空气渗透量，$m^3/(m^2 \cdot h)$；
Q_{fa}——现场检测条件和标准空气状态下，受检外窗内外压差为10Pa时，检测系统的附加渗透量，m^3/h；
Q_{za}——现场检测条件和标准空气状态下，内外压差为10Pa时，受检外窗窗口（包括检测系统在内）的总空气渗透量，m^3/h；
Q_{st}——标准空气状态下，内外压差为10Pa时，受检外窗窗口本身的空气渗透量，m^3/h；
B——检测现场的大气压力，kPa；

t——检测装置附近的室内空气温度，℃。

6.8.7 结果评定

1) 建筑物窗洞墙与外窗本体的结合部不漏风，外窗窗口单位空气渗透量不应大于外窗本体的相应指标，检测结果判为合格。

2) 当受检外窗中有一樘检测结果的平均值不满足第1) 条规定时，应另外随机抽取一樘受检外窗，抽样规则不变，如果检测结果满足第1) 条要求，则判定该检验批为合格，否则判定为不合格。

3) 第一次抽取的受检外窗中，不合格的受检外窗数量超过一樘时，应判该检验批不合格。

6.9 采暖耗热量检测

建筑节能检测中，建筑物的采暖耗热量指标有实时采暖耗热量指标和年采暖耗热量指标，下面分别介绍其检测方法。

6.9.1 实时采暖耗热量

6.9.1.1 检测方法

实时采暖耗热量检测在待测建筑物处实际测量，在采暖系统正常运行 120h 后进行。检测持续时间：非试点建筑和非试点小区不应少于 24h，试点建筑和试点小区应为整个采暖期。

检测期间，采暖系统应处于正常运行工况，但当检测持续时间为整个采暖期时，采暖系统的运行应以实际工况为准。

6.9.1.2 检测对象确定

建筑物实时采暖耗热量的检验应以单栋建筑物为一个检验批，以受检建筑热力入口为基本单位。当建筑面积小于等于 2000m² 时，应对整栋建筑进行检验；当建筑面积大于 2000m² 或热力入口数多于 1 个时，应按总受检建筑面积不小于该单体建筑面积的 50% 为原则进行随机抽样，但不得少于两个热力入口。

6.9.1.3 检测仪器

采暖供热量应采用热计量装置测量，热计量装置中包括温度计和流量计。具体的技术要求见第 3 章介绍。

6.9.1.4 判定方法

建筑物实时采暖耗热量按式（6-31）计算。

$$q_{ha} = \frac{Q_{ha}}{A_0} \cdot \frac{278}{H_r} \tag{6-31}$$

式中 q_{ha}——建筑物实时采暖耗热量，W/m²；

Q_{ha}——检测持续时间内在建筑物热力入口处测得的累计供热量，MJ；

A_0——建筑物总建筑面积（该建筑面积应按各层外墙轴线围成面积的总和计算），m²；

H_r——检测持续时间,h;

278——单位换算系数。

6.9.1.5 结果评定

对于单栋建筑,当检测期间室外逐时温度平均值不低于室外采暖设计温度时,若所有受检热力入口的检测得到的建筑物实时采暖耗热量不超过建筑物采暖设计热负荷指标,则判定该受检建筑物合格,否则判定不合格。

6.9.2 建筑物采暖年耗热量

6.9.2.1 检测方法

通过对被测建筑物基本参数(如围护结构传热系数、建筑面积、气密性等)的检测,计算出建筑物采暖年耗热量指标,并与参照建筑物的年采暖耗热量值进行比较,根据比较结果判定被测建筑物该项指标是否合格。

6.9.2.2 检测对象确定

以单栋建筑为一个检验批,受检建筑采暖年耗热量的检验应以栋为基本单位。

当受检建筑物带有地下室时,应按不带地下室处理。受检建筑物首层设置的店铺应按居住建筑处理。

6.9.2.3 检测步骤

1)受检建筑物外围护结构尺寸应以建筑竣工图纸为准,并参照现场实际。建筑面积及体积的计算方法应符合我国现行节能设计标准中的有关规定。

2)受检建筑物外墙和屋面主体部位的传热系数应优先采用现场检测数据,其检测方法按 6.3 节的有关规定进行;也可根据建筑物实际做法经计算确定。外窗、外门的传热系数应以实验室复检结果为依据,检测方法见第 5 章相关内容。

3)室外计算气象资料应优先采用当地典型气象年的逐时数据。

6.9.2.4 计算条件

(1)室内计算条件应符合下列规定:

1)室内计算温度:16℃;

2)换气次数:0.5 1/h;

3)室内不考虑照明得热或其他内部得热。

(2)参照建筑物的确定原则:

1)参照建筑物的形状、大小、朝向均应与受检建筑物完全相同;

2)参照建筑物各朝向和屋顶的开窗面积应与受检建筑物相同,但当受检建筑物某个朝向的窗(包括屋面的天窗)面积超过我国现行节能设计标准的规定时,参照建筑物该朝向(或屋面)的窗面积应修正到符合有关节能设计标准的规定;

3)参照建筑物外墙、屋面、地面、外窗、外门的各项性能指标均应符合我国现行节能设计标准的规定。对于我国现行节能设计标准中未作规定的部分,一律按受检建筑物的性能指标考虑。

6.9.2.5 判定方法

采暖年耗热量应优先采用具有自主知识产权的国内权威软件进行动态计算,在条件不具备时,可采用稳态计算法等其他简易计算方法。

6.9.2.6 结果评定

当受检建筑采暖年耗热量小于或等于参照建筑的相应值时，判定该受检建筑物合格，否则判定不合格。

6.10 空调耗冷量的检测

6.10.1 检测方法

建筑物年空调耗冷量的检测方法与建筑物年采暖耗热量检测方法基本相同。通过对被测建筑物基本参数（如围护结构传热系数、建筑面积、气密性等）的检测，计算出建筑物年空调耗冷量指标，并与参照建筑物的年空调耗冷量指标进行比较，根据比较结果判定被测建筑物该项指标是否合格。

6.10.2 检测对象的确定

与建筑物采暖年耗热量检测时对象的确定方法相同。

6.10.3 检测步骤

与建筑物采暖年耗热量检测时的检测步骤相同。

6.10.4 计算条件

（1）室内计算条件应符合下列规定：
1）室内计算温度：26℃；
2）换气次数：1 1/h；
3）室内不考虑照明得热或其他内部得热。
（2）参照建筑物的确定原则：
与采暖年耗热量指标检测中参照建筑的原则相同。

6.10.5 判定方法

建筑物年空调耗冷量应优先采用具有自主知识产权的国内权威软件进行动态计算，在条件不具备时，可采用稳态计算法等其他简易计算方法。

6.10.6 结果评定

当受检建筑采暖年空调耗冷量小于或等于参照建筑的相应值时，判定该受检建筑物合格，否则判定不合格。

6.11 外保温层现场检测方法

6.11.1 外保温概述

外墙外保温系统是在以混凝土空心砌块、混凝土多孔砖、混凝土剪力墙、黏土多孔砖等为基材的外墙，采用膨胀聚苯板、发泡聚氨酯、挤塑聚苯板薄抹灰技术以及胶粉聚苯颗粒保温料浆、泡沫玻璃砖等作为外墙复合保温材料。外墙外保温是目前4种外墙保温方式之一，并且是现在主流外墙保温方式，是框架结构、框剪结构的混凝土墙体首选的保温方式，尤其是在高层建筑、超高层建筑中得到了广泛应用。该系统是目前国外建筑和我国北方地区采用比较多的一种外围护系统保温技术，集保温和外装饰为一体，能延长建筑主体结构使用寿命，具有保温层整体性好、阻断热桥、不占用室内使用面积、不影响室内装饰等优点。"国家建筑标准设计节能系列图集"中，外墙外保温系统编入了聚苯板薄抹灰、胶粉聚苯颗粒、聚苯板现浇混凝土、钢丝网架聚苯板、喷涂硬质聚氨酯泡沫塑料和保温装饰复合板6种外墙外保温系统。不论哪种形式，其基本结构相同，都是由基层、粘接层、保温（也有的叫绝热）层、饰面层组成，如图6-34所示。由于外墙外保温施工方法是几层不同性质的材料进行复合，因此其施工质量直接决定了外保温工程的成败，外保温系统的性能指标通常有：保温性能、稳定性、防火处理、热湿性能、耐撞击性能、受主体结构

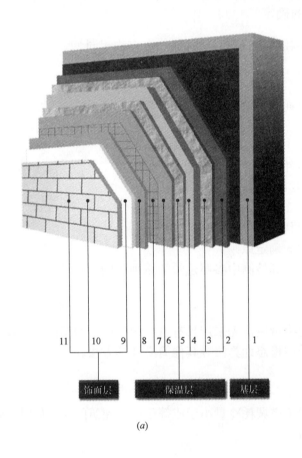

(a)

图6-34 外墙外保温结构形式（一）
1—墙体层；2—胶粘剂层；3—界面剂层；4—高强度EPS板层；
5—界面剂层；6—抹面胶浆层；7—镀锌钢丝网层；8—抹面胶
浆层；9—柔性粘结剂层；10—面砖层；11—勾缝剂层

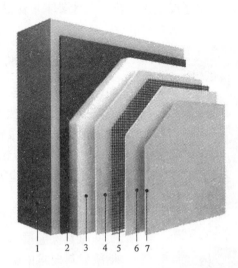

1—墙体基材；2—界面剂；3—聚苯板；4—粘接砂浆；
5—网格布；6—抹面砂浆；7—饰面层

(b)

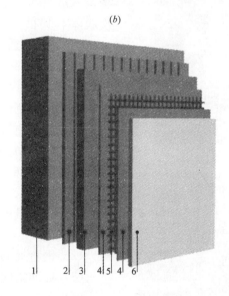

1—基层墙体混凝土、多孔黏土砖、加气砖或者厚有面砖、马赛克等，用水泥
砂浆找平；2—干粉胶剂；3—硬泡聚氨酯喷涂，[厚度]30～100mm；4—干粉胶剂；
5—耐碱玻璃纤维网格布(简称耐碱网布)；6—饰面层，[强性耐污外墙涂料]批光腻
子或赛康弹性硅丙涂料或其他与系统相适应的外墙涂料(咨询涂料供应商)

(c)

图 6-34　外墙外保温结构形式（二）

变形的影响、耐久性等。近几年由于外保温工程引起的外保温层脱落和开裂等事故时有报道，图 6-35 所示是几个外保温工程质量事故案例，轻则影响保温效果，重则影响人们的生命安全。因此，对外保温的施工质量进行专门检测很重要。在《建筑节能工程施工质量验收规范》中规定，对外保温体系要进行拉拔试验，"保温板材与基层及各构造层之间的

粘结或连接必须牢固，粘结强度和连接方式应符合设计要求，保温板材与基层的粘结强度应做现场拉拔试验"，并且强制执行。

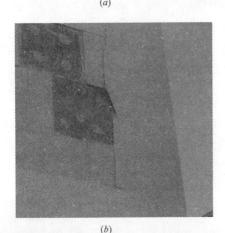

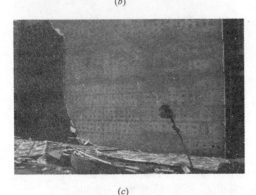

图 6-35 外保温缺陷案例

6.11.2 拉拔试验

目前对保温板材与基层的粘结强度的现场拉拔试验方法和要求却没有专门的检测依据和标准。根据现场试验特点，结合《建筑工程饰面砖粘结强度检验标准》JGJ 110—2008 的试验方法，介绍一种检测方法。

6.11.2.1 试样及取样要求

（1）保温层施工完成，养护时间达到粘结材料要求的龄期；

（2）每 500~1000m² 划分为一个检验批，不足 500m² 亦为一个检验批。每个批次取样不少于 3 处，每处测一点；

（3）检验点必须选在满粘处；

（4）取样部位宜均匀分布，不宜在同一房间外墙上选取。

6.11.2.2 检测仪器及辅助工具

拉拔试验主要工器具有拉拔仪、钢直尺、标准块、切割锯、胶粘剂、穿心式千斤顶等（图 6-36）。

（1）拉拔仪应符合国家现行行业标准《数显式粘结强度检测仪》JG 3056 的规定；

（2）钢直尺的分度值应为 1mm；

（3）标准块应用 45 号钢或铬钢制作；

（4）手持切割锯宜采用树脂安全锯片；

（5）胶粘剂宜采用型号为 914 的快速胶粘剂，粘结强度宜大于 3.0MPa。

6.11.2.3 检测步骤

（1）切割断缝：断缝宜在粘结强度检测前 1~2d 进行切割，且断缝应从保温板材表面切割至基层表面。

（2）标准块粘贴：

1）标准块粘贴前保温板材表面应清除污渍并保持干燥；

2）胶粘剂应搅拌均匀，随用随配，涂布均匀，涂层厚度不得大于 1mm；

3）标准块粘贴后应及时用胶带十字形固定；

4）胶粘剂硬化前的养护时间，当气温高于 15℃时，不得小于 24h；当气温在 5~

15℃时，不得小于48h；当气温低于5℃时，不得小于72h；在养护期不得浸水。在低于5℃时，标准块应预热再进行粘贴。

（3）现场拉拔检测前在标准块上安装带有万向接头的拉力杆。

（4）安装专用穿心式千斤顶。使拉力杆通过穿心式千斤顶中心并与标准块垂直。

（5）调整千斤顶活塞，使活塞升出2mm左右，将数字显示器调零，再拧紧拉力杆螺母。

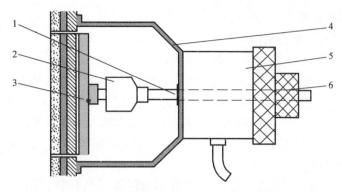

图6-36 粘结强度检测仪安装示意图
1—拉力杆；2—万向接头；3—标准块；4—支架；
5—穿心式千斤顶；6—拉力杆螺母

（6）检测保温板材粘结力时，匀速摇转手柄升压，直至保温板材断裂，并记录粘结强度检测仪的数字显示器峰值及破坏界面位置。

（7）检测后降压至千斤顶复位，取下拉力杆螺母及拉杆。

6.11.2.4 粘结强度计算

单个测点保温板材试样粘结强度按式（6-32）计算，精确至0.01MPa：

$$R=\frac{P}{A} \tag{6-32}$$

式中 R——粘结强度，MPa；

P——粘结力，N；

A——试样受拉面积，mm^2。

整个检测工程的外保温粘接强度按各测点的平均值计算。

6.11.2.5 检测结果判定

检测粘结强度平均值和单值必须满足设计要求且不小于0.1MPa，且破坏界面不得位于界面层，判定外保温工程拉拔试验合格。

6.11.3 外墙节能构造实体检验——钻芯检验

外墙保温系统另一项现场检验指标是节能构造检验，是为了验证墙体保温材料的种类是否符合设计要求、保温层厚度是否符合设计要求、保温层构造做法是否符合设计和施工方案要求。

6.11.3.1 检测对象及数量

（1）取样部位应选取节能构造有代表性的外墙上相对隐蔽的部位，并宜兼顾不同朝向和楼层，取样部位必须确保钻芯操作安全，且应方便操作。

（2）每个单位工程的外墙至少抽查3处，每处一个检查点。当一个单位工程外墙有2种以上节能保温做法时，每种节能做法的外墙应抽查不少于3处。

（3）取样部位宜分布均匀，不宜在同一个房间外墙上取2个或2个以上芯样。

6.11.3.2 检测工器具

钻芯检验所用的工器具主要是空心钻头，钻头直径70mm；钢尺，分度为1mm；数码相机等。

6.11.3.3 操作步骤

（1）对照设计图纸，现场选取钻芯取样的位置。

（2）从保温层一侧用空心钻头垂直墙面钻取芯样，芯样直径在50～100mm范围内选取，一般为70mm。钻取深度为钻透保温层到达结构层或基层表面。

（3）钻取芯样时应尽量避免冷却水流入墙体内及污染墙面。

（4）钻取的芯样必须完整，当芯样严重破损难以判断节能构造或保温层厚度时，应重新取样。

（5）记录芯样状态。观察记录保温材料种类，用钢尺测量保温材料层厚度，精确到1mm。

（6）拍照记录。用数码相机拍带有标尺的芯样照片，并在照片上注明每个芯样的取样位置，如图6-37所示。

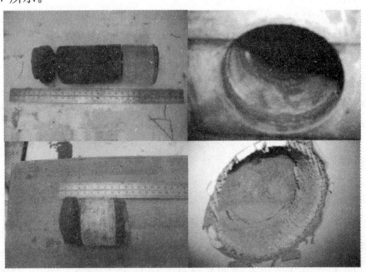

图6-37 外墙节能构造钻心检验图片

（7）修补恢复。外墙取样部位的修补可采用聚苯板或其他保温材料制成的圆柱形塞填充并用建筑密封胶密封。

6.11.3.4 结果判定

结果判定有3项内容：保温材料种类、保温层厚度、保温构造做法。

保温材料种类和保温构造做法观察芯样并与设计图纸进行比较，即可直观判断是否符合要求，与图纸一致该项为合格，否则为不合格。

在垂直于外墙面方向上的实测芯样保温层的厚度平均值达到设计厚度的95%及以上，且最小值不低于设计厚度的90%时，应判定保温层厚度符合设计要求；否则，应判定保温层厚度不符合设计要求。

这3项均合格时判定外墙节能构造符合要求，否则判定不符合要求。

6.11.3.5 报告

外墙节能构造检验结束后，检测机构应出具检验报告。报告应包括以下内容：

（1）建筑物概况：工程名称、位置、建筑面积等；

(2) 样品情况：抽样方法、抽样数量与抽样部位；

(3) 芯样状态描述；

(4) 保温层厚度，各点实测值、平均值、设计值；

(5) 附有标尺的芯样照片；

(6) 参加检验的各方机构及人员；

(7) 检测时间；

(8) 检测过程其他情况。

以上内容为报告必须包含的基本内容，检验报告样式可参照表6-4，检验机构根据具体情况可对表中的项目和格式做修改。

外墙节能构造钻芯检验报告 表6-4

外墙节能构造检验报告		报告编号	
		委托编号	
		检测日期	
工程名称概况	工程名称	建筑面积	
	工程地址	节能设计标准	
建设单位		委托人/联系人电话	
施工单位		委托人/联系人电话	
监理单位		委托人/联系人电话	
设计单位		委托人/联系人电话	
检验结果	检验项目	芯样1	芯样2	芯样3
	取样部位	轴线/层	轴线/层	轴线/层
	芯样外观	完整□ 基本完整□ 破碎□	完整□ 基本完整□ 破碎□	完整□ 基本完整□ 破碎□
	保温材料种类			
	保温材料厚度（mm）	平均厚度：		
	围护结构层做法	1基层:钢筋混凝土 2 3 4 5	1基层:钢筋混凝土 2 3 4 5	1基层:钢筋混凝土 2 3 4 5
	照片编号			
检验结论： 　经对委托工程节能构造现场检验,保温材料与设计图纸一致,保温材料厚度与设计图纸一致,保温构造做法与设计图纸一致,该工程外墙节能构造符合要求。 检验机构印章 　　　　　　　　　　　　　　　　　　　　　　　　　报告日期			见证意见： 1 抽样方法符合规定 2 现场钻芯真实 3 芯样照片真实； 4 其他； 见证人：	
备注：				
批准　　　　　　　　　审核　　　　　　　　　检验				

参考文献

[1] 中国建筑业协会建筑节能专业委员会编著. 建筑节能技术. 北京：中国计划出版社，1996
[2] 王小军. 防护热箱法现场检测外墙传热系数. 上海建材，2004
[3] 黄峥等. 非稳态法检测建筑围护结构传热系数. 墙材革新与建筑节能，2005，8
[4] 程建杰，龚延风，许明等. 围护结构传热系数快速测试仪的辨识算法研究. 建筑热能通风空调，2007，26（2）：101～103
[5] 田斌守，杨树新，段兆瑞等. 用EXCEL处理传热系数检测数据. 墙材革新与建筑节能，2008，6
[6] 北京市民用建筑节能现场检验标准（DB11/T 555—2008）
[7] 刘长利，郭法清. 建筑物气密性检测技术与方法. http：//www. topenergy. org/bbs/archiver/? tid-32058. html
[8] RX-ⅡB型传热系数检测仪，http：//www. jz2000. com/RX/01. htm
[9] 魏剑侠. RX-Ⅱ型传热系数检测仪检测实例及应注意问题. 墙材革新与建筑节能，2003，4
[10] 田斌守. 建筑围护结构传热系数现场检测方法研究［硕士学位论文］. 西安：西安建筑科技大学，2006
[11] 中国建筑科学研究院等，居住建筑节能检测标准JGJ/T 132—2009. 北京：中国建筑工业出版社，2010
[12] 中国建筑科学研究院等，公共建筑节能检测标准JGJ/T 177—2009. 北京：中国建筑工业出版社，2010
[13] 《建筑工程饰面砖粘结强度检验标准》JGJ 110—2008
[14] 《建筑节能工程施工质量验收规范》GB 50411—2007
[15] 马思慧，等. 建筑保温板材粘结强度的现场试验方法. 上海计量测试，2008年第2期
[16] 中国建筑科学研究院. 建筑节能工程施工质量验收规范辅导讲座讲义. 北京：2007. 6

第 7 章 采暖系统热工性能现场检测

众所周知，采暖系统由热源、输送管网和热用户三部分组成，所以采暖能耗的大小是以上三部分综合作用的结果。因此，要全面衡量建筑节能的效果，必须对系统的热工性能进行检测评定。主要检测以下内容：
1) 室外管网水力平衡度；
2) 采暖系统补水率；
3) 室外管网热输送效率；
4) 室外管网供水温降；
5) 采暖锅炉运行效率；
6) 采暖系统实际耗电输热比期望值。

7.1 室外管网水力平衡度的检测

7.1.1 室外管网水力平衡度的概念

室外管网水力平衡度是指采暖居住建筑热力入口处循环水量（质量流量）的测量值与设计值之比。所谓水力平衡是指系统运行时，所有用户都能获得设计水量，而水力不平衡则意味着水力失调，即流经用户或机组的实际流量与设计流量不相符合，并且各用户室温不一致，即近热源处室温偏高，远热源处室温低，从而造成能耗高，供热品质差。为了保证供热质量，该项检测有着重要意义。

7.1.2 检测方法

1) 水力平衡度的检测应在采暖系统正常运行工况下进行。
2) 水力平衡度检测期间，采暖系统循环水泵的总循环水量应维持恒定且为设计值的 100%～110%。
3) 流量计量装置应安装在建筑物相应的热力入口处，且应符合相应产品的使用要求。
4) 循环水量的检测值应以相同检测持续时间（一般为 10min）内各热力入口处测得的结果为依据进行计算。

7.1.3 检测仪器

流量计量装置，根据具体情况选用涡轮流量计、涡街流量计、电磁流量计、超声波流量计和水表等。其总精度均优于 2.0 级，总不确定度不大于 5%。二次仪表应能显示瞬时流量或累计流量，能自动存储、打印数据，或可与计算机连接。使用中应按使用说明书的要求操作。

7.1.4 检测对象的确定

1) 水力平衡度的检测应以独立的供热系统为对象。
2) 每个采暖系统均应进行水力平衡度的检测，且宜以建筑物热力入口为限。
3) 受检热力入口位置和数量的确定应符合下列规定：
① 当采暖系统中热力入口总数不超过 6 个时，应全额检测。
② 对于热力入口总数超过 6 个的采暖系统，应根据各个热力入口距热源中心距离的远近，按近端 2 处，末端 2 处，中间区域 2 处的原则确定受检热力入口。
4) 受检热力出口的管径不应小于 DN40。

7.1.5 判定方法

水力平衡度按式（7-1）计算。

$$HB_j = \frac{G_{\text{wm},j}}{G_{\text{wd},j}} \tag{7-1}$$

式中　HB_j——第 j 个热力入口处的水力平衡度；
　　　$G_{\text{wm},j}$——第 j 个热力入口处循环水量的检测值，kg/s；
　　　$G_{\text{wd},j}$——第 j 个热力入口处循环水量的设计值，kg/s；
　　　j——热力入口编号。

7.1.6 结果评定

在所有受检的热力入口中，各入口水力平衡度的检测结果满足下列条件之一时，应判定该系统合格，否则判定不合格。
1) 所有受检热力入口水力平衡度的检测结果均为 0.9～1.15。
2) 水力平衡度的检测结果大于 1.15 的热力入口处数不超过所有受检热力入口处数的 10%，且没有一个热力入口的水力平衡度小于 0.9。

7.2 采暖系统补水率检验

7.2.1 采暖系统补水率的概念

采暖系统的补水率按现行的标准有以下三种定义：《锅炉房设计规范》GB 50041 规定"热水系统的小时泄漏量，应根据系统的规模和供水温度等条件确定，宜为系统水容量的 1%"；《城市热力网设计规范》CJJ 34 规定"闭式热水热力网的补水率，不宜大于总循环水量的 1%"；《采暖居住建筑节能检验标准》JGJ 132—2001 规定"供热系统在正常运行条件下，检测持续时间内系统的补水量与设计循环水量之比"。从上面的介绍可以看出，第一种定义以系统水容量为基础来计算系统的补水率；第二种定义以系统循环水量为基础来计算系统的补水率；第三种定义以采暖系统的设计循环水量为基础来计算系统的补水率。

设计循环水量是指设计人员根据系统设计热负荷和设计水温确定的理论循环水量。

7.2.2 检测方法

补水率的检测应在供热系统运行稳定且室外管网水量平衡度检验合格后的基础上进行。

检测持续时间：非试点小区不应少于72h，试点小区应为整个采暖期。

用流量计测得检测时间段内系统补水量，然后根据系统的设计循环水量计算系统的补水率。

7.2.3 检测仪器

系统补水率检测的主要参数是流量，应采用具有累计流量显示功能的流量计量装置测量。流量计量装置应安装在系统补水管上适宜的位置，且应符合相应产品的使用要求，一般用流量仪表计算时可设在补水泵出口管路上。补水温度用电阻温度计或热电偶温度计，设在水箱中进行测量。当采暖系统中固有的流量计量装置在检定有效期内时，可直接利用该装置进行检测。

7.2.4 检测对象的确定

供热系统补水率的检测应以独立的供热系统为对象。

7.2.5 判定方法

供热系统补水率按式（7-2）或式（7-3）、式（7-4）、式（7-5）计算。

$$R_{mu} = \frac{G_{mu}}{G_{wt}} \times 100\% \tag{7-2}$$

式中 R_{mu}——供热系统补水率；
G_{mu}——检测持续时间内系统的总补水量，kg；
G_{wt}——检测持续时间内系统的设计循环水量的累计值，kg。

$$R_{mp} = \frac{g_a}{g_d} \cdot 100\% \tag{7-3}$$

$$g_a = \frac{G_a}{A_0} \tag{7-4}$$

$$g_d = 0.861 \cdot \frac{q_q}{t_s - t_r} \tag{7-5}$$

式中 R_{mp}——供热系统补水率，%；
g_a——检测持续时间内采暖系统单位建筑面积单位时间内的补水量，kg/m² · h；
g_d——供热系统单位建筑面积单位时间内设计循环水量，kg/m² · h；
G_a——检测持续时间内采暖系统平均单位时间内的补水量，kg/h；
A_0——居住小区内所有采暖建筑物（含小区内配套公共建筑和采暖地下室）的总

建筑面积（该建筑面积应按各层外墙轴线围成面积的总和计算），m²；
q_q——居住小区采暖设计热负荷指标，W/m²；
t_s——采暖系统设计供水温度，℃；
t_r——采暖系统设计回水温度，℃。

7.2.6 结果评定

采暖系统补水率不大于 0.5% 时，应判定该采暖系统合格，否则判定不合格。

7.3 室外管网输送效率（热损失率）的检测

7.3.1 室外管网输送效率的概念

室外管网输送效率是指在检测时间内，全部热力入口测得的热量累计值与锅炉房或热力站总管处测得的热量累计值之比，这是建筑能耗的一项重要参数。

7.3.2 检测方法与条件

非试点小区采暖系统室外管网实时热输送效率的检测应在最冷月进行，且检测持续时间不应少于 72h，试点小区应检测整个采暖期。最冷月采暖供水温度相应较高，也最接近设计工况，检测结果最具有代表性。

检测期间，采暖供热系统应处于正常运行工况，热源供水温度的逐时值不应低于 35℃，即室外管网应处于水力平衡且系统的补水率应处于正常。当检测时间为整个采暖期时，采暖系统的运行工况应以实际为准，且应符合以下要求：

1) 24h 内热源供水温度的波动值不应超过 15℃。
2) 锅炉或换热器出力的波动不应超过 10%。
3) 锅炉或换热器的进出水的温度与设计值之差不应大于 10℃。

建筑物的采暖供热量应采用热计量装置在建筑物热力入口处测量，热计量装置中温度计和流量计的安装应符合相关产品的使用规定，供回水温度传感器宜位于受检建筑物外墙外侧且距外墙轴线 2.5m 以内的地方。采暖系统总采暖供热量应在采暖热源出口处测量，热量计量装置中供回水温度传感器宜安装在采暖锅炉房或换热站内，安装在室外时，距锅炉房或换热站或热泵机房外墙轴线的垂直距离不应超过 2.5m。

7.3.3 检测仪器

检测室外管网输送效率所用的仪器仪表主要是热量表，热量表的结构、工作原理和使用要求见第 3 章相关内容。

7.3.4 检测对象的确定

室外管网输送效率的检验应以独立的供热系统为对象。

7.3.5 判定方法

室外管网输送效率按式（7-6）进行计算。

$$\eta_{m,t} = \frac{\sum_{j=1}^{n} Q_{m,j}}{Q_{m,t}} \tag{7-6}$$

式中　$\eta_{m,t}$——室外管网输送效率；

$Q_{m,j}$——检测持续时间内，第 j 个热力入口处测得的热量累计值，MJ；

$Q_{m,t}$——检测持续时间内在锅炉房或热力站总管处测得的热量累计值，MJ；

j——热力入口的序号；

n——热用户侧热力入口总数。

室外管网的热损失率应按式（7-7）计算。

$$a_{ht} = (1 - y_{m,t}) \times 100\% \tag{7-7}$$

7.3.6　结果评定

室外管网实时热输送效率不小于 0.9 时，即室外管网的热损失率不应大于 10%，判定该采暖系统合格，否则判定不合格。

7.4　室外管网供水温降检测

7.4.1　检测方法与检测条件

通过检测采暖系统供回水温度计算管网实时供水温降。

非试点小区的检测应在采暖系统处于正常运行工况下连续运行 10 天后进行，检测持续时间宜取 24h，试点小区应为整个采暖期。

检测期间，采暖系统应处于正常运行工况，24 小时内热源供水温度的波动值不应超过 15℃。当检测时间为整个采暖期时，采暖系统的运行工况应以实际为准。

热用户侧最末端热力入口和热源出口处供水温度应同时检测。

7.4.2　检测仪表

供水温降检测的主要参数是系统的供水和回水温度，检测仪表应采用带有数据采集、记录功能的温度巡检仪，数据记录时间间隔不应超过 60min。

7.4.3　检测对象的确定

每个采暖系统均应进行室外管网实时供水温降检测。

7.4.4　判定方法

室外管网实时供水温降应按式（7-8）计算。

$$T_{dp} = T_{ss} - T_{us} \tag{7-8}$$

式中　T_{dp}——室外管网实时供水温降，℃；

T_{ss}——检测持续时间内热源出口处供水温度逐时检测值的平均值，℃；

T_{us}——检测持续时间内热用户侧最远端热力入口处供水温度逐时检测值的平均值，℃。

7.4.5 结果评定

当采暖系统室外管网实时供水温降不大于设计供回水温降的10%时，判定该采暖系统该项指标合格，否则判定不合格。

7.5 采暖系统耗电输热比检测

7.5.1 检测方法与检测条件

采暖系统耗电输热比的检测应在采暖系统正常运行120h后进行，且应满足下列条件。
（1）采暖热源和循环水泵的铭牌参数应满足设计要求；
（2）系统瞬时供热负荷不应小于设计值的50%；
（3）循环水泵运行方式应满足下列条件：
1) 对变频泵系统，应按工频运行且启泵台数满足设计工况要求；
2) 对多台工频泵并联系统，启泵台数应满足设计工况要求；
3) 对大小泵制系统，应启动大泵运行；
4) 对一用一备制系统，应保证有一台泵正常运行。

采暖热源的输出热量应在热源机房（锅炉房或换热站或热泵机房）内采用热计量装置进行连续检测累计计量热量。循环水泵的用电量应独立计量。

检测持续时间不应少于24h，建议具有研究性质的项目检测时间为整个采暖期。当检测持续时间为整个采暖期时，采暖系统的运行工况应以实际为准。

7.5.2 检测仪表

耗电输热比检测时记录的主要参数是热源输出热量和循环水泵的耗电量。热量用热计量装置检测，其性能和安装与7.3.2节和7.3.3节相同，电量用电表（电度表）测量，电表应满足相应的要求。

7.5.3 检测对象的确定

每个采暖系统均应进行耗电输热比检测。

7.5.4 结果计算

采暖系统耗电输热比应按下列公式计算：

$$EHR_{a,e} = \frac{3.6 \times \varepsilon_a \times \eta_m}{\sum Q_{a,e}} \quad (7-9)$$

当$\sum Q_a < \sum Q$时，

$$\sum Q_{a,e} = \min\{\sum Q_p, \sum Q\} \quad (7-10)$$

当$\sum Q_a \geq \sum Q$时，

$$\sum Q_{a,e} = \sum Q_a \tag{7-11}$$

$$\sum Q_p = 0.3612 \times 10^6 \times G_a \times \Delta t \tag{7-12}$$

$$\sum Q = 0.0864 \times q_q \times A_0 \tag{7-13}$$

式中 $EHR_{a,e}$——采暖系统耗电输热比（无因次）；
ε_a——检测持续时间内采暖系统循环水泵的日耗电量，kWh；
η_m——电机效率与传动效率之和，直联取 0.85，联轴器传动取 0.83；
$\sum Q_{a,e}$——检测持续时间内采暖系统日最大有效供热能力，MJ；
$\sum Q_a$——检测持续时间内采暖系统的实际日供热量，MJ；
$\sum Q_p$——在循环水量不变的情况下，检测持续时间内采暖系统可能的日最大供热能力，MJ；
$\sum Q$——采暖热源的设计日供热量，MJ；
G_a——检测持续时间内采暖系统的平均循环水量，m³/s；
Δt——采暖热源的设计供回水温差，℃。

7.5.5 判定方法

采暖系统耗电输热比（$EHR_{a,e}$）应满足式（7-14）的要求。

$$EHR_{a,e} \leqslant \frac{0.0062(14 + a \cdot L)}{\Delta t} \tag{7-14}$$

式中 $EHR_{a,e}$——采暖系统耗电输热比；
L——室外管网主干线（从采暖管道进出热源机房外墙处算起，至最不利环路末端热用户热力入口止）包括供回水管道的总长度，m；
a——系数，其取值为：当 $L \leqslant 500m$ 时，$a = 0.0115$；当 $500m < L < 1000m$ 时，$a = 0.0092$；当 $L \geqslant 1000m$ 时，$a = 0.0069$。

7.5.6 结果评定

当采暖系统耗电输热比满足上述要求时，判定采暖系统该项指标合格，否则判定不合格。

7.6 采暖锅炉热效率的检测

采暖锅炉热效率是采暖建筑节能的重要内容，尤其是集中供暖的建筑。在不同节能目标阶段，采暖锅炉热效率都承担一定的比例，详见第1章的介绍。因此，锅炉热效率的检测是挖掘节能潜力、改善供热质量、提高系统运行效率的基础。

7.6.1 检测方法和检测条件

采暖锅炉的热效率按现行国家标准《生活锅炉热效率及热工试验方法》GB/T 10820—2002 的规定进行。

7.6.2 检测对象的确定

独立的采暖锅炉作为进行实时综合运行热效率检测的对象。

7.6.3 检测参数及使用的仪器

锅炉的效率检测是一个复杂的工程，涉及的内容广泛，从燃料到介质都要进行测定。

(1) 燃料的取样分析

根据不同的燃料，采取相应的取样方法。具体来讲就是，煤的取样和缩制方法；燃油的取样方法；气体燃料的取样位置及取样方法。然后到具备相应资质的化验机构（实验室）或有关各方认可的具备燃料化验能力的单位进行化验。

(2) 燃料消耗量的测定

对于煤、柴，使用衡器称重，所使用衡器的示值误差应不大于±0.1%。对于燃油，用衡器称重或由经直接称重标定过的油箱上进行测量，也可通过测量流量及密度确定燃油消耗量。所使用的油流量计，准确度不低于0.5级。对于气体燃料用气体流量计测量，其准确度应不低于1.5级，流量和温度应在流量测点测出。

(3) 耗电量的测定（电热锅炉）

用电度表测量，其准确度应不低于1.5级。如果使用互感器，其准确度应不低于0.5级。

(4) 水流量测量

给水流量、循环水量、出水量（或进水量）用标定过的水箱测量或其他流量计测量，流量计准确度不应低于0.5级，并采用累计方法，循环水量应在锅炉进水管道上进行测定。

(5) 压力测量

测量锅炉给水压力、蒸汽压力、进水压力及气体燃料压力的压力表，其准确度不应低于1.5级。

大气压力可使用空气盒气压表在被测锅炉附近测量，其示值误差不应大于±0.2KPa。

(6) 温度测量

锅炉给水温度、出水温度、进水温度及气体燃料温度的测量，可使用水银温度计或其他测温仪表，其示值误差不应大于±0.5℃。测温点应布置在管道上介质温度比较均匀的地方。环境温度可使用水银温度计在被测锅炉附近测量，其示值误差不应大于±0.5℃。

7.6.4 判定方法

锅炉热效率的计算分两步完成，先计算锅炉供热量，然后再计算锅炉热效率。

7.6.4.1 锅炉供热量计算

(1) 蒸汽锅炉

蒸汽锅炉的供热量按式（7-15）式计算。

$$Q = D_{gs}\left(h_{bq} - h_{gs} - \frac{r \cdot w}{100}\right) - G_s r \tag{7-15}$$

式中 Q——锅炉供热量，kJ/h；

D_{gs}——蒸汽锅炉给水流量，kg/h；

h_{bq}——饱和蒸汽焓，kJ/kg；

h_{gs}——给水焓，kJ/kg；
r——汽化潜热，kJ/kg；
w——蒸汽湿度，%；
G_s——锅水取样量（计入排污量），kg/h。

（2）热水锅炉、真空锅炉

热水锅炉、真空锅炉的供热量按式（7-16）计算。

$$Q = G(h_{cs} - h_{js}) \qquad (7-16)$$

式中 Q——锅炉供热量，kJ/h；
G——锅炉循环水量，kg/h；
h_{cs}——锅炉出水焓值，kJ/kg；
h_{js}——锅炉进水焓值，kJ/kg。

（3）常压锅炉

常压锅炉的供热量按式（7-17）计算。

$$Q = G_c(h_{cs} - h_{js}) \qquad (7-17)$$

式中 Q——锅炉供热量，kJ/h；
G_c——锅炉出水量（或进水量），kg/h；
h_{cs}——锅炉出水焓值，kJ/kg；
h_{js}——锅炉进水焓值，kJ/kg。

7.6.4.2 锅炉热效率计算

（1）燃煤锅炉

燃煤锅炉的热效率按式（7-18）计算。

$$\eta = \frac{Q}{BQ_{net,v,ar} + B_{mc}(Q_{net,v,ar})_{mc}} \times 100\% \qquad (7-18)$$

式中 η——锅炉热效率，%；
Q——锅炉供热量，kJ/h；
B——消耗煤量，kg/h；
$Q_{net,v,ar}$——煤收到基低位发热量，kJ/kg；
B_{mc}——柴消耗量，kg/h；
$(Q_{net,v,ar})_{mc}$——柴收到基低位发热量，kJ/kg。

（2）燃油锅炉

燃油锅炉的热效率按式（7-19）计算。

$$\eta = \frac{Q}{B_{yo}(Q_{net,v,ar})_{yo}} \times 100\% \qquad (7-19)$$

式中 η——锅炉热效率，%；
Q——锅炉供热量，kJ/h；
B_{yo}——油耗煤量，kg/h；
$(Q_{net,v,ar})_{yo}$——油收到基低位发热量，kJ/kg。

(3) 燃气锅炉

燃气锅炉的热效率按式（7-20）计算。

$$\eta = \frac{Q}{B_q (Q_{net,v,ar})_q} \times 100\% \quad (7\text{-}20)$$

式中 η——锅炉热效率，%；

Q——锅炉供热量，kJ/h；

B_q——气体燃料消耗量（标态），m³/h；

$(Q_{net,v,ar})_q$——气体燃料收到基低位发热量（标态），kJ/m³。

(4) 电热锅炉

电热锅炉的热效率按式（7-21）计算。

$$\eta = \frac{Q}{3.6 \times N_{dg} \times 10^3} \times 100\% \quad (7\text{-}21)$$

式中 η——锅炉热效率，%；

Q——锅炉供热量，kJ/h；

N_{dg}——电消耗量，kW·h/h。

7.6.5 结果评定

如果系统热效率有设计要求，检测结果满足设计要求时，判定为合格；如果没有设计值，采暖锅炉的热效率的检测结果满足表 7-1 中相应燃料锅炉的效率时，判定该锅炉的热效率符合要求，否则应判定不符合要求。

表 7-1 生活锅炉应保证的最低热效率值[1]

锅炉额定热功率/N(MW)	使用燃料								油[2]	气[3]	电热锅炉
	煤炭										
	褐煤	烟煤			贫煤	无烟煤					
		Ⅰ	Ⅱ	Ⅲ		Ⅰ	Ⅱ	Ⅲ			
	锅炉热效率(%)										
$N \leq 0.1$	61	60	62	64	62	54	53	57	83	84 (82)	93
$0.1 < N \leq 0.35$	63	62	65	68	66	58	56	61	83	84 (82)	93
$0.35 \leq N \geq 0.7$	67	67	70	73	70	62	60	66	84	86 (84)	94
$0.7 < N \leq 1.4$	70	69	72	75	72	65	64	69	86	88 (86)	95
$1.4 < N \leq 2.8$	74	71	75	78	75	68	66	74	86	88 (86)	95
$N > 2.8$	76	73	77	80	77	70	68	76	88	88 (87)	95

① 表中所列为锅炉额定热功率时的热效率值；

② 指轻质燃油；

③ 即气体燃料，指城市燃气、天然气、液化石油气及其他气体燃料；

括号内的数字为气体燃料收到基低位发热量 $Q_{net,v,ar}$（标态）<20000kJ/m³ 的热效率规定值，括号外为气体燃料收到基低位发热量 $Q_{net,v,ar}$（标态）≥20000kJ/m³ 的热效率规定值。

7.7 采暖空调水系统性能检测

7.7.1 检测内容

采暖空调水系统检测内容主要包括以下项目：冷水（热泵）机组实际性能系数检测、水系统回水温度一致性检测、水系统供回水温差检测、水泵效率检测、冷源系统能效系数检测、锅炉运行效率、补水率检测、管道系统保温性能检测等。

采暖空调水系统各项性能检测均应在系统实际运行状态下进行。

7.7.2 冷水（热泵）机组实际性能系数检测

7.7.2.1 检测条件及检测对象确定

（1）冷水（热泵）机组运行正常，系统负荷不宜小于实际运行最大负荷的60%，且运行机组负荷不宜小于其额定负荷的80%，并处于稳定状态；

（2）冷水出水温度应在6~9℃之间；

（3）水冷冷水（热泵）机组冷却水进水温度应在29~32℃之间，风冷冷水（热泵）机组要求室外干球温度在32~35℃；

（4）对于2台及以下（含2台）同型号机组，应至少抽取1台，对于3台及以上（含3台）同型号机组，应至少抽取2台。

7.7.2.2 检测参数及仪器

冷水进出口温度、流量、电机输入功率等。

冷水进出口温度用玻璃水银温度计、电阻温度计或热电偶温度计测量，温度计设在靠近机组的进出口处。流量用超声波流量计检测，流量传感器应设在设备进口或出口的直管段上。电机输入功率用功率表检测。

7.7.2.3 检测方法

根据系统进出水温差和流量，算出系统的供冷量或供热量，再测出机组的功率，就可以算出机组的实际性能系数。

（1）冷水（热泵）机组的供冷（热）量检测示意图如图7-1所示，结果按式(7-22)计算。

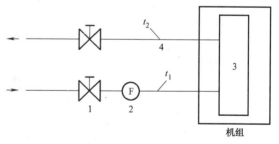

图7-1 液体载冷剂法系统性能检测方法
1—流量调节阀；2—流量计；3—蒸发器（冷凝器）；4—温度计

$$Q_0 = \frac{V\rho c \Delta t}{3600} \tag{7-22}$$

式中 Q_0——冷水（热泵）机组的供冷（热）量，kW；

V——冷水平均流量，m³/h；

Δt——冷水进、出口平均温差，℃；

ρ——冷水平均密度，kg/m³；

c——冷水平均定压比热容，kJ/(kg·℃)；

ρ、c 可根据介质进、出口平均温度由物性参数表查取。

（2）电驱动压缩机的蒸气压缩循环冷水（热泵）机组的输入功率应在电动机输入线端测量。按现行国家标准《三相异步电动机试验方法》GB/T 1032—2005 规定的两台功率表法进行测量，检测原理如图 7-2 所示，也可以用 1 台三相功率表或 3 台单相功率表法进行测量。

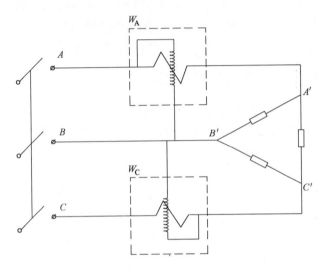

图 7-2 两表法测量电机输入功率原理

A、B、C—电源接线接头；A'、B'、C'—电机进线接头；
W_A、W_C—单相功率表

两表法检测时，电机的输入功率为两表检测功率之和。

7.7.2.4 结果计算

（1）电驱动压缩机的蒸气压缩循环冷水（热泵）机组的实际性能系数（COP_d）应按式（7-23）计算。

$$COP_d = \frac{Q_0}{N} \tag{7-23}$$

式中 COP_d——电驱动压缩机的蒸气压缩循环冷水（热泵）机组的实际性能系数；
N——检测工况下机组平均输入功率，kW。

（2）溴化锂吸收式冷水机组的实际性能系数（COP_x）应按式（7-24）计算。

$$COP_x = \frac{Q_0}{(Wq/3600) + p} \tag{7-24}$$

式中 COP_x——溴化锂吸收式冷水机组的实际性能系数；
W——检测工况下机组平均燃气消耗量，m³/h，或燃油消耗量，kg/h；
q——燃料发热值，kJ/m³ 或 kJ/kg；
p——检测工况下机组平均电力消耗量（折算成一次能），kW。

7.7.2.5 结果判定

当检测结果符合下述要求时，判定为合格。电机驱动压缩机的蒸气压缩循环冷水（热泵）机组，在额定制冷工况和规定条件下，性能系数（COP）不低于表7-2的规定，溴化锂吸收式机组性能系数不低于表7-3的规定。

冷水（热泵）机组制冷性能系数　　　　表7-2

类　　型		额定制冷量（kW）	性能系数（W/W）
水冷	活塞式/涡旋式	＜528 528～1163 ＞1163	3.8 4.0 4.2
	螺杆式	＜528 528～1163 ＞1163	4.10 4.30 4.60
	离心式	＜528 528～1163 ＞1163	4.40 4.70 5.10
风冷或蒸发冷却	活塞式/涡旋式	≤50 ＞50	2.40 2.60
	螺杆式	≤50 ＞50	2.60 2.80

溴化锂吸收式机组性能参数　　　　表7-3

机型	名义工况			性能参数		
	冷（温）水进/出口温度(℃)	冷却水进/出口温度(℃)	蒸汽压力(MPa)	单位制冷量蒸汽耗量[kg/(kW·h)]	性能系数(W/W)	
					制冷	供热
蒸汽双效	18/13 12/7	30/35	0.25	≤1.40		
			0.4			
			0.6	≤1.31		
			0.8	≤1.28		
直燃	供冷 12/7	30/35			≥1.10	
	供热出口 60					≥0.90

注：直燃机的性能系数为：制冷量（供热量）/［加热源消耗量（以低位热值计）+电力消耗量（折算成一次能）］。

7.7.3 冷源系统能效系数检测

冷源系统的能效系数是指冷源系统单位时间供冷量与单位时间冷水机组、冷水泵、冷却水泵和冷却塔风机能耗之和的比值。从这个定义可以看出得到能效系数需要检测系统的制冷量和系统的能耗，系统能耗就是系统用电设备能耗，不包括空调系统的末端设备。系统的制冷量的检测方法、需要的仪器设备、计算方法与7.7.2节供冷（热）量的计算方法相同。冷水机组、冷水泵、冷却水泵和冷却塔风机的输入功率应在电动机输入线端同时测量，在测试时间段内累计各用电设备的输入功率应进行平均累加，检测方法与7.7.2.3节相同。

7.7.3.1 结果计算

冷源系统能效系数按式（7-25）计算。

$$EER_{-\text{sys}} = \frac{Q_0}{\sum N_i} \tag{7-25}$$

式中 $EER_{-\text{sys}}$——冷源系统能效系数，kW/kW；

$\sum N_i$——冷源系统各个用电设备的平均输入功率之和，kW。

7.7.3.2 结果判定

根据国内现在实际运行水平和技术条件，确定冷源系统能效系数限值计算参数为：对于水冷冷水机组，机组负荷为额定负荷80%的检测工况下，其能耗按占系统能耗的65%计算；对于风冷或蒸发式冷却冷水机组，检测工况下其能耗按占系统能耗的75%计算。国家标准规定了冷源系统能效系数的限值，如表7-4所示。

冷源系统能效系数的限值　　　　　　　　　　表7-4

类型	单台额定制冷量 (kW)	冷源系统能效系数 (W/W)
水冷冷水机组	<528	2.3
	528~1163	2.6
	>1163	3.1
风冷或蒸发冷却机组	≤50	1.8
	>50	2.0

冷源系统能效系数检测值不小于表7-4的规定时，判定为合格。

7.7.4 采暖空调水系统其他检测内容

采暖空调水系统检测内容除了上面介绍的冷水（热泵）机组实际性能系数、冷源系统能效系数外，还包括以下项目：水系统回水温度一致性检测、水系统供回水温差检测、水泵效率检测、锅炉运行效率、补水率检测、管道系统保温性能检测等。补水率、锅炉运行效率检测分别见7.2节和7.6节的介绍。水系统回水温度一致性、水系统供、回水温差、水泵效率、管道系统保温性能等项目检测的基本参数为温度、流量和功率，设备仪器的性能介绍见第3章相关内容，检测方法、结果计算与7.7.2节基本相同，在此不赘述。

7.8 空调风系统性能检测

7.8.1 检测内容

空调风系统检测内容主要包括：风机单位风量耗功率、新风量、定风量系统平衡度、管道的保温性能等。

空调风系统各项性能检测均应在系统实际运行状态下进行。

7.8.2 风机单位风量耗功率检测

7.8.2.1 检测条件及检测数量

(1) 检测应在空调通风系统正常运行工况下进行；

(2) 抽检比例不应少于空调机组总数的20%；

(3) 不同风量的空调机组检测数量不应少于 1 台。

7.8.2.2 检测参数及仪器

需要检测的参数有风管风量、电机功率。风管风量用毕托管和微压计测量,当动压小于 10Pa 时,宜采用数字式风速计。电机功率用功率表检测。

7.8.2.3 检测方法

(1) 风管风量测量位置

风管风量测量断面应选择在机组出口或入口直管段上,测量位置与上游局部阻力部件的距离不小于 5 倍管径或风管长边尺寸(对于矩形风管),并与下游局部阻力构件的距离不小于 2 倍管径或风管长边尺寸(对于矩形风管)。测量位置确定后,就要在选定的断面上布置测点,圆形风管的测点布置如图 7-3 和表 7-5 所示,矩形风管的测点布置如图 7-4 和表 7-6 所示。

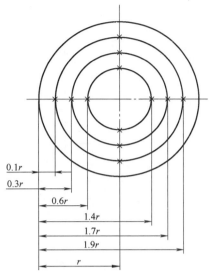

图 7-3 圆形风管 3 圆环测点布置示意图

圆形风管截面测点布置 表 7-5

风管直径(mm)	≤200	200~400	400~700	≥700
圆环个数	3	4	5	5~6
测点编号	测点到管壁的距离(r 的倍数)			
1	0.1	0.1	0.05	0.05
2	0.3	0.2	0.20	0.15
3	0.6	0.4	0.30	0.25
4	1.4	0.7	0.50	0.35
5	1.7	1.3	0.70	0.50
6	1.9	1.6	1.30	0.70
7	—	1.8	1.50	1.30
8	—	1.9	1.70	1.50
9	—	—	1.80	1.65
10	—	—	1.95	1.75
11	—	—	—	1.85
12	—	—	—	1.95

电机功率的检测方法与 7.7.2.2 节相同。

(2) 测量时,每个测点应至少测量 2 次。当 2 次测量值接近时,应取 2 次测量的平均值作为测点的测量值。

(3) 风机的风量为吸入端风量和压出端风量的平均值,且风机前后的风量之差不应大于 5%。

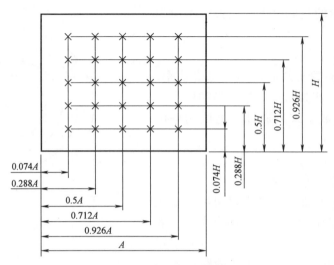

图 7-4 矩形风管 25 点时的布置示意图

矩形风管断面测点位置 表 7-6

横线数	每条线上测点数	测点距离 X/A 或 X/H	横线数	每条线上测点数	测点距离 X/A 或 X/H
5	1	0.074	6	5	0.765
	2	0.288		6	0.939
	3	0.500	7	1	0.053
	4	0.712		2	0.203
	5	0.926		3	0.366
6	1	0.061		4	0.500
	2	0.235		5	0.634
	3	0.437		6	0.797
	4	0.563		7	0.947

注：1. 当矩形风管截面的纵横比（长短边比）大于或等于 1.5 时，横线（平行于短边）的数目宜增加到 5 个以上。

2. 当矩形风管截面的纵横比（长短边比）小于 1.5 大于 1.2 时，横线（平行于短边）的数目和每条横线上的测点数目均不宜少于 5 个。当长边大于 2m 时，横线（平行于短边）的数目宜增加到 5 个以上。

3. 当矩形风管截面的纵横比（长短边比）小于或等于 1.2 时，也可按等截面划分小截面，每个小截面边长宜为 200～250mm。

7.8.2.4 结果计算

当采用毕托管和微压计测量风量时，先计算出系统平均动压，再由系统动压计算出系统平均风速，根据平均风速和风管面积就可以计算得到系统的实测风量。由实测风量和风机功率得到风机单位风量耗功率。

(1) 平均动压

一般情况下，可取各测点的算术平均值作为平均动压。当各测点数据变化较大时，应依据式 (7-26) 计算系统动压的平均值。

$$P_v = \left(\frac{\sqrt{P_{v1}} + \sqrt{P_{v2}} + \cdots\cdots \sqrt{P_{vn}}}{n} \right)^2 \tag{7-26}$$

式中　　　　P_v——平均动压，Pa；

P_{v1}、P_{v2}……P_{vn}——各测点的动压，Pa。

(2) 断面平均风速

断面平均风速按式（7-27）和式（7-28）计算。

$$v=\sqrt{\frac{2P_v}{\rho}} \tag{7-27}$$

$$\rho=\frac{0.349B}{273.15+t} \tag{7-28}$$

式中　v——断面平均风速，m/s；
　　　ρ——空气密度，kg/m³；
　　　B——大气压力，Pa；
　　　t——空气温度，℃；

(3) 风量计算

系统或机组的实测风量按式（7-29）进行计算。

$$L=3600vF \tag{7-29}$$

式中　L——机组或系统风量，m³/h；
　　　F——风管断面面积，m²。

(4) 风机单位风量耗功率

风机单位风量耗功率按式（7-30）计算。

$$W_s=\frac{N}{L} \tag{7-30}$$

式中　W_s——风机单位风量耗功率，W/m³；
　　　N——风机的输入功率，W；
　　　L——风机的实际风量，m³。

7.8.2.5　结果判定

系统或机组风机单位风量耗功率检测值达到表 7-7 中的规定时，判定系统合格。

风机的单位风量耗功率限值　　　　表 7-7

系统形式	办公建筑		商业、旅馆建筑	
	粗效过滤	粗、中效过滤	粗效过滤	粗、中效过滤
两管制定风量系统	0.42	0.48	0.46	0.52
四管制定风量系统	0.47	0.53	0.51	0.58
两管制变风量系统	0.58	0.64	0.62	0.68
四管制变风量系统	0.63	0.69	0.67	0.74
普通机械通风系统	0.32			

注：1. 普通机械通风系统中不包括厨房等需要特定过滤装置的房间的通风系统；
　　2. 严寒地区增设预热盘管时，单位风量耗功率可增加 0.035W/m³；
　　3. 当空气调节机组内采用湿膜加湿法时，单位风量耗功率可增加 0.053W/m³。

参考文献

[1] 徐占发主编. 建筑节能技术实用手册. 北京：机械工业出版社，2004
[2] 生活锅炉热效率及热工试验方法 GB/T 10820—2002. 北京：中国标准出版社，2002
[3] 中国建筑科学研究院等. 居住建筑节能检测标准 JGJ/T 132—2009. 北京：中国建筑工业出版社，2010
[4] 中国建筑科学研究院等. 公共建筑节能检测标准 JGJ/T 177—2009. 北京：中国建筑工业出版社，2010

第8章 小区建筑能耗检测

居住小区建筑节能检测的主要内容有实时采暖耗热量检验、建筑物采暖年耗热量检测、居住小区实时采暖耗煤量检测、建筑物年空调耗冷量检测等。

8.1 小区采暖耗热量检测

小区采暖耗热量检测方法与第6章介绍的建筑物采暖耗热量指标检测方法基本相同，只是检测对象和结果判定略有不同。

8.1.1 实时采暖耗热量

8.1.1.1 检测方法

实时采暖耗热量在待测小区或建筑群热源出口处实际测量。

检测持续时间：非试点小区不应少于24h，试点小区应为整个采暖期。

检测期间，采暖系统应处于正常运行工况，但当检测持续时间为整个采暖期时，采暖系统的运行应以实际工况为准。

8.1.1.2 检测对象的确定

居住小区或建筑群为一个检验批时，受检的热力入口应按以下规则进行选取，但总数不得少于3个，且受检的热力入口应分别属于不同的单体建筑。

1) 受检热力入口所对应的建筑面积不得小于该居住小区或建筑群总建筑面积的5%；
2) 受检热力入口数不得小于该居住小区或建筑群总热力入口数的10%；
3) 受检热力入口应按不同建筑类别进行随机选取，每种建筑类别，受检的热力入口数不得少于1个。
4) 居住小区实时采暖耗热量应以该小区采暖热源出口为受检对象。

8.1.1.3 检测仪器

检测仪器与单体建筑物采暖供热量检测用的热计量装置和仪器基本相同，只是这里用的热量表是大口径管网用表。

8.1.1.4 判定方法

建筑物实时采暖耗热量按式（8-1）计算。

$$q_{ha} = \frac{Q_{ha}}{A_0} \cdot \frac{278}{H_r} \tag{8-1}$$

式中 q_{ha}——居住建筑小区实时采暖耗热量，W/m^2；

Q_{ha}——检测持续时间内在采暖热源出口处测得的累计供热量，MJ；

A_0——居住小区总建筑面积（该建筑面积应按各层外墙轴线围成面积的总和计

算），m^2；

H_r——检测持续时间，h；

278——单位换算系数。

8.1.1.5 结果评定

居住小区的实时采暖耗热量指标有两种判定方法。

1）在同一类建筑中，按第6章中单体建筑的判定方法进行判定，若所有热力入口的检测结果均满足要求，则判定该类建筑物合格，否则判定不合格。如果所有类别的建筑物均合格，则判定该批申请检验的居住小区或建筑群合格，否则判定不合格。

2）当检测期间室外逐时温度平均值不低于室外采暖设计温度，居住小区实时采暖耗热量不超过居住小区采暖设计热负荷指标时，则判定该受检居住小区或建筑群合格，否则判定不合格。

8.1.2 小区年采暖耗热量

8.1.2.1 检测方法

采用从"总体——单体——总体"的检测方法。小区建筑物抽样确定单体建筑物，然后对单体建筑物的年采暖耗热量进行检测判定，进而得到小区或建筑群的检测结果。

首先对小区或建筑群按不同类型随机抽样确定要检测的建筑物，通过对被测建筑物基本参数（如围护结构传热系数、建筑面积、气密性等）的检测，计算出建筑物年采暖耗热量指标，并与参照建筑物的年采暖耗热量值进行比较，根据比较结果判定被测建筑物该项指标是否合格。然后根据抽样方式确定被测建筑物代表的某类型建筑物是否合格，从而得到小区或建筑群是否合格。

8.1.2.2 检测对象的确定

当小区或建筑群为一个检验批时，受检建筑物应在同一类居住建筑物中综合选取，每一类居住建筑物取一栋。

单栋建筑物的检测方法、计算条件、检测步骤、判定方法、结果评定按照第6.9.2节的介绍进行。

8.1.2.3 结果评定

对于小区或建筑群，在同一类建筑中，若所检建筑物的计算结果满足要求，则判定该类建筑物合格，否则判定不合格。如果所有类别的建筑物均合格，则判定该申请检验批合格，否则判定不合格。

8.2 小区实时采暖耗煤量检测

8.2.1 检测方法

通过实际检测某个时段内小区锅炉的燃料消耗量，计算出小区建筑面积，从而得到小区的实时采暖耗煤量指标。然后与设计值进行比较，以此为依据判定小区或建筑群该项指标是否合格。

8.2.2 检测仪器

主要有燃料计量设备、器具，小区建筑面积测量计算用工具。燃油和燃气采暖锅炉的耗油量和耗气量应采用专用计量表累计计量。

8.2.3 检测对象确定

以锅炉房为采暖热源的非试点小区和试点小区。

8.2.4 检测条件

1) 检测持续时间：非试点小区不应少于24h，试点小区应为整个采暖期。
2) 检测期间，采暖系统应处于正常运行工况，但当检测持续时间为整个采暖期时，采暖系统的运行工况应以实际为准。
3) 燃煤采暖锅炉的耗煤量应按批逐日计量和统计。
4) 在检测持续时间内，煤应用基低位发热值的化验批数应与采暖锅炉房进煤批次相一致，且煤样的制备方法应符合现行国家标准《工业锅炉热工试验规范》GB 10180的有关规定。

8.2.5 判定方法

居住小区实时采暖耗煤量应按式（8-2）计算。

$$q_{ca}=3.4\times10^{-5}\frac{G_c \cdot Q_{yc}}{A_0 \cdot H_r} \tag{8-2}$$

式中　q_{ca}——居住小区实时采暖耗煤量（标准煤），kg/(m²·h)；

G_c——检测持续时间内采暖锅炉耗煤量；当燃料为油品或天然气时，燃油量或天然气耗量应按热值折算为标准煤量，kg；

Q_{yc}——检测持续时间内燃用煤的平均应用基低位发热值，kJ/kg；当燃料为油品或天然气时，取标煤发热值（29.26MJ/kg），kJ/kg；

A_0——居住小区内所有采暖建筑物的总建筑面积，m²；

H_r——检测持续时间，h。

8.2.6 结果评定

当检测期间室外逐时温度平均值不低于室外采暖设计温度，居住小区实时采暖耗煤量不超过居住小区采暖设计耗煤量指标时，判定该居住小区实时耗煤量指标合格，否则判定不合格。

参考文献

[1] 居住建筑节能检测标准（JGJ132—2007）送审稿，http://bbs.topenergy.org/viewthread.php? tid

第 9 章 建筑能效测评与标识

9.1 基本概念

随着能源危机意识的增强,各个领域均采取措施进行节能,是否采用先进技术提高用能产品的能源利用效率成为衡量产品性能的一项重要指标,也是商家凸显其研发能力和新产品优越性能的一个卖点。在这种大背景下,用能产品的能源利用系数成为人们关注的焦点,人们需要知道购买的用能产品的节能性能即耗能指标,能效标识活动应运而生。能效标识是标识用能产品能源效率等级等性能指标的一种信息标识,它直观地明示了用能产品的能源效率等级,属于产品符合性标志的范畴。我们熟悉的能效标识的产品有电冰箱、空调等。能效标识采取生产者自我声明、备案,使用监督管理的模式。为建设资源节约型和环境友好型社会,大力发展节能省地型居住和公共建筑,缓解我国能源短缺与社会经济发展的矛盾,建设领域推行民用建筑能效测评标识活动。

建筑能效测评标识指按照建筑节能相关标准和技术要求以及统一的测评方法和工作程序,通过检测或评估等手段,对建筑物能源消耗量及其用能系统效率等性能指标给出其所处水平并以信息标识的形式进行明示的活动。建筑物用能系统是指与建筑物同步设计、同步安装的用能设备和设施。居住建筑主要是指采暖空调系统,公共建筑主要是指采暖空调系统和照明两大类;设施一般是指与设备相配套的、为满足设备运行需要而设置的服务系统。民用建筑能效水平按照测评结果,划分为 5 个等级,并以星为标志。

为了建筑能效测评标识工作的顺利开展,国家制定发布了有关建筑能效测评的政策和技术性文件,如《民用建筑能效测评标识管理规定》、《民用建筑能效测评机构管理暂行办法》、《民用建筑能效测评质量管理办法》、《民用建筑能效测评标识技术导则》等。

9.2 测评机构

民用建筑能效测评机构(以下简称测评机构)是指依据《民用建筑能效测评机构管理暂行办法》(以下简称《机构管理办法》)规定得到认定的、能够对民用建筑能源消耗量及其用能系统效率等性能指标进行检测、评估工作的机构。测评机构实行国家和省级两级管理。住房和城乡建设部负责对全国建筑能效测评活动实施监督管理,并负责制定测评机构认定标准和对国家级测评机构进行认定管理。省、自治区、直辖市建设主管部门依据该办法,负责本行政区域内测评机构监督管理,并负责省级测评机构的认定管理。国家级测评机构的设置依照全国气候区划分,在东北、华北、西北、西南、华南、东南、中南 7 个地区各设 1 个,省、自治区、直辖市建设主管部门,结合各自建设规模、技术经济条件等实际情况,确定省级测评机构的认定数量,原则上每个省级行政区域测评机构数量不应多于 3 个。

测评机构按其承接业务范围，分能效综合测评、围护结构能效测评、采暖空调系统能效测评、可再生能源系统能效测评及见证取样检测。《机构管理办法》对能效测评机构的注册资本金、从业人员技术素质、机构资质等做了具体的规定，其基本条件如下：

(1) 应当具有独立法人资格。

(2) 国家级测评机构注册资本金不少于 500 万元；省级测评机构注册资本金不少于 200 万元。

(3) 具有一定规模的业务活动固定场所和开展能效测评业务所需的设施及办公条件。

(4) 应当取得计量认证和国家实验室认可。认可资格、授权检验范围及通过认证的计量检测项目应当满足《民用建筑能效测评与标识技术导则》所规定内容的需要。

(5) 测评机构应设有专门的检测部门，并具备对检测结果进行评估分析的能力。测评机构人员的数量与素质应与所承担的测评任务相适应。

测评机构工作人员，应熟练掌握有关标准规范的规定，具备胜任本岗位工作的业务能力，技术人员的比例不得低于70%，工程师以上人员比例不得低于50%，其中，从事本专业3年以上的业务人员不少于30%。

(6) 应当有近两年来的建筑节能相关检测业绩。

(7) 有健全的组织机构和符合相关要求的质量管理体系。

(8) 技术经济负责人为本机构专职人员，具有 10 年以上检测评估管理经验，具有高级技术或经济职称。

测评机构及其工作人员应当独立于委托方进行，不得与测评项目存在利益关系，不得受任何可能干扰其测评结果因素的影响。

国家级测评机构主要承担下列业务：

(1) 起草民用建筑能效测评方法等技术文件；

(2) 国家级示范工程的建筑能效测评；

(3) 评定三星级绿色建筑的能效测评。

(4) 所在地区建筑节能示范工程的能效测评；

(5) 住房和城乡建设部委托的工作。

省级建筑测评机构主要承担下列业务：

(1) 所在省、市建筑工程的能效测评；

(2) 一星、二星级绿色建筑的能效测评；

(3) 所在省、市建筑节能示范工程的能效测评。

9.3 测评程序

9.3.1 测评对象

对于一些大型的耗能建筑，采取先进技术并意欲推广的建筑物应当进行建筑能效测评，《测评管理办法》中规定下列建筑物应当进行能效测评与标识：

(1) 新建（改建、扩建）国家机关办公建筑和大型公共建筑（单体建筑面积为 2 万 m^2 以上的）；

(2) 实施节能综合改造并申请财政支持的国家机关办公建筑和大型公共建筑；
(3) 申请国家级或省级节能示范工程的建筑；
(4) 申请绿色建筑评价标识的建筑；
(5) 社会各方提出的其他建筑物。

9.3.2 测评程序

根据工程的实施的进度，民用建筑能效测评分两个阶段。第一阶段为建筑能效理论值，是指建筑工程竣工验收合格后，建设单位或建筑所有权人根据工程设计、施工情况，通过所在地建设主管部门向省级建设主管部门提出民用建筑能效测评标识申请，提出测评该建筑的建筑能效理论值。省级建设主管部门依据该建筑能效理论值核发建筑能效测评标识。建筑能效理论值标识有效期为1年。第二阶段为建筑能效实测值，是指建筑项目投入使用一定期限内，建设单位或建筑所有权人应当委托有关建筑能效测评单位对该项目的采暖空调、照明、电气等能耗情况进行统计、监测，对建筑实际能效进行为期不少于1年的现场连续实测，获得建筑能效的实测值。根据实测结果对建筑能效理论值标识进行修正，给出建筑能效实测值标识结果。建筑项目取得建筑能效实测值后，建设单位或建筑所有权人通过该建筑所在地建设主管部门向省级建设主管部门申请更新能效测评标识。省级建设主管部门依据建筑能效实测值核发建筑能效测评标识。该标识有效期为5年。

(1) 申请建筑能效理论值标识时，委托方应提供下列资料：
1) 项目立项、审批等文件；
2) 建筑施工设计文件审查报告及审查意见；
3) 全套竣工验收合格的项目资料和一套完整的竣工图纸；
4) 与建筑节能相关的设备、材料和部品的产品合格证；
5) 由国家认可的检测机构出具的项目围护结构部品热工性能及产品节能性能检测报告或建筑门窗节能性能标识证书和标签以及《建筑门窗节能性能标识测评报告》；
6) 节能工程及隐蔽工程施工质量检查记录和验收报告；
7) 采暖空调系统运行调试报告；
8) 应用节能新技术的情况报告；
9) 建筑能效理论值，内容包括基础项、规定项和选择项的计算和测评报告。

(2) 在进行建筑能效实测值标识时提供下列材料：
1) 采暖空调能耗计量报告；
2) 与建筑节能相关的设备、材料和部品的运行记录；
3) 应用节能新技术的运行情况报告；
4) 建筑能效实测值：内容包括基础项、规定项和选择项的运行实测检验报告。

9.4 测评内容

9.4.1 基本规定

民用建筑从大方面分为两类：居住建筑和公共建筑，在进行能效测评时分别进行。建筑物在建设工程中应选用质量合格并符合使用要求的材料和产品,严禁使用国家或地方管理部门禁止、限制和淘汰的材料和产品。

在具体进行能效测评时,应以单栋建筑为对象,包括与该建筑相连的为该建筑服务的用能系统如管网和冷热源设备。

9.4.2 测评内容

民用建筑能效的测评标识内容包括基础项、规定项与选择项。

基础项：按照国家现行建筑节能标准的要求和方法,计算或实测得到的建筑物单位面积采暖空调耗能量；规定项：除基础项外,按照国家现行建筑节能标准要求,围护结构及采暖空调系统必须满足的项目；选择项：对高于国家现行建筑节能标准的用能系统和工艺技术加分的项目。居住建筑能实际效测评内容如图 9-1 所示,公共建筑实际能效测评内容如图 9-2 所示。

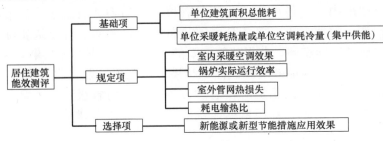

图 9-1 居住建筑能效测评内容

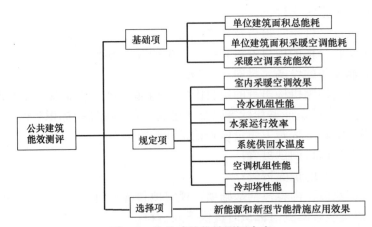

图 9-2 公共建筑能效测评内容

9.5 测评方法

不管是理论能效测评阶段还是实际能效测评阶段,民用建筑能效测评的主要方法包括 4 种：软件评估、文件审查、现场检查及性能测试。建筑能耗计算分析软件的功能和算法必须符合建筑节能标准的规定；文件审查主要针对文件的合法性、完整性及时效性进行审查；现场检查为设计符合性检查,对文件、检测报告等进行核对；性能测试方法和抽样数量按节能建筑相关检测标准和验收标准进行,性能测试内容如下,其中已有的检测项目,提供相关报告,不再重复进行。

(1) 墙体、门窗、保温材料的热工性能；
(2) 围护结构热工缺陷检测；
(3) 外窗及阳台门气密性等级检测；
(4) 平衡阀、采暖散热器、恒温控制阀、热计量装置检测，抽样数量为至少抽查 0.5%，并不得小于 3 处，不足 3 处时，应全数检查；
(5) 冷热源设备的能效检测，抽样数量为至少抽查 1/3；
(6) 太阳能集热器的效率检测；
(7) 水力平衡度检测。

在对相关文件资料、部品和构件性能检测报告审查以及现场抽查检验的基础上，结合建筑能耗计算分析及实测结果，综合进行测评。

建筑能效理论值标识阶段，当基础项达到节能 50%~65%，且规定项均满足要求时，标识为一星；当基础项达到节能 65%~75%，且规定项均满足要求时，标识为二星；当基础项达到节能 75%~85% 以上，且规定项均满足要求时，标识为三星；当基础项达到节能 85% 以上，且规定项均满足要求时，标识为四星；若选择项所加分数超过 60 分（满分 100 分），则再加一星。

建筑能效实测值标识阶段，将基础项（实测能耗值及能效值）写入标识证书，但不改变建筑能效理论值标识等级；规定项必须满足要求，否则取消建筑能效理论值标识结果；根据选择项结果对建筑能效理论值标识等级进行调整。

9.6 测评报告

能效测评机构完成被委托建筑物的能效测评和标识工作后，应当出具测评报告。根据《民用建筑能效测评标识技术导则》的要求，报告应当包括下述内容，各机构可根据具体情况附加其他内容。

(1) 民用建筑能效理论值标识报告应包括以下内容：
1) 民用建筑能效测评汇总表；
2) 民用建筑能效标识汇总表；
3) 建筑物围护结构热工性能表；
4) 建筑和用能系统概况；
5) 基础项计算说明书：包括计算输入数据、软件名称及计算过程等；
6) 测评过程中依据的文件及性能检测报告；
7) 民用建筑能效测评标识机构联系方式：联系人、电话和地址等。

(2) 民用建筑能效实测值标识报告应包括以下内容：
1) 建筑和用能系统概况；
2) 基础项实测检验报告；
3) 规定项实测检验报告；
4) 选择项测试评估报告；
5) 测评过程中依据的文件及性能检测报告；
6) 民用建筑能效测评标识联系方式，即联系人、电话和地址等。

下面列出部分表格样式。

居住建筑能效测评汇总表

项目名称：　　　　　　　　　　　　项目地址：
建筑面积（m²）/层数：　　　　　　　气候区域：
建设单位：　　　　　　设计单位：　　　　　　施工单位：

测评内容							测评方法	测评结果	备注
基础项	采暖热负荷指标(W/m²)			采暖度日数					5.1.1
	空调冷负荷指标(W/m²)			空调度日数					
	单位面积全年耗能量(kWh/m²)								
规定项	围护结构	外窗气密性							5.2.1
		热桥部位(严寒寒冷)							5.2.2
		门窗保温(严寒寒冷)							5.2.3
	空调采暖冷热源	空调冷源							5.2.4
		采暖热源							5.2.5
	空调采暖设备	冷水(热泵)机组	类型	单机额定制冷量(kW)	台数	性能系数(COP)			5.2.6 5.2.7 5.2.8 5.2.9
		单元式机组	类型	单机额定制冷量(kW)	台数	能效比(EER)			
		锅炉	类型			额定热效率(%)			
		户式燃气炉	类型			额定热效率(%)			
	水泵与风机	热水采暖系统热水循环泵耗电输热比							5.2.10
	室温调节								5.2.11
	计量方式								5.2.12
	水力平衡								5.2.13
	控制方式								5.2.14
选择项	可再生能源			比例					5.3.1
	自然通风采光								5.3.2
	能量回收								5.3.3
	其他								5.3.4
民用建筑能效测评机构意见：									
			测评人员：		测评机构：				年　月　日

注：测评方法填入内容为软件评估、文件审查、现场检查或性能测试；测评结果基础项为节能率，规定项为是否满足对应条目要求，选择项为所加分数；备注为各项所对应的条目。

公共建筑能效测评汇总表

项目名称：　　　　　　　　　　　　　项目地址：

建筑面积（m²）/层数：　　　　　　　气候区域：

建设单位：　　　　　　设计单位：　　　　　　施工单位：

		测评内容						测评方法	测评结果	备注
基础项		采暖热负荷指标(W/m²)			采暖度日数					6.1.1
		空调冷负荷指标(W/m²)			空调度日数					
		单位面积全年耗能量(kWh/m²)								
规定项	围护结构	外窗、透明幕墙气密性								6.2.1
		热桥部位								6.2.2
	空调采暖冷热源	空调冷源								6.2.3
		采暖热源								6.2.4
	空调采暖设备	冷水(热泵)机组	类型	单机额定制冷量(kW)		台数	性能系数(COP)			6.2.5 6.2.6 6.2.7 6.2.8
		单元式机组	类型	单机额定制冷量(kW)		台数	能效比(EER)			
		溴化锂吸收式机组	机型	设计工况	单位制冷量蒸汽耗量 kg/(kW·h)或性能系数(W/W)					
		锅炉	类型				额定热效率(%)			
	水泵与风机	空调水系统冷水泵输送能效比								6.2.9
		空调水系统热水泵输送能效比								6.2.10
		热水采暖系统热水循环泵耗电输热比								6.2.11
		风机单位风量耗功率								
	室温调节									6.2.12
	计量方式									6.2.13
	水力平衡									6.2.14
	控制方式									6.2.15
	照明									6.2.16
选择项	可再生能源					比例				6.3.1
	自然通风采光									6.3.2
	蓄冷蓄热技术									6.3.3
	能量回收									6.3.4
	余热废热利用									6.3.5
	全新风/变新风比									6.3.6
	变水量/变风量									6.3.7
	楼宇自控									6.3.8
	管理方式									6.3.9
	其他									6.3.10

民用建筑能效测评机构意见：

　　　　　　　　　　　　　　　　测评人员：　　　测评机构：　　　　　年　月　日

居住/公共建筑能效标识汇总表

项目名称：　　　　　　　　　　　项目地址：
建筑面积（m²）/层数：　　　　　　气候区域：
建设单位：　　　　　　设计单位：　　　　　　施工单位：

		审查内容
基础项	采暖热负荷指标(W/m²)	
	空调冷负荷指标(W/m²)	
	全年耗能量(kWh/m²)	
	节能率(%)	
规定项		共　项,满足　项
选择项	满足项	分数
	1	
	2	
	3	
	4	
	5	
	合计	
能效等级		有效期限
节能建议	1	
	2	
	3	
标识机构	负责人	审核人	日期

居住建筑围护结构热工性能表

项目名称		项目地址			建筑类型	建筑面积(m²)/层数
建筑外表面积 F_0		建筑体积 V_0			体型系数 $S=F_0/V_0$	
围护结构部位		传热系数 $K[W/(m^2 \cdot K)]$			做法	
屋面						
外墙						
底面接触室外空气的架空或外挑楼板						
分隔采暖与非采暖空间的隔墙、楼板						
分户墙和楼板						
户门						
阳台门下部门芯板						
地面	周边地面					
	非周边地面					
外窗(含阳台门透明部分)	方向	窗墙面积比	传热系数 $K[W/(m^2 \cdot K)]$	遮阳系数 SC		
	天窗					
单位面积全年耗能量 [kWh/m²]				计算软件		
计算人员		日期		审核人员		日期

公共建筑围护结构热工性能表

项目名称		项目地址		建筑类型	建筑面积(m²)/层数
建筑外表面积 F_0		建筑体积 V_0		体型系数 $S=F_0/V_0$	
围护结构部位		传热系数 $K[W/(m^2·K)]$/ 热阻 $R[m^2·K/W]$		做法	
屋面					
外墙(含非透明幕墙)					
底面接触室外空气的架空或外挑楼板					
分隔采暖与非采暖空间的隔墙、楼板					
地面	周边地面				
	非周边地面				
采暖空调地下室外墙（与土壤接触的墙）					
外窗(含透明幕墙)	方向	窗墙面积比	传热系数 $K[W/(m^2·K)]$	遮阳系数 SC	
屋顶透明部分					
单位面积全年耗能量 [kWh/m²]				计算软件	
计算人员		日期		审核人员	日期

参考文献

[1] 中国建筑科学研究院等编．民用建筑能效测评标识技术导则（试行），2008.1
[2] 民用建筑能效测评标识管理暂行办法
[3] 民用建筑能效测评机构管理暂行办法

附录 A 中国建筑气候分区图

建筑热工设计分区指标及节能设计要求　　　　　　　表 A-1

分区名称	分区指标		设计要求
	主要指标	辅助指标	
严寒地区	最冷月平均温度≤-10℃	日平均温度≤5℃的天数≥145d	必须充分满足冬季保温要求,一般可不考虑夏季防热
寒冷地区	最冷月平均温度0～-10℃	日平均温度≤5℃的天数90～145d	应满足冬季保温要求,部分地区兼顾夏季防热
夏热冬冷地区	最冷月平均温度0～-10℃,最热月平均温度25～30℃	日平均温度≤5℃的天数0～90d,日平均温度≥25℃天数40～110d	必须满足夏季防热要求,兼顾冬季保温
夏热冬暖地区	最冷月平均温度>10℃,最热月平均温度25～29℃	日平均温度≥25℃天数100～200d	必须充分满足夏季防热要求,一般可不考虑冬季保温
温和地区	最冷月平均温度0～13℃,最热月平均温度18～25℃	日平均温度≤5℃的天数0～90d	部分地区应考虑冬季保温,一般可不考虑夏季防热

附录 A 中国建筑气候分区图 | 281

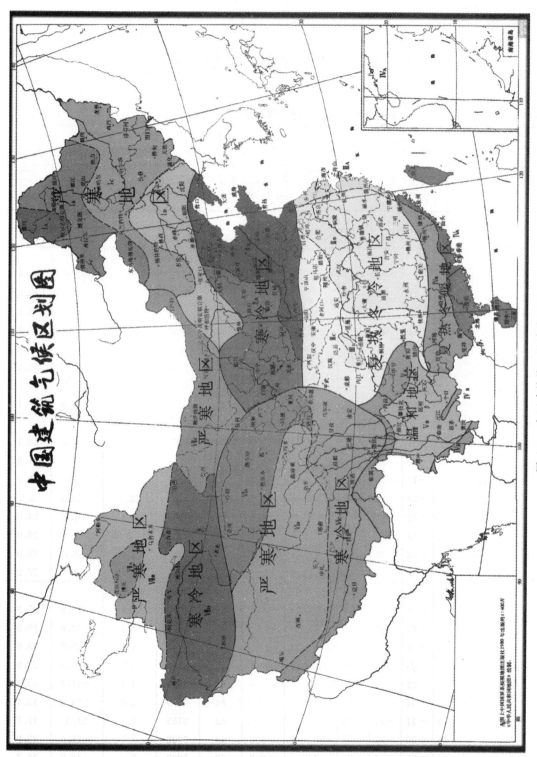

图 A-1 全国建筑热工设计分区图

附录 B 室外计算参数

围护结构冬季室外计算参数及最冷最热月平均温度　　　　　　　表 B-1

地　名	冬季室外计算温度 t_e(℃)				设计计算用采暖期				冬季室外平均风速 (m/s)	最冷月平均温度 (℃)	最热月平均温度 (℃)
	Ⅰ型	Ⅱ型	Ⅲ型	Ⅳ型	天数 Z(d)	平均温度 $\overline{t_e}$(℃)	平均相对湿度 $\overline{\varphi_e}$(%)	度日数 D_{di} (℃·d)			
北京市	−9	−12	−14	−16	125(129)	−1.6	50	2450	2.8	−4.5	25.9
天津市	−9	−11	−12	−13	119(122)	−1.2	57	2285	2.9	−4.0	26.5
河北省											
石家庄	−8	−12	−14	−17	112(117)	−0.6	56	2083	1.8	−2.9	26.6
张家口	−15	−18	−21	−23	153(155)	−4.8	42	3488	3.5	−9.6	23.3
秦皇岛	−11	−13	−15	−17	135	−2.4	51	2754	3.0	−6.0	24.5
保定	−9	−11	−13	−14	119(124)	−1.2	60	2285	2.1	−4.1	26.6
邯郸	−7	−9	−11	−13	108	0.1	60	1933	2.5	−2.1	26.9
唐山	−10	−12	−14	−15	127(137)	−2.9	55	2654	2.5	−5.6	25.5
承德	−14	−16	−18	−20	144(147)	−4.5	44	3240	1.3	−9.4	24.5
丰宁	−17	−20	−23	−25	163	−5.6	44	3847	2.7	−11.9	22.1
山西省											
太原	−12	−14	−16	−18	135(144)	−2.7	53	2795	2.4	−6.5	23.5
大同	−17	−20	−22	−24	162(165)	−5.2	49	3758	3	−11.3	21.8
长治	−13	−17	−19	−22	135	−2.7	58	2795	1.4	−6.8	22.8
五台山	−28	−32	−34	−37	273	−8.2	62	7153	12.5	−18.3	9.5
阳泉	−11	−12	−15	−16	124(129)	−1.3	46	2393	2.4	−4.2	24.0
临汾	−9	−13	−15	−18	113	−1.1	54	2158	2	−3.9	26.0
晋城	−9	−12	−15	−17	121	−0.9	53	2287	2.4	−3.7	24.0
运城	−7	−9	−11	−13	102	0.0	57	1836	2.6	−2.0	27.2
内蒙古自治区											
呼和浩特	−19	−21	−23	−25	166(171)	−6.2	53	4017	1.6	−12.9	21.9
锡林浩特	−27	−29	−31	−33	190	−10.5	60	5415	3.3	−19.8	20.9
海拉尔	−34	−38	−40	−43	209(213)	−14.3	69	6751	2.4	−26.7	19.6
通辽	−20	−23	−25	−27	165(167)	−7.4	48	4191	3.5	−14.3	23.9
赤峰	−18	−21	−23	−25	160	−6.0	40	3840	2.4	−11.7	23.5
满洲里	−31	−34	−36	−38	211	−12.8	64	6499	3.9	−23.8	19.4
博克图	−28	−31	−34	−36	210	−11.3	63	6153	3.3	21.3	17.7
二连浩特	−26	−30	−32	−35	180(184)	−9.9	53	5022	3.9	−18.6	22.9
多伦	−26	−29	−31	−33	192	−9.2	62	5222	3.8	−18.2	18.7
白云鄂博	−23	−26	−28	−30	191	−8.2	52	5004	6.2	−16.0	19.5

续表

地　名		冬季室外计算温度 t_e(℃)				设计计算用采暖期				冬季室外平均风速 (m/s)	最冷月平均温度 (℃)	最热月平均温度 (℃)
		Ⅰ型	Ⅱ型	Ⅲ型	Ⅳ型	天数 Z(d)	平均温度 $\overline{t_e}$(℃)	平均相对湿度 $\overline{\varphi_e}$(%)	度日数 D_{di} (℃·d)			
辽宁省												
	沈阳	−19	−21	−23	−25	152	−5.7	58	3602	3	−12	24.6
	丹东	−14	−17	−19	−21	144(151)	−35	60	3096	3.7	−804	23.2
	大连	−11	−14	−17	−19	131(132)	−1.6	58	2568	5.6	−4.9	23.9
	阜新	−17	−19	−21	−23	156	−6.0	50	3744	2.2	−11.6	24.3
	抚顺	−21	−24	−27	−29	162(160)	−6.6	65	3985	2.7	−14.2	23.6
	朝阳	−16	−18	−20	−22	148(154)	−5.2	42	3434	2.7	−10.7	24.7
	本溪	−19	−21	−23	−25	151	−5.7	62	3579	2.6	−12.2	24.2
	锦州	−15	−17	−19	−20	144(147)	−4.1	47	3182	3.8	−8.9	24.3
	鞍山	−18	−21	−23	−25	144(148)	−4.8	59	3283	3.4	−10.1	24.8
	锦西	−14	−16	−18	−19	143	−4.2	50	3175	3.4	−9.0	24.2
吉林省												
	长春	−23	−26	−28	30	170(174)	−8.3	63	4471	4.2	−16.4	23.0
	吉林	−25	−29	−31	−34	171(175)	−9.0	68	4617	3.0	−18.1	22.9
	延吉	−20	−22	−24	−26	170(174)	−7.1	58	4267	2.9	−14.4	21.3
	通化	−24	−26	−28	−30	168(173)	−7.7	69	4318	1.3	−16.1	22.2
	双辽	−21	−23	−25	−27	167	−7.8	61	4309	3.4	−15.5	23.7
	四平	−22	−24	−26	−28	163(162)	−7.4	61	4140	3.0	−14.8	23.6
	白城	−23	−25	−27	−28	175	−9.0	54	4725	3.5	−17.1	23.3
黑龙江省												
	哈尔滨	−26	−29	−31	−33	176(179)	−10.0	66	4928	3.6	−19.4	22.8
	嫩江	−33	−36	−39	−41	197	−13.5	66	6206	2.5	−25.2	20.6
	齐齐哈尔	−25	−28	−30	−32	182(186)	−10.2	62	5132	2.9	−19.4	22.8
	富锦	−25	−28	−30	−32	184	−10.6	65	5262	3.9	−20.2	21.9
	牡丹江	−24	−27	−29	−31	178(180)	−9.4	65	4877	2.3	−18.3	22.0
	呼玛	−39	−42	−45	−47	210	−14.5	69	6825	1.7	−27.4	20.2
	佳木斯	−26	−29	−32	−34	180(183)	−10.3	68	5094	3.4	−19.7	22.1
	安达	−26	−29	−32	−34	180(182)	−10.4	64	5112	3.5	−19.9	22.9
	伊春	−30	−33	−35	−37	193(197)	−12.4	70	5867	2.0	−23.3	20.6
	克山	−29	−31	−33	−35	191	−12.1	66	5749	2.4	−22.7	21.4
上海市		−2	−4	−6	−7	54(62)	3.7	76	772	3.0	3.5	27.8
江苏省												
	南京	−3	−5	−7	−9	75(83)	3.0	74	1125	2.6	1.9	27.9
	徐州	−5	−8	−10	−12	94(97)	1.4	63	1560	2.7	0.0	27.0
	连云港	−5	−7	−9	−11	96(105)	1.4	68	1594	2.9	−0.2	26.8
浙江省												
	杭州	−1	−3	−5	−6	51(61)	4.0	80	714	2.3	3.7	28.5
	宁波	0	−2	−3	−4	42(50)	4.3	80	575	2.8	4.1	28.1

续表

地 名		冬季室外计算温度 t_e(℃)				设计计算用采暖期				冬季室外平均风速(m/s)	最冷月平均温度(℃)	最热月平均温度(℃)
		Ⅰ型	Ⅱ型	Ⅲ型	Ⅳ型	天数 Z(d)	平均温度 $\overline{t_e}$(℃)	平均相对湿度 $\overline{\varphi_e}$(%)	度日数 D_{di}(℃·d)			
安徽省												
	合肥	−3	−7	−10	−13	70(75)	2.9	73	1057	2.6	2.0	28.2
	阜阳	−6	−9	−12	−14	85	2.1	66	1352	2.8	0.8	27.7
	蚌埠	−4	−7	−10	−12	83(77)	2.3	68	1303	2.5	1.0	28.0
	黄山	−11	−15	−17	−20	121	−3.4	64	2589	6.2	−3.1	17.7
福建省												
	福州	6	4	3	2	0	—	—	—	2.6	10.4	28.8
江西省												
	南昌	0	−2	−4	−6	17(35)	4.7	74	226	3.6	4.9	29.5
	天目山	−10	−13	−15	−17	136	−2.0	68	2720	6.3	−2.9	20.2
	庐山	−8	−11	−13	−15	106	1.7	70	1728	5.5	−0.2	22.5
山东省												
	济南	−7	−10	−12	−14	101(106)	0.6	52	1757	3.1	−1.4	27.4
	青岛	−6	−9	−11	−13	110(111)	0.9	66	1881	5.6	−1.2	25.2
	烟台	−6	−8	−10	−12	111(112)	0.5	60	1943	4.6	−1.6	25.0
	德州	−8	−11	−14	−17	113(118)	−0.8	63	2124	2.6	−3.4	26.9
	淄博	−9	−12	−14	−16	111(116)	−0.5	61	2054	2.6	−3.0	26.8
	泰山	−16	−19	−22	−24	166	−3.7	52	3602	7.3	−8.6	17.8
	兖州	−7	−9	−11	−12	106	−0.4	62	1950	2.9	−1.9	26.9
	潍坊	−8	−11	−13	−15	114(118)	−0.7	61	2132	3.5	−3.3	25.9
河南省												
	郑州	−5	−7	−9	−11	98(102)	1.4	58	1627	3.4	−0.3	27.2
	安阳	−7	−11	−13	−15	105(109)	0.3	59	1859	2.3	−1.8	26.9
	濮阳	−7	−9	−11	−12	107	0.2	69	1905	3.1	−2.2	26.9
	新乡	−5	−8	−11	−13	100(105)	1.2	63	1680	2.6	−0.7	27.0
	洛阳	−5	−8	−10	−12	91(95)	1.8	55	1474	2.4	0.3	27.4
	南阳	−4	−8	−11	−14	84(89)	2.2	67	1327	2.5	0.9	27.3
	信阳	−4	−7	−10	−12	78	2.6	72	1201	2.2	1.6	27.6
	商丘	−6	−9	−12	−14	101(106)	1.1	67	1707	3	−0.9	27.0
	开封	−5	−7	−9	−10	102(106)	1.3	63	1703	3.5	−0.5	27.0
湖北省												
	武汉	−2	−6	−8	−11	58(67)	3.4	77	847	2.6	3	28.7
湖南省												
	长沙	0	−3	−5	−7	30(45)	4.6	81	402	2.7	4.6	29.3
	南岳	−7	−10	−13	−15	86	1.3	80	1436	5.7	0.1	21.6
广东省												
	广州	7	5	4	3	0	—	—	—	2.2	13.3	28.4
广西壮族自治区												
	南宁	7	5	3	2	0	—	—	—	1.7	12.7	28.3

续表

地 名	冬季室外计算温度 t_e(℃)				设计计算用采暖期				冬季室外平均风速 (m/s)	最冷月平均温度 (℃)	最热月平均温度 (℃)
	Ⅰ型	Ⅱ型	Ⅲ型	Ⅳ型	天数 Z(d)	平均温度 $\overline{t_e}$(℃)	平均相对湿度 $\overline{\varphi_e}$(%)	度日数 D_{di} (℃·d)			
四川省											
成都	2	1	0	−1	0	—	—	—	0.9	5.4	25.5
阿坝	−12	−16	−20	−23	189	−2.8	57	3931	1.2	−7.9	12.5
甘孜	−10	−14	−18	−21	165(169)	−0.9	43	3119	1.6	−4.4	14.0
康定	−7	−9	−11	−12	139	0.2	65	2474	3.1	−2.6	15.6
峨嵋山	−12	−14	−15	−16	202	−1.5	83	3939	3.6	−6.0	11.8
贵州省											
贵阳	−1	−2	−4	−6	20(42)	5.0	78	260	2.2	4.9	24.1
毕节	−2	−3	−5	−7	70(81)	3.2	85	1036	0.9	2.4	21.8
安顺	−2	−3	−5	−6	43(48)	4.1	82	598	2.4	4.1	22.0
咸宁	−5	−7	−9	−11	80(98)	3.0	78	1200	3.4	1.9	17.7
云南省											
昆明	13	11	10	9	0	—	—	—	2.5	7.7	19.8
西藏自治区											
拉萨	−6	−8	−9	−10	142(149)	0.5	35	2485	2.2	−2.3	15.5
噶尔	−17	−21	−24	−27	240	−5.5	28	5640	3.0	−12.4	13.6
日喀则	−8	−12	−14	−17	158(160)	−0.5	28	2923	1.8	−3.9	14.6
陕西省											
西安	−5	−8	−10	−12	100(101)	0.9	66	1710	1.7	−0.9	26.4
榆林	−16	−20	−23	−26	148(145)	−4.4	56	3315	1.8	−10.2	23.3
延安	−12	−14	−16	−18	130(133)	−2.6	57	2678	2.1	−6.3	22.9
宝鸡	−5	−7	−9	−11	101(104)	1.1	65	1707	1.0	−0.7	25.4
华山	−14	−17	−20	−22	164	−2.8	57	3411	5.4	−6.7	17.5
汉中	−1	−2	−4	−5	75(83)	3.1	76	1118	0.9	2.1	25.4
甘肃省											
兰州	−11	−13	−15	−16	132(135)	−2.8	60	2746	0.5	−6.7	22.2
酒泉	−16	−19	−21	−23	155(154)	−4.4	52	3472	2.1	−9.9	21.8
敦煌	−14	−18	−20	−23	138(140)	−4.1	49	3053	2.1	−9.1	24.6
张掖	−16	−19	−21	−23	156	−4.5	55	3510	1.9	−10.1	21.4
山丹	−17	−21	−25	−28	165(172)	−5.1	55	3812	2.3	−11.3	20.3
平凉	−10	−13	−15	−17	137(141)	−1.7	59	2699	2.1	−5.5	21.0
天水	−7	−10	−12	−14	116(117)	−0.3	67	2123	1.3	−2.9	22.5
青海省											
西宁	−13	−16	−18	−20	162(165)	−3.3	50	3451	1.7	−8.2	17.2
玛多	−23	−29	−34	−38	284	−7.2	56	7159	2.9	−16.7	7.5
大柴旦	−19	−22	−24	−26	205	−6.8	34	5084	1.4	−14	15.1
共和	−15	−17	−19	−21	182	−4.9	44	4168	1.6	−10.9	15.2
格尔木	−15	−18	−21	−23	179(189)	−5.0	35	4117	2.5	−10.6	17.6
玉树	−13	−15	−17	−19	194	−3.1	46	4093	1.2	−7.8	12.5

续表

地 名	冬季室外计算温度 t_e(℃)				设计计算用采暖期				冬季室外平均风速(m/s)	最冷月平均温度(℃)	最热月平均温度(℃)
	Ⅰ型	Ⅱ型	Ⅲ型	Ⅳ型	天数 Z(d)	平均温度 $\overline{t_e}$(℃)	平均相对湿度 $\overline{\varphi_e}$(%)	度日数 D_{di}(℃·d)			
宁夏回族自治区											
银川	−15	−18	−21	−23	145(149)	−3.8	57	3161	1.7	−8.9	23.4
中宁	−12	−16	−19	−22	137	−3.1	52	2891	2.9	−7.6	23.3
固原	−14	−17	−20	−22	162	−3.3	57	3451	2.8	−8.3	18.8
石嘴山	−15	−18	−20	−22	149(152)	−4.1	49	3293	2.6	−9.2	23.5
新疆维吾尔自治区											
乌鲁木齐	−22	−26	−30	−33	162(167)	−8.5	75	4293	1.7	−14.6	23.5
塔城	−23	27	−30	−33	163	−6.5	71	3994	2.1	−12.1	22.3
哈密	−19	−22	−24	−26	137	−5.9	48	3274	2.2	−12.1	27.1
伊宁	−20	−26	−30	−34	139(143)	−4.8	75	3169	1.6	−9.7	22.7
喀什	−12	−14	−16	−18	118(122)	−2.7	63	2443	1.2	−6.4	25.8
富蕴	−36	−40	−42	−45	178	−12.6	73	5447	0.5	−21.7	21.4
克拉玛依	−24	−28	−31	−33	146(149)	−9.2	68	3971	1.5	−16.4	27.5
吐鲁番	−15	−19	−21	−24	117(121)	−5.0	50	2691	0.9	−9.3	32.6
库车	−15	−18	−20	−22	123	−3.6	56	2657	1.9	−8.2	25.8
和田	−10	−13	−16	−18	112(114)	−2.1	50	2251	1.6	−5.5	25.5
台湾省											
台北	11	9	8	7	0	—	—	—	3.7	14.8	28.6
香港	10	8	7	6	0	—	—	—	6.3	15.6	28.6

注：1. 表中设计计算用采暖期仅供建筑热工设计计算采用。各地实际的采暖期应按当地行政或主管部门的规定执行。
2. 在设计计算用采暖期天数一栏中，不带括号的数值系指累年日平均温度低于或等于5℃的天数；带括号的数值系指累年日平均温度稳定低于或等于5℃的天数。在设计计算中，这两种采暖期天数均可采用。

围护结构冬季室外计算温度 t_e（℃）　　　　表 B-2

类 型	热惰性指标 D 值	t_e 的取值
Ⅰ	≥6.0	$t_e = t_w$
Ⅱ	4.1～6.0	$t_e = 0.6 t_w + 0.4 t_{e,\min}$
Ⅲ	1.6～4.0	$t_e = 0.3 t_w + 0.7 t_{e,\min}$
Ⅳ	≤1.5	$t_e = t_{e,\min}$

注：1. 热惰性指标 D 值按附录 H 的规定计算；
2. t_w 和 $t_{e,\min}$ 分别为采暖室外计算温度和累年最低一个日平均温度；
3. 冬季室外计算温度 t_e 应取整数值；
4. 全国主要城市4种类型围护结构冬季室外计算温度 t_e 值，可按本附录中表 B-1 采用。

附录 C 围护结构热阻的计算

C.1 单一材料层的热阻计算方法

单层材料的热阻应按式（C-1）计算：

$$R=\frac{d}{\lambda} \tag{C-1}$$

式中　R——材料层的热阻，$m^2 \cdot K/W$；
　　　d——材料层的厚度，m；
　　　λ——材料的导热系数，$W/(m \cdot K)$，应按 GB 50176—93 的附录四选用或者用实测值。

C.2 多层材料围护结构的热阻计算方法

多层材料组成的围护结构的热阻应按式（C-2）计算。

$$R=R_1+R_2+\cdots\cdots+R_n \tag{C-2}$$

式中　R_1、$R_2\cdots\cdots R_n$——各层材料的热阻，$m^2 \cdot K/W$，按式（C-1）计算。

C.3 两种以上材料组成的非均质围护结构的平均热阻计算方法

由两种以上材料组成的两向非均质的围护结构（包括各式的空心砌块，填充保温材料的墙体等，但不包括多孔黏土砖），没有一个严格意义上的热阻，一般用平均热阻表示其阻抗传热能力，其值应按式（C-3）计算。

$$\overline{R}=\left[\frac{F_0}{\dfrac{F_1}{R_1}+\dfrac{F_2}{R_2}+\cdots\cdots+\dfrac{F_n}{R_n}}-(R_i+R_e)\right]\varphi \tag{C-3}$$

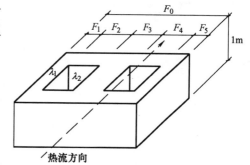

图 C-1 非均质围护结构传热示意图

式中　$\overline{R}$——平均热阻，$m^2 \cdot K/W$；
　　　F_0——与热流方向垂直的总传热面积，m^2，见图 C-1；
　　F_1、$F_2\cdots\cdots F_n$——按平行于热流方向划分的各个传热面积，m^2；
　　R_1、$R_2\cdots\cdots R_n$——各个传热面积部位的传热阻，$m^2 \cdot K/W$；
　　　R_i——内表面换热阻，取 $0.11 m^2 \cdot K/W$；
　　　R_e——外表面换热阻，取 $0.04 m^2 \cdot K/W$；

φ——修正系数，按表 C-1 采用。

中间空气层的热阻按附录 D 选用。

修正系数 φ 值表　　　　　　　　　表 C-1

λ_2/λ_1 或 $\frac{\lambda_2+\lambda_3}{2}/\lambda_1$	φ	λ_2/λ_1 或 $\frac{\lambda_2+\lambda_3}{2}/\lambda_1$	φ
0.09~0.10	0.86	0.40~0.69	0.96
0.20~0.39	0.93	0.70~0.99	0.98

附录 D 空气间层的热阻

围护结构中间设置空气层的，其热阻按表 D-1 选用。

空气间层热阻值（$m^2·K/W$）　　　　表 D-1

位置、热流状况及材料特性	冬季状况							夏季状况						
	间层厚度(mm)							间层厚度(mm)						
	5	10	20	30	40	50	60以上	5	10	20	30	40	50	60以上
一般空气间层：														
热流向下(水平、倾斜)	0.10	0.14	0.17	0.18	0.19	0.20	0.20	0.09	0.12	0.15	0.15	0.16	0.16	0.15
热流向上(水平、倾斜)	0.10	0.14	0.15	0.16	0.17	0.17	0.17	0.09	0.11	0.13	0.13	0.13	0.13	0.13
垂直空气间层	0.10	0.14	0.16	0.17	0.18	0.18	0.18	0.09	0.12	0.14	0.14	0.15	0.15	0.15
单面铝箔空气间层：														
热流向下(水平、倾斜)	0.16	0.28	0.43	0.51	0.57	0.60	0.64	0.15	0.25	0.37	0.44	0.48	0.52	0.54
热流向上(水平、倾斜)	0.16	0.26	0.35	0.40	0.42	0.42	0.43	0.14	0.20	0.28	0.29	0.30	0.30	0.28
垂直空气间层	0.16	0.26	0.39	0.44	0.47	0.49	0.50	0.15	0.22	0.31	0.34	0.36	0.37	0.37
双面铝箔空气间层：														
热流向下(水平、倾斜)	0.18	0.34	0.56	0.71	0.84	0.94	1.01	0.16	0.30	0.49	0.63	0.73	0.81	0.86
热流向上(水平、倾斜)	0.17	0.29	0.45	0.52	0.55	0.56	0.57	0.15	0.25	0.34	0.37	0.38	0.38	0.35
垂直空气间层	0.18	0.31	0.49	0.59	0.65	0.69	0.71	0.15	0.27	0.39	0.46	0.49	0.50	0.50

附录 E 外墙平均传热系数的计算

一般在现场检测墙体传热系数时得到的是外墙主体部位，也就是外墙主断面的传热系数，在计算耗能指标时通常用外墙的平均传热系数，下面是外墙平均传热系数的计算示意图和计算方法。

外墙受到梁、板、柱等周边热桥影响的条件下，其平均传热系数应按式（E-1）计算：

$$K_m = \frac{K_P \cdot F_P + K_{B1} F_{B1} + K_{B2} \cdot F_{B2} + K_{B3} \cdot F_{B3}}{F_P + F_{B1} + F_{B2} + F_{B3}} \tag{E-1}$$

式中 K_m——外墙的平均传热系数，$W/(m^2 \cdot K)$；

K_P——外墙主体部位的传热系数，$W/(m^2 \cdot K)$，按国家现行标准《民用建筑热工设计规范》GB 50176—93 的规定计算，或通过现场检测得到；

K_{B1}、K_{B2}、K_{B3}——外墙周边热桥部位的传热系数，$W/(m^2 \cdot K)$；

F_P——外墙主体部位的面积，m^2；

F_{B1}、F_{B2}、F_{B3}——外墙周边热桥部位的面积，m^2。

外墙主体部位和周边热桥部位如图 E-1 所示。

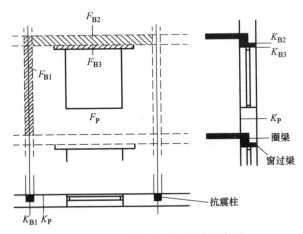

图 E-1 平均传热系数计算示意图

附录 F 围护结构传热系数的修正系数 ε_i 值

围护结构传热系数的修正系数 ε_i 值　　　　表 D-1

地区	类型	有无阳台	窗户(包括阳台门上部)			外墙(包括阳台门下部)			屋顶
			南	东、西	北	南	东、西	北	水平
西安	单层窗	有	0.69	0.8	0.86	0.79	0.88	0.91	0.94
		无	0.52	0.69	0.78				
	双玻窗及双层窗	有	0.6	0.76	0.84				
		无	0.28	0.60	0.73				
北京	单层窗	有	0.57	0.78	0.88	0.70	0.86	0.92	0.91
		无	0.34	0.66	0.81				
	双玻窗及双层窗	有	0.50	0.74	0.86				
		无	0.18	0.57	0.76				
兰州	单层窗	有	0.71	0.82	0.87	0.79	0.88	0.92	0.93
		无	0.54	0.71	0.8				
	双玻窗及双层窗	有	0.66	0.78	0.85				
		无	0.43	0.64	0.75				
沈阳	双玻窗及双层窗	有	0.64	0.81	0.90	0.78	0.89	0.94	0.95
		无	0.39	0.69	0.83				
呼和浩特	双玻窗及双层窗	有	0.55	0.76	0.88	0.73	0.86	0.93	0.89
		无	0.25	0.60	0.80				
乌鲁木齐	双玻窗及双层窗	有	0.60	0.75	0.92	0.76	0.85	0.95	0.95
		无	0.34	0.59	0.86				
长春	双玻窗及双层窗	有	0.62	0.81	0.91	0.77	0.89	0.95	0.92
		无	0.36	0.68	0.84				
	三玻窗及单层窗+双玻窗	有	0.60	0.79	0.90				
		无	0.34	0.66	0.84				
哈尔滨	双玻窗及双层窗	有	0.67	0.83	0.91	0.80	0.90	0.95	0.96
		无	0.45	0.71	0.85				
	三玻窗及单层窗+双玻窗	有	0.65	0.82	0.90				
		无	0.43	0.70	0.84				

注：1. 阳台门上部透明部分的 ε_i 按同朝向窗户采用；阳台门下部不透明部分的 ε_i 按同朝向外墙采用；
2. 不采暖楼梯间隔墙和户门，以及不采暖地下室上面的楼板的 ε_i 应以温差修正系数 n 代替。温差修正系数 n 的取值见第 3 章表 3.5.1。
3. 接触土壤的地面，取 $\varepsilon_i=1$。
4. 封闭阳台内的窗户和阳台门上部按双层窗考虑。封闭阳台门内的外墙和阳台门下部：南向阳台取 $\varepsilon_i=0.5$；北向阳台取 $\varepsilon_i=0.9$；东、西向阳台取 $\varepsilon_i=0.7$；其他朝向阳台按就近朝向采用。
5. 表中已有的 8 个地区可以按表直接采用；其他地区可根据采暖期室外平均温度就近采用。必要时也可按第 3 章的方法进行计算。
6. 南、北、东、西 4 个朝向和水平面，可按本表直接采用。东南和西南向可按南向采用，东北和西北向可按北向采用。其他朝向可按就近朝向采用。必要时，可根据不同朝向的太阳辐射照度并按第 3 章的方法进行计算。
7. 本附录选自杨善勤编著. 民用建筑节能设计手册. 北京：是国建筑工业出版社，1997

附录 G 围护结构层温度计算及冷凝计算

G.1 围护结构内表面温度计算

围护结构内表面温度如图 G-1 所示，应按式（G-1）计算。

$$\theta_m = t_i - \frac{t_i - t_e}{R_0} R_i \tag{G-1}$$

式中 θ_m——围护结构内表面温度，℃；
t_i——室内计算温度，℃；
t_e——室外计算温度，℃；
R_0——围护结构传热阻，m²·K/W；
R_i——内表面换热阻，m²·K/W。

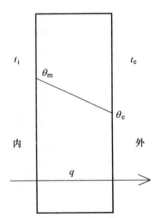

图 G-1 围护结构内表面温度计算示意图

G.2 围护结构内部层间温度计算

围护结构内部第 m 层内部温度如图 G-2 所示，应按式（G-2）计算。

$$t_m = t_i - \frac{t_i - t_e}{R_0}(R_i + \sum R_{m-1}) \tag{G-2}$$

式中 t_i——室内计算温度，℃；
t_e——和室外计算温度，℃；
R_0——围护结构传热阻，m²·K/W；
R_i——围护结构内表面换热阻，m²·K/W；
$\sum R_{m-1}$——第 $1 \sim m-1$ 层热阻之和，m²·K/W。

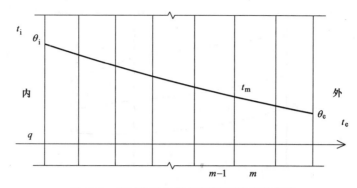

图 G-2　多层围护结构层间温度计算示意图

G.3　围护结构冷凝计算

G.3.1　围护结构冷凝判别

围护结构内部某处的水蒸气分压力 P_m 大于该处的饱和水蒸气分压力 P_s 时，可能会出现冷凝。

判别方法：（1）根据 t_i、t_e 求各界面的温度 t_m，并作分布线；

（2）求与这些界面温度相应的饱和水蒸气分压力 P_s，并作分布线；

（3）求各界面上实际的水蒸气分压力 P_m，按式（G-3）并作分布线；

（4）若 P_m 线与 P_s 线不相交，则内部不会出现冷凝，若两线相交，则内部可能出现冷凝（图 G-3）。

$$P_m = P_i - \frac{P_i - P_e}{H_0}(H_1 + H_2 + \cdots + H_{m-1}) \tag{G-3}$$

式中　P_i、P_e——内表面和外表面水蒸气分压力，取室内和室外空气的水蒸气分压力，Pa；

H_1、$H_2 \cdots H_{m-1}$——各层的水蒸气渗透阻，$m^2 \cdot h \cdot Pa/g$；

H_0——结构的总水蒸气渗透阻，$m^2 \cdot h \cdot Pa/g$。

材料层的水蒸气渗透阻：

$$H = \frac{\delta}{\mu} \tag{G-4}$$

多层结构的水蒸气渗透阻：

$$H_0 = \frac{\delta_1}{\mu_1} + \frac{\delta_2}{\mu_2} + \cdots + \frac{\delta_n}{\mu_n} \tag{G-5}$$

式中　δ——材料层厚度，m；

μ——材料的蒸气渗透系数，$m^2 \cdot h \cdot Pa/g$（见 GB 50176—93 常用建筑材料热物理性能）。

G.3.2　围护结构冷凝位置和冷凝计算界面温度

围护结构层间结露情况判断位置一般为保温层与外侧密实层的交界处，如图 G-4 所

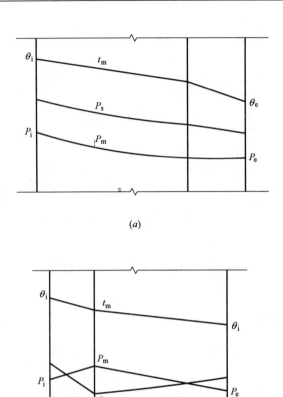

图 G-3 围护结构冷凝判别示意图

示,其冷凝计算界面温度应按式（G-6）计算。

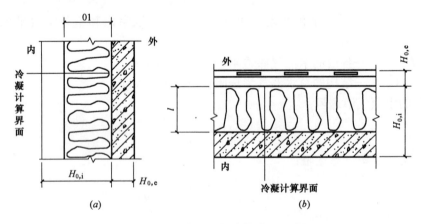

图 G-4 围护结构冷凝计算界面示意图
(a) 外墙; (b) 屋顶

$$\theta_c = t_i - \frac{t_i - \overline{t_e}}{R_0}(R_i + R_{0,i}) \tag{G-6}$$

式中 θ_c——冷凝计算界面温度,℃;

t_i——室内计算温度，℃；

$\bar{t_e}$——采暖期室外平均温度，℃；

R_0——围护结构传热阻，$m^2 \cdot K/W$；

R_i——围护结构内表面换热阻，$m^2 \cdot K/W$；

$R_{0,i}$——冷凝计算界面至围护结构内表面之间的热阻，$m^2 \cdot K/W$；

附录 H 围护结构热惰性指标计算

H.1 单一材料层围护结构或单一材料层的热惰性指标

单一材料层围护结构或单一材料层的热惰性指标 D 应按式（H-1）计算：

$$D=RS \tag{H-1}$$

式中 R——材料层的热阻，$m^2 \cdot K/W$；
S——材料的蓄热系数，$W/(m^2 \cdot K)$。

H.2 多层材料围护结构热惰性指标

多层材料围护结构的热惰性指标 D 值应按式（H-2）计算。

$$\begin{aligned}D &= D_1+D_2+\cdots\cdots+D_n \\ &= R_1S_1+R_2S_2+\cdots\cdots+R_nS_n\end{aligned} \tag{H-2}$$

式中 D_1、D_2……D_n——各层材料的热惰性指标；
R_1、R_2……R_n——各层材料的热阻，$m^2 \cdot K/W$；
S_1、S_2……S_n——各层材料的蓄热系数，$W/(m^2 \cdot K)$。

空气间层的蓄热系数取 $S=0$。

H.3 复合围护结构的热惰性指标

如围护结构的某层由两种以上材料组成，则应先按式（H-3）计算该层的平均导热系数，然后按式（H-4）计算该层的平均热阻，按式（H-5）计算平均蓄热系数，按式（H-6）计算该层的热惰性指标。

$$\bar{\lambda}=\frac{\lambda_1F_1+\lambda_2F_2+\cdots\cdots+\lambda_nF_n}{F_1+F_2+\cdots\cdots+F_n} \tag{H-3}$$

$$\bar{R}=\frac{d}{\bar{\lambda}} \tag{H-4}$$

$$\bar{S}=\frac{S_1F_1+S_2F_2+\cdots\cdots+S_nF_n}{F_1+F_2+\cdots\cdots+F_n} \tag{H-5}$$

$$D=\bar{R}\bar{S} \tag{H-6}$$

式中 F_1、F_2……F_n——在该层中按平行于热流划分的各个传热面积，m^2；
λ_1、λ_2……λ_n——各个传热面积上材料的导热系数，$W/(m \cdot K)$；
S_1、S_2……S_n——各个传热面积上材料的蓄热系数，$W/(m^2 \cdot K)$。

附录 Ⅰ 铜-康铜热电偶分度表

分度号：T（冷端温度为0℃）

温度(℃)	0	1	2	3	4	5	6	7	8	9
					热电势(mV)					
−270	−6.258									
−260	−6.232	−6.236	−6.239	−6.242	−6.245	−6.248	−6.251	−6.253	−6.255	−6.256
−250	−6.180	−6.187	−6.193	−6.198	−6.204	−6.209	−6.214	−6.219	−6.223	−6.228
−240	−6.105	−6.114	−6.122	−6.130	−6.138	−6.146	−6.153	−6.16	−6.167	−6.174
−230	−6.007	−6.017	−6.028	−6.038	−6.049	−6.059	−6.068	−6.078	−6.087	−6.096
−220	−5.888	−5.901	−5.904	−5.926	−5.938	−5.950	−5.962	−5.973	−5.985	−5.996
−210	−5.753	−5.767	−5.782	−5.795	−5.809	−5.823	−5.836	−5.850	−5.863	−5.876
−200	−5.603	−5.619	−5.634	−5.650	−5.665	−5.680	−5.695	−5.710	−5.724	−5.739
−190	−5.439	−5.456	−5.473	−5.489	−5.506	−5.523	−5.539	−5.555	−5.571	−5.587
−180	−5.261	−5.279	−5.297	−5.316	−5.334	−5.351	−5.369	−5.387	−5.404	−5.421
−170	−5.070	−5.089	−5.109	−5.128	−5.148	−5.167	−5.186	−5.205	−5.224	−5.242
−160	−4.865	−4.886	−4.907	−4.928	−4.949	−4.969	−4.989	−5.010	−5.030	−5.050
−150	−4.648	−4.671	−4.693	−4.715	−4.737	−4.759	−4.780	−4.802	−4.823	−4.844
−140	−4.419	−4.443	−4.466	−4.489	−4.512	−4.535	−4.558	−4.581	−4.604	−4.626
−130	−4.177	−4.202	−4.226	−4.251	−4.275	−4.300	−4.324	−4.348	−4.372	−4.395
−120	−3.923	−3.949	−3.975	−4.000	−4.026	−4.052	−4.077	−4.102	−4.127	−4.152
−110	−3.657	−3.684	−3.711	−3.738	−3.765	−3.791	−3.818	−3.844	−3.871	−3.897
−100	−3.379	−3.407	−3.435	−3.463	−3.491	−3.519	−3.547	−3.574	−3.602	−3.629
−90	−3.089	−3.118	−3.148	−3.177	−3.206	−3.235	−3.264	−3.293	−3.322	−3.350
−80	−2.788	−2.818	−2.849	−2.879	−2.910	−2.940	−2.970	−3.000	−3.030	−3.059
−70	−2.476	−2.507	−2.539	−2.571	−2.602	−2.633	−2.664	−2.695	−2.726	−2.757
−60	−2.153	−2.186	−2.218	−2.251	−2.283	−2.316	−2.348	−2.380	−2.412	−2.444
−50	−1.819	−1.853	−1.887	1.920	−1.954	−1.987	−2.021	−2.054	−2.087	−2.120
−40	−1.475	−1.510	−1.545	−1.579	−1.614	−1.648	−1.683	−1.717	−1.751	−1.785
−30	−1.121	−1.157	−1.192	−1.228	−1.264	−1.299	−1.335	−1.370	−1.405	−1.440
−20	−0.757	−0.794	−0.830	0.867	−0.904	0.940	−0.976	−1.013	−1.049	−1.085
−10	−0.383	−0.421	−0.459	−0.496	−0.534	−0.571	−0.608	−0.646	−0.683	−0.720
−0	0.000	−0.039	−0.077	−0.116	−0.154	−0.193	−0.231	−0.269	−0.307	−0.345
0	0.000	0.039	0.078	0.117	0.156	0.195	0.234	0.273	0.312	0.352
10	0.391	0.431	0.470	0.510	0.549	0.589	0.629	0.669	0.709	0.749
20	0.790	0.830	0.870	0.911	0.951	0.992	1.035	1.074	1.114	1.155
30	1.196	1.238	1.279	1.320	1.362	1.403	1.445	1.486	1.528	1.570

附录 I 铜-康铜热电偶分度表

续表

温度(℃)	0	1	2	3	4	5	6	7	8	9
					热电势(mV)					
40	1.612	1.654	1.696	1.738	1.780	1.823	1.865	1.908	1.950	1.993
50	2.036	2.079	2.122	2.165	2.208	2.251	2.294	2.338	2.381	2.425
60	2.468	2.512	2.556	2.600	2.643	2.687	2.732	2.776	2.820	2.864
70	2.909	2.953	2.998	3.043	3.087	3.132	3.177	3.222	3.267	3.312
80	3.358	3.402	3.448	3.494	3.539	3.585	3.631	3.677	3.722	3.768
90	3.814	3.860	3.907	3.953	3.999	4.046	4.092	4.138	4.185	4.232
100	4.279	4.325	4.372	4.419	4.466	4.513	4.561	4.608	4.655	4.702
110	4.750	4.798	4.845	4.893	4.941	4.988	5.036	5.084	5.132	5.180
120	5.228	5.277	5.325	5.373	5.422	5.470	5.519	5.567	5.616	5.665
130	5.714	5.763	5.812	5.861	5.910	5.959	6.008	6.057	6.107	6.156
140	6.206	6.255	6.305	6.355	6.404	6.454	6.504	6.554	6.604	6.654
150	6.704	6.754	6.805	6.855	6.905	6.956	7.006	7.057	7.107	7.158
160	7.209	7.260	7.310	7.361	7.412	7.463	7.515	7.566	7.617	7.668
170	7.720	7.771	7.823	7.874	7.926	7.977	8.029	8.081	8.133	8.185
180	8.237	8.289	8.341	8.393	8.445	8.497	8.550	8.602	8.654	8.707
190	8.759	8.812	8.865	8.917	8.970	9.023	9.076	9.129	9.182	9.235
200	9.288	9.341	9.395	9.448	9.501	9.555	9.608	9.662	9.715	9.769
210	9.822	9.876	9.930	9.984	10.038	10.092	10.146	10.200	10.254	10.308
220	10.362	10.417	10.471	10.525	10.580	10.634	10.689	10.743	10.798	10.853
230	10.907	10.962	11.017	11.072	11.127	11.182	11.237	11.292	11.347	11.403
240	11.458	11.513	11.569	11.624	11.680	11.735	11.791	11.846	11.902	11.958
250	12.013	12.069	12.125	12.181	12.237	12.293	12.349	12.405	12.461	12.518
260	12.574	12.630	12.687	12.743	12.799	12.856	12.912	12.969	13.026	13.082
270	13.139	13.196	13.253	13.310	13.366	13.423	13.480	13.537	13.595	13.652
280	13.709	13.766	13.823	13.881	13.938	13.995	4.053	14.110	14.468	14.226
290	14.283	14.341	14.399	14.456	14.514	14.572	14.630	14.688	14.746	14.804
300	14.862	14.920	14.978	15.036	15.095	15.153	15.211	15.270	15.328	15.386
310	15.445	15.503	15.562	15.621	15.679	15.738	15.797	15.856	15.914	15.973
320	16.032	16.091	16.150	16.209	16.268	16.327	16.387	16.446	16.505	16.564
330	16.624	16.683	16.742	16.802	16.861	16.921	16.980	17.040	17.100	17.159
340	17.219	17.279	17.339	17.399	17.458	17.518	17.578	17.638	17.698	17.759
350	17.819	17.879	17.989	17.999	18.060	18.120	18.180	18.241	18.301	18.362
360	18.422	18.483	18.543	18.604	18.665	18.725	18.786	18.847	18.908	18.969
370	19.030	19.091	19.152	19.213	19.274	19.335	19.396	19.457	19.518	19.579
380	19.641	19.702	19.763	19.825	19.886	19.947	20.009	20.070	20.132	20.193
390	20.255	20.317	20.378	20.440	20.502	20.563	20.625	20.687	20.748	20.810
400	20.872									

注：表中数据摘自 GB/T 16839.1—1997。

附录 J 能源换算表

在进行建筑节能检测时,为了便于比较,有时要对不同种类的能源进行换算,能源换算系数如表 J-1 所示。

能源换算表　　　　　　　　　　　　　　　　　　表 J-1

能源名称	平均低位发热量	折标准煤系数
原煤	20908kJ/kg	0.7143kg 标准煤/kg
洗精煤	26344kJ/kg	0.9000kg 标准煤/kg
洗中煤	8363kJ/kg	0.2857kg 标准煤/kg
煤泥	8363~12545kJ/kg	0.2857~0.4286kg 标准煤/kg
焦炭	28435kJ/kg	0.9714kg 标准煤/kg
原油	41816kJ/kg	1.4286kg 标准煤/kg
燃料油	41816kJ/kg	1.4286kg 标准煤/kg
汽油	43070kJ/kg	1.4714kg 标准煤/kg
煤油	43070kJ/kg	1.4714kg 标准煤/kg
柴油	42652kJ/kg	1.4571kg 标准煤/kg
液化石油气	50179kJ/kg	1.7143kg 标准煤/kg
炼厂干气	45998kJ/kg	1.5714kg 标准煤/kg
天然气	38931kJ/kg	1.3300kg 标准煤/m^3
焦炉煤气	16726~17981kJ/kg	0.5714~0.6143kg 标准煤/m^3
发生煤气	5227kJ/kg	0.1786kg 标准煤/m^3
重油催化裂解煤气	19235kJ/kg	0.6571kg 标准煤/m^3
重油热裂解煤气	35544kJ/kg	1.2143kg 标准煤/m^3
焦炭制气	16308kJ/kg	0.5571kg 标准煤/m^3
压力气化煤气	15054kJ/kg	0.5143kg 标准煤/m^3
水煤气	10454kJ/kg	0.3571kg 标准煤/m^3
炼焦油	33453kJ/kg	1.1429kg 标准煤/kg
粗苯	41816kJ/kg	1.4286kg 标准煤/kg
热力(当量)	—	0.03412kg 标准煤/MJ
电力(等价)	—	上年度国家统计局发布的发电煤耗

注：表中数据为《公共建筑节能检测标准》JGJ/T 177—2009 节选的国家发展改革委、财政部印发的《节能项目节能量审核指南》中提供的能源换算表。2007 年全国平均发电煤耗为 357g/(kW·h),全国 6000kW 及以上机组平均发电煤耗为 334g/(kW·h)。

尊敬的读者：

感谢您选购我社图书！建工版图书按图书销售分类在卖场上架，共设22个一级分类及43个二级分类，根据图书销售分类选购建筑类图书会节省您的大量时间。现将建工版图书销售分类及与我社联系方式介绍给您，欢迎随时与我们联系。

★建工版图书销售分类表（详见下表）。

★欢迎登陆中国建筑工业出版社网站www.cabp.com.cn，本网站为您提供建工版图书信息查询，网上留言、购书服务，并邀请您加入网上读者俱乐部。

★中国建筑工业出版社总编室　　电　话：010—58337016
　　　　　　　　　　　　　　　　传　真：010—68321361

★中国建筑工业出版社发行部　　电　话：010—58337346
　　　　　　　　　　　　　　　　传　真：010—68325420
　　　　　　　　　　　　　　　　E-mail：hbw@cabp.com.cn

建工版图书销售分类表

一级分类名称（代码）	二级分类名称（代码）	一级分类名称（代码）	二级分类名称（代码）
建筑学（A）	建筑历史与理论（A10）	园林景观（G）	园林史与园林景观理论（G10）
	建筑设计（A20）		园林景观规划与设计（G20）
	建筑技术（A30）		环境艺术设计（G30）
	建筑表现·建筑制图（A40）		园林景观施工（G40）
	建筑艺术（A50）		园林植物与应用（G50）
建筑设备·建筑材料（F）	暖通空调（F10）	城乡建设·市政工程·环境工程（B）	城镇与乡（村）建设（B10）
	建筑给水排水（F20）		道路桥梁工程（B20）
	建筑电气与建筑智能化技术（F30）		市政给水排水工程（B30）
	建筑节能·建筑防火（F40）		市政供热、供燃气工程（B40）
	建筑材料（F50）		环境工程（B50）
城市规划·城市设计（P）	城市史与城市规划理论（P10）	建筑结构与岩土工程（S）	建筑结构（S10）
	城市规划与城市设计（P20）		岩土工程（S20）
室内设计·装饰装修（D）	室内设计与表现（D10）	建筑施工·设备安装技术（C）	施工技术（C10）
	家具与装饰（D20）		设备安装技术（C20）
	装修材料与施工（D30）		工程质量与安全（C30）
建筑工程经济与管理（M）	施工管理（M10）	房地产开发管理（E）	房地产开发与经营（E10）
	工程管理（M20）		物业管理（E20）
	工程监理（M30）	辞典·连续出版物（Z）	辞典（Z10）
	工程经济与造价（M40）		连续出版物（Z20）
艺术·设计（K）	艺术（K10）	旅游·其他（Q）	旅游（Q10）
	工业设计（K20）		其他（Q20）
	平面设计（K30）	土木建筑计算机应用系列（J）	
执业资格考试用书（R）		法律法规与标准规范单行本（T）	
高校教材（V）		法律法规与标准规范汇编/大全（U）	
高职高专教材（X）		培训教材（Y）	
中职中专教材（W）		电子出版物（H）	

注：建工版图书销售分类已标注于图书封底。